高职高专教材

高 等 数 学

● 岑 春 陈晓兵 主编

人民交通出版社

内 容 提 要

本书是在总结近年高等职业技术院校数学教学改革的基础上编写的。本书内容包括:函数与极限、导数与微分、积分、微分方程简介、多元函数微积分、级数、线性代数初步、概率与数理统计初步。本书以讲清概念、强化应用、运算为主,适度降低理论要求,加强学生实际应用能力的培养。

本书适合高等职业院校各专业、成人教育、电视大学相关专业使用。

图书在版编目(CIP)数据

高等数学/岑春,陈晓兵主编. —北京:人民交通出版社,2007.8
ISBN 978-7-114-06781-5

Ⅰ.高... Ⅱ.①岑...②陈... Ⅲ.高等数学-高等学校:技术学校-教材 Ⅳ.013

中国版本图书馆CIP数据核字(2007)第133195号

书　　名:高等数学
著 作 者:岑　春　陈晓兵
责任编辑:赵瑞琴
出版发行:人民交通出版社
地　　址:(100011) 北京市朝阳区安定门外外馆斜街3号
网　　址:http://www.ccpress.com.cn
销售电话:(010) 59757973
总 经 销:人民交通出版社发行部
经　　销:各地新华书店
印　　刷:北京鑫正大印刷有限公司
开　　本:787×1092　1/16
印　　张:13
字　　数:323千
版　　次:2007年8月第1版
印　　次:2017年5月第5次印刷
书　　号:ISBN 978-7-114-06781-5
印　　数:12001—14001册
定　　价:19.00元

前言 QIANYAN

确保高等职业教育的教学质量，办出高职特色、编写出适应时代的教材，是当前高等职业教育教学工作的重点之一。为了适应高等职业教育教学改革的客观要求，贯彻落实教育部关于高职高专院校《高等数学课堂教学基本要求》，我们在认真总结近年高等职业技术院校数学教学改革的基础上，于2005年7月编写了高职高专《高等数学基础》教材。经过一年多的使用，在充分听取各有关高职高专院校意见的基础上，进行了较大幅度的修改，把微积分、微分方程、线性代数、概率和数理统计整合在一起，在内容结构、难易程度、体系顺序等方面进行了相应的调整和安排。

本教材具有以下几个特点：

努力体现高等职业技术教育的特点，贯彻"以应用为目的，以必须、够用为度"的教学原则，力求兼顾不同专业的需求，以讲清概念、强化应用为重点，适当降低理论要求，加强学生实际应用能力的培养。

根据高等职业教育的规律，结合高等职业技术院校各专业对数学的需要以及高职学生的实际，选取合适的内容，以通俗的、容易理解的语言，由浅入深、由简入繁、由具体到抽象地展开知识点。

按照模块形式编排，不刻意追求理论体系的完整性，而是突出知识的交汇性和应用性，每章独立成篇，其内容、知识点相对独立，而且都有应用举例。例题、习题紧扣所学知识，突出运用性。

本教材在原有内容：函数与极限、导数与微分、积分、微分方程简介、空间解析几何简介、多元函数微积分、数理统计基础及应用的基础上，增加了级数、线性代数初步、概率等知识。在每章、每节后都配有一定数量的习题、测试题供教师和学生选用，书末附有部分习题参考答案。

在编写过程中，始终得到人民交通出版社的热情关怀和大力支持，在此谨表衷心的感谢！本教材由岑春、陈晓兵主编，李静、王文耀、熊文、李小华、颜筱红、苏坚等老师参与了该教材的编写与修改，主编、参编所在院校给予了大力协助，在此特致谢意！

本教材按110学时进行编写，学时不足的院校可在内容上作适当删减。

虽然我们力争做到既能为读者进一步学习专业知识打下良好的数学基础,又能使读者学会运用所学的数学知识解决实际问题。但由于各专业对数学知识的需求差异较大,加上我们对各专业的了解不够全面。因此,教材难免存在不能满足各院校所有专业需求等不足之处。恳请相关院校同仁和读者朋友在使用本教材时多提宝贵意见。

编　者

2007年6月

目录 MULU

第一章　函数与极限 …… 1
第一节　函数 …… 1
第二节　函数的几种特性 …… 3
第三节　初等函数 …… 6
第四节　极限 …… 8
第五节　无穷大与无穷小 …… 11
第六节　两个重要极限 …… 13
小结 …… 15
测试题 …… 16
第二章　导数与微分 …… 19
第一节　导数的概念 …… 19
第二节　求导法则 …… 22
第三节　几类求导问题 …… 25
第四节　微分 …… 27
第五节　导数的应用 …… 29
小结 …… 35
测试题 …… 36
第三章　积分 …… 38
第一节　不定积分 …… 38
第二节　换元积分法 …… 40
第三节　分部积分法 …… 43
第四节　定积分的概念 …… 44
第五节　定积分的计算 …… 47
第六节　定积分的应用 …… 49

小结 …… 51
测试题 …… 52
第四章　常微分方程 …… 54
第一节　微分方程的基本概念 …… 54
第二节　一阶微分方程 …… 55
第三节　二阶常系数线性微分方程 …… 59
第四节　微分方程应用举例 …… 64
小结 …… 66
测试题 …… 66
第五章　多元函数微积分 …… 68
第一节　空间解析几何 …… 68
第二节　二元函数及其极限 …… 73
第三节　偏导数 …… 75
第四节　全微分 …… 77
第五节　二元函数偏导数的应用 …… 79
第六节　二重积分及其应用 …… 81
小结 …… 86
测试题 …… 88
第六章　级数 …… 90
第一节　常数项级数 …… 90
第二节　常数项级数审敛法 …… 93
第三节　幂级数 …… 95
第四节　函数的幂级数展开 …… 98
小结 …… 100
测试题 …… 101
第七章　线性代数初步 …… 103
第一节　n 阶行列式 …… 103
第二节　行列式的基本性质 …… 108
第三节　克莱姆法则 …… 112
第四节　矩阵的概念和运算 …… 115
第五节　逆矩阵 …… 122
第六节　矩阵的初等变换 …… 125
第七节　线性方程组的解 …… 130
第八节　线性规划简介 …… 135
小结 …… 138
测试题 …… 139
第八章　概率与数理统计初步 …… 143
第一节　概率论的基本概念 …… 143
第二节　随机变量及其分布 …… 149
第三节　随机变量的数学期望与方差 …… 158

第四节　数理统计基础……165
小结……171
测试题……173
习题参考答案……175
附录 I　初等数学常用公式……191
附录 II　微积分基本公式……193
附录 III　基本初等函数……194
附录 IV　泊松分布表……197
附录 V　标准正态分布表……198

第一章　函数与极限

初等数学的研究对象基本上是不变的量，而高等数学则以变量为研究对象．所谓函数关系就是变量之间的依赖关系．函数是高等数学中最重要的基本概念．极限是研究自变量在某一变化过程中函数的变化趋势，是高等数学的重要概念之一，掌握函数和极限的概念、性质和计算是学好高等数学的基础．

第一节　函　　数

1．函数的概念

先看下面的例子：

例 1　某商店从 8 月 1 日起开张营业，表 1-1 是该商店从 8 月 1 日至 8 月 10 日的营业额的统计．

某商店营业额　　表 1-1

日期(8 月)	1	2	3	4	5	6	7	8	9	10
营业额(元)	632	720	816	755	908	1130	685	698	734	913

例 2　图 1-1 是某气象站用自动温度记录仪记录下来的某地一昼夜气温变化曲线．

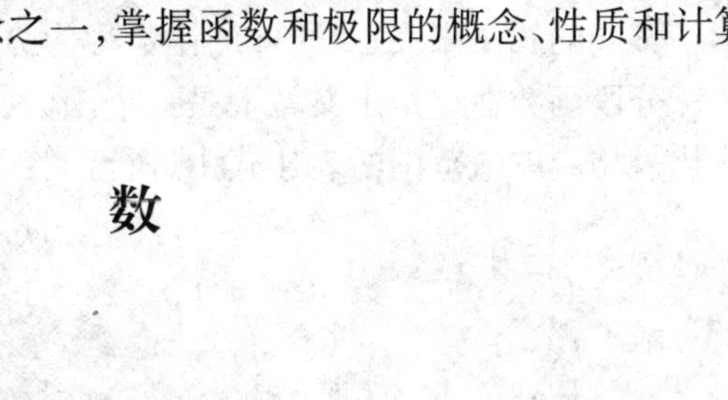

图　1-1

例 3　一台价值 6500 元的电脑，每年贬值 20%．x 年后它的价值为 y（元），则

$$y = 6500(1-20\%)^x.$$

例 4　某市电话局规定市话收费标准为：3 分钟以内，收费 0.18 元；超过 3 分钟，每分钟收费 0.11 元．则每次打电话的费用 y（元）与打电话的时间 t（分钟）的关系为：

$$y = \begin{cases} 0.18, & 0 < t \leqslant 3, \\ 0.18 + (t - 3) \times 0.11, & t > 3. \end{cases}$$

以上四例的实际意义虽不相同,但却具有共同之处:每个例子所描述的变化过程都有两个变量,当其中的一个变量在一定的变化范围内取定一数值时,按照某个确定的法则,另一个变量都有唯一确定的数值与之对应.变量之间的这种对应关系就是函数概念的本质.

定义 1.1.1 设 x 和 y 是两个变量, D 是给定的数集.如果对于 D 中的每一个数 x ,按照某种对应法则 f ,变量 y 都有唯一确定的数值和它对应,那么变量 y 叫做变量 x 的**函数**,记作

$$y = f(x).$$

集合 D 叫做这个函数的**定义域**, x 叫做**自变量**, y 叫做**因变量**.

当 x 取数值 $x_0 \in D$ 时,与 x_0 对应的 y 的数值称为函数 $y = f(x)$ 在 x_0 处的**函数值**,记作 $f(x_0)$ 或 $y|_{x=x_0}$. 函数值的集合叫做函数的**值域**,记作 M (图 1-2).

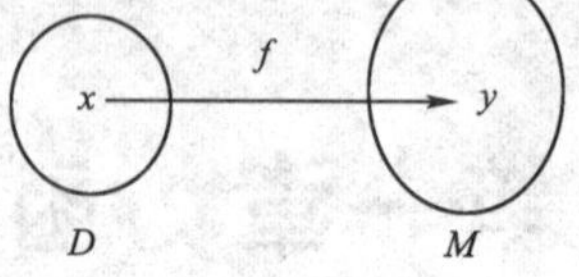

图 1-2

2. 函数的表示法

表示函数的常用方法有**表格法**、**图像法**和**公式法**.

例 1 是把一系列自变量的值和与之相对应的函数值列成表格来表示函数关系的,称为**表格法**;例 2 是用直角坐标中的点或曲线来表示函数关系的,称为**图像法**;例 3 和例 4 是用公式表示两个变量间的函数关系的,称为**公式法**.其中例 4 中的函数在自变量不同的取值范围内采用了不同的式子来表示,这样的函数称为**分段函数**.

分段函数在整个定义域上是一个函数,而不是几个函数.求分段函数值时,应把自变量的值代入相应取值范围的表达式中进行计算.

例 5 已知 $f(x) = \begin{cases} 2x - 1, & x \leqslant 1, \\ x^2 + 1, & x > 1. \end{cases}$ 求 $f(-1)$ 和 $f(2)$.

解 $f(-1) = 2 \times (-1) - 1 = -3$,

$f(2) = 2^2 + 1 = 5$.

3. 函数的定义域

确定函数定义域的原则是使数学式的运算有意义.在实际问题中,函数的定义域应根据问题的实际意义来确定.如例 2 中自变量 t 的取值范围是 $0 \leqslant t \leqslant 24$.

例 6 求函数 $f(x) = \dfrac{2}{\sqrt{x^2 - 1}}$ 和 $g(x) = \lg \dfrac{x}{x-2}$ 的定义域.

解 要使 $f(x)$ 有意义, 必须使 $x^2 - 1 > 0$, 即 $x > 1$ 或 $x < -1$, 所以函数 $f(x) = \dfrac{2}{\sqrt{x^2 - 1}}$ 的定义域为 $x > 1$ 或 $x < -1$.即 $(-\infty, -1) \cup (1, +\infty)$.

要使 $g(x)$ 有意义,必须使 $\dfrac{x}{x-2} > 0$,即 $x > 2$ 或 $x < 0$,所以函数 $g(x) = \lg \dfrac{x}{x-2}$ 的定义域为 $(-\infty, 0) \cup (2, +\infty)$.

4. 反函数

我们知道,正方体的体积 V 与其棱长 x 的关系是 $V = x^3$,这里 x 是自变量, V 是 x 的函数;

反过来,如果已知正方体的体积 V,则可求得其棱长 $x=\sqrt[3]{V}$,此时,V 是自变量,x 是 V 的函数.以上两个函数关系 $V=x^3$,$x=\sqrt[3]{V}$ 的对应法则是互逆的,我们称它们互为反函数.

定义 1.1.2 设函数 $y=f(x)$ 是定义在 D 上的函数,值域为 M,如果对于每一个 $y\in M$,都可以由关系式 $y=f(x)$ 确定唯一的 x 与之对应,其对应法则记作 f^{-1},那么定义在 M 上的函数 $x=f^{-1}(y)$ 叫做函数 $y=f(x)$ 的**反函数**.

习惯上常用 x 表示自变量,y 表示函数,故常把函数 $y=f(x)$ 的反函数记作 $y=f^{-1}(x)$.

例如,函数 $y=x^3$ 的反函数是 $y=\sqrt[3]{x}$.

由反函数的定义可知,函数 $y=f(x)$ 的定义域就是其反函数 $y=f^{-1}(x)$ 的值域;函数 $y=f(x)$ 的值域就是其反函数 $y=f^{-1}(x)$ 的定义域.

例 7 求函数 $y=3x-1$ 的反函数.

解 由 $y=3x-1$ 得到 $x=\dfrac{y+1}{3}$,将 x、y 互换,得 $y=\dfrac{x+1}{3}$,所以函数 $y=3x-1$ 的反函数为 $y=\dfrac{x+1}{3}$.

可以证明,函数 $y=f(x)$ 与其反函数 $y=f^{-1}(x)$ 的图形关于直线 $y=x$ 对称.

例 7 中的一对反函数的图像如图 1-3 所示.

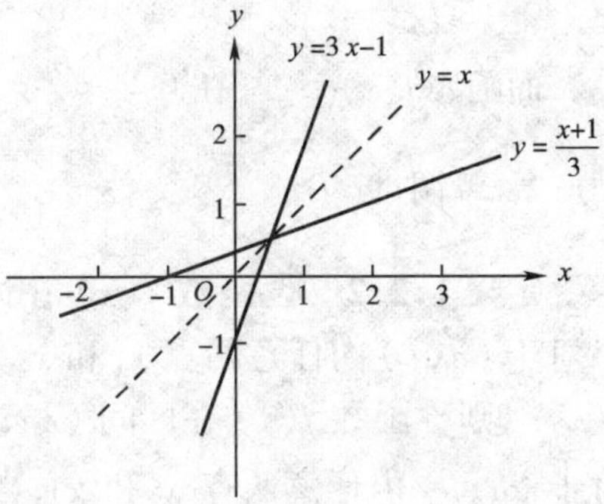

图 1-3

习题 1.1

1. 求下列函数的定义域:

(1) $y=\sqrt{16-x^2}$; (2) $y=\dfrac{5}{x-3}$; (3) $y=\log_5(2x+1)$;

(4) $y=\dfrac{1}{\sqrt{x+2}}+\ln x$; (5) $y=\sqrt{4-x^2}+\dfrac{1}{\sqrt{x+1}}$;

(6) $y=\log_3\dfrac{1}{1-x}+\sqrt{x+2}$.

2. 设 $f(x)=\dfrac{x-2}{x+1}$,求 $f(0)$,$f(\frac{1}{2})$,$f(-2)$,$f(a)$,$f(x+1)$,$f(\frac{1}{x})$.

3. 设 $f(x)=\begin{cases}x-3, & x\geqslant 0\\ x^2-2, & x<0\end{cases}$,求 $f(-1)$,$f(0)$,$f(3)$.

4. 求下列函数的反函数:

(1) $y=\dfrac{1}{2}(x+5)$; (2) $y=3-2x$; (3) $y=\sqrt[3]{x+1}$; (4) $y=1-e^{2x}$.

第二节 函数的几种特性

1. 有界性

定义 1.2.1 设函数 $f(x)$ 在集合 D 上有定义,若存在一个正数 M,使得对于任意的 $x\in D$,都有 $|f(x)|\leqslant M$,则称 $f(x)$ 在 D 上**有界**.

例如,函数 $f(x)=\sin x$ 在 $(-\infty,+\infty)$ 内是有界的,因为对于任意的 $x\in(-\infty,+\infty)$,

恒有 $|\sin x| \leqslant 1$(图 1-4).

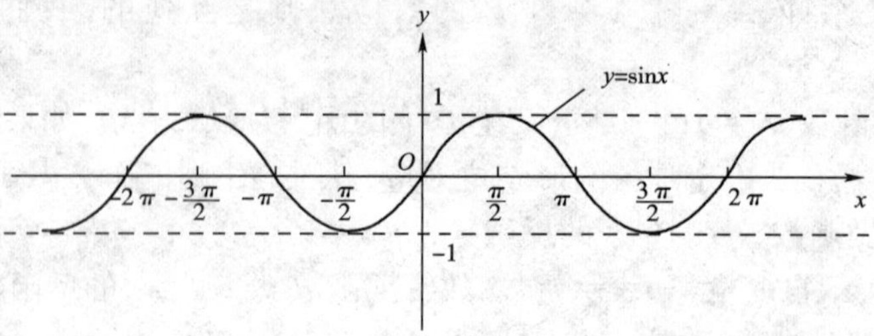

图 1-4

而函数 $f(x) = 2x$ 在 $(-\infty, +\infty)$ 内是无界的(图 1-5).

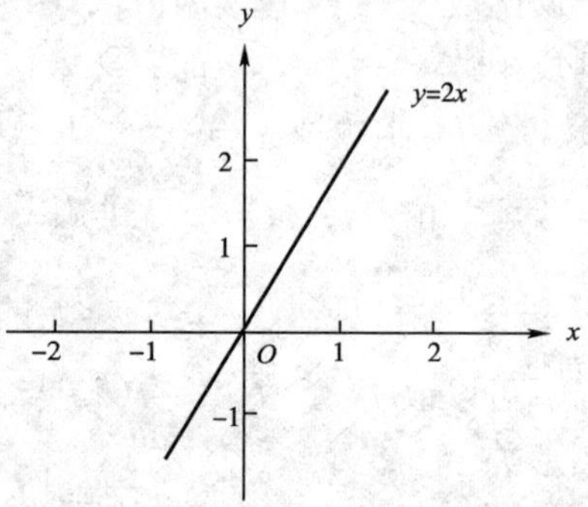

图 1-5

2. 单调性

定义 1.2.2 设函数 $f(x)$ 在区间 (a,b) 内有定义,如果对于 (a,b) 内任意两点 x_1 和 x_2,当 $x_1 < x_2$ 时,有 $f(x_1) < f(x_2)$,则称函数 $f(x)$ 在区间 (a,b) 内是**单调增加**的;如果对于 (a,b) 内任意两点 x_1 和 x_2,当 $x_1 < x_2$ 时,有 $f(x_1) > f(x_2)$,则称函数 $f(x)$ 在区间 (a,b) 内是**单调减少**的.

单调增加函数与单调减少函数统称为**单调函数**.

单调增加的函数的图像是沿 x 轴正向逐渐上升的(图 1-6);单调减少的函数的图像是沿 x 轴正向逐渐下降的(图 1-7).

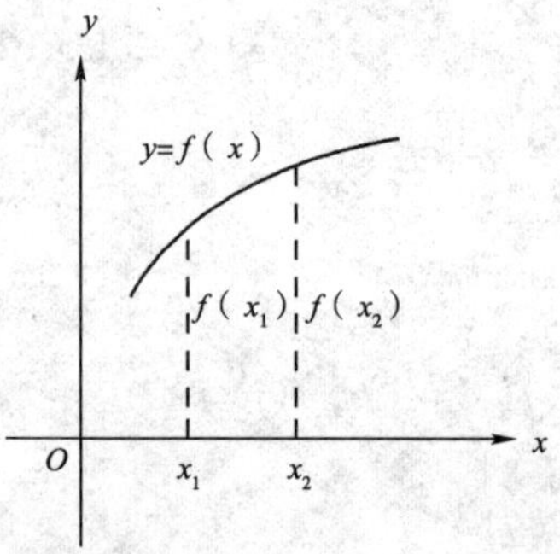

图 1-6

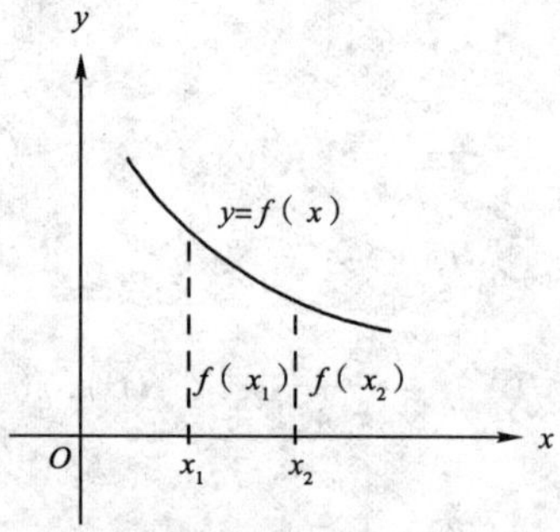

图 1-7

例 1 证明函数 $y = 3x - 1$ 在区间 $(-\infty, +\infty)$ 内是单调增加的.

证 在区间 $(-\infty, +\infty)$ 内任取两点 x_1 和 x_2,且 $x_1 < x_2$.

因为 $f(x_1) - f(x_2) = (3x_1 - 1) - (3x_2 - 1) = 3(x_1 - x_2) < 0$,

即 $f(x_1) < f(x_2)$.

所以 $y = 3x - 1$ 在区间 $(-\infty, +\infty)$ 内是单调增加的.

3. 奇偶性

定义 1.2.3 设函数 $f(x)$ 的定义域 D 关于原点对称.如果对于任意 $x \in D$,都有 $f(-x) = -f(x)$,则称函数 $f(x)$ 为**奇函数**;如果对于任意 $x \in D$,都有 $f(-x) = f(x)$,则

称函数 $f(x)$ 为**偶函数**.

显然,奇函数的图像关于原点对称(图 1-8);偶函数的图像关于 y 轴对称(图 1-9).

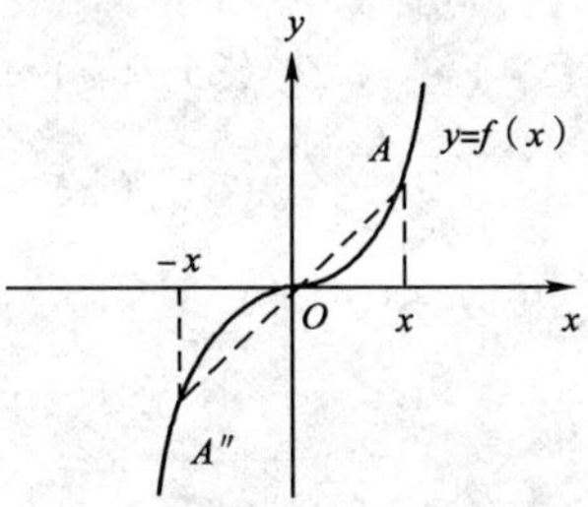

图 1-8

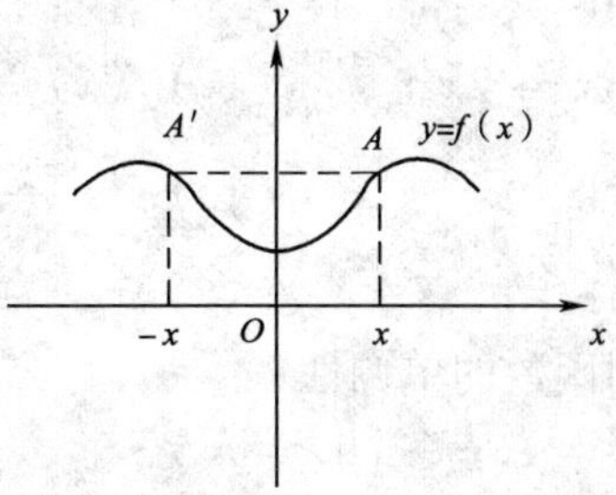

图 1-9

例 2 判断下列函数的奇偶性:

(1) $f(x) = 2x^3 + \dfrac{1}{x}$; (2) $f(x) = x^4 + 5x^2 - 3$; (3) $f(x) = -4x^3 + 1$.

解 (1)函数的定义域是 $(-\infty,0) \cup (0,+\infty)$.

由于 $f(-x) = 2\times(-x)^3 + \dfrac{1}{(-x)} = -2x^3 - \dfrac{1}{x} = -(2x^3 + \dfrac{1}{x}) = -f(x)$.

所以函数 $f(x) = 2x^3 + \dfrac{1}{x}$ 是奇函数.

(2)函数的定义域是 $(-\infty,+\infty)$.

由于 $f(-x) = (-x)^4 + 5\times(-x)^2 - 3 = x^4 + 5x^2 - 3 = f(x)$.

所以函数 $f(x) = x^4 + 5x^2 - 3$ 是偶函数.

(3)函数的定义域是 $(-\infty,+\infty)$.

由于 $f(-x) = -4\times(-x)^3 + 1 = 4x^3 + 1$.

而 $f(-x) \neq -f(x)$, 且 $f(-x) \neq f(x)$.

所以 $f(x) = -4x^3 + 1$ 既不是奇函数,也不是偶函数.这样的函数被称为**非奇非偶函数**.

4. 周期性

定义 1.2.4 如果存在不为零的数 T,使得对于函数定义域内的任意 x,都有 $f(x+T) = f(x)$,则称函数 $f(x)$ 为**周期函数**,并称 T 为函数 $f(x)$ 的**周期**.满足这个等式的最小正数,称为函数 $f(x)$ 的**最小正周期**,通常我们说周期函数的周期是指最小正周期.

例如,函数 $f(x) = \cos x$ 的周期为 2π (图 1-10).因为对于任意的 $x\in(-\infty,+\infty)$,都有 $\cos(x+2\pi) = \cos x$.

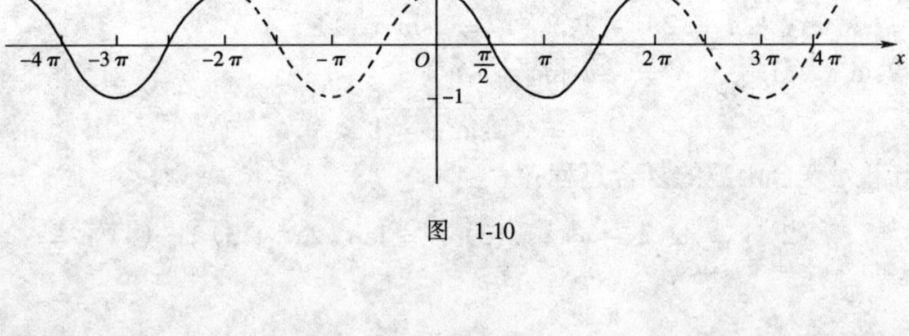

图 1-10

习题 1.2

1. 判断下列函数的奇偶性:

(1) $f(x) = x^3 + 2x$; (2) $f(x) = 3x^4 - x^2 + 1$; (3) $f(x) = 5 + \sin x$;

(4) $f(x) = \lg\dfrac{1 - x}{1 + x}$; (5) $f(x) = 3x^2 + \cos x$; (6) $f(x) = \dfrac{1 - x^2}{1 + x^2}$;

(7) $f(x) = xe^x$; (8) $f(x) = a^x + a^{-x}\ (a > 0)$.

2. 判断下列函数的单调性:

(1) $y = 6x^2 + 1, x \in [0, +\infty)$;

(2) $y = 2 - 3x, x \in (-\infty, +\infty)$.

第三节　初等函数

1. 基本初等函数

幂函数　$y = x^\alpha$　（α 为实数）;

指数函数　$y = a^x$　（$a > 0, a \neq 1, a$ 为常数）;

对数函数　$y = \log_a x$　（$a > 0, a \neq 1, a$ 为常数）;

三角函数　$y = \sin x$, $y = \cos x$, $y = \tan x$,

$y = \cot x$, $y = \sec x$, $y = \csc x$.

反三角函数　$y = \arcsin x$, $y = \arccos x$,

$y = \arctan x$, $y = \operatorname{arccot} x$.

这五种函数统称为**基本初等函数**(基本初等函数的定义、图像、性质见附录 III).

2. 复合函数

实际生活中常常遇到这样的例子:某学生一年的生活费 y 完全取决于其家庭的收入 u（即 y 是 u 的函数),而其家庭的收入 u 又完全取决于家里一年粮食的产量 x（即 u 是 x 的函数).因此该学生一年的生活费 y 最终取决于家里一年的粮食的产量 x（即 y 是 x 的函数).这里 y 与 x 的这种函数关系称作是一种复合的函数关系.

定义 1.3.1　设 y 是 u 的函数 $y = f(u)$,而 u 又是 x 的函数 $u = \varphi(x)$,则 $y = f[\varphi(x)]$ 就叫做 x 的**复合函数**.其中 u 叫做**中间变量**.

这里要注意,函数 $u = \varphi(x)$ 的值域应该取在函数 $y = f(u)$ 的定义域内,否则复合函数将失去意义.

复合函数可以由两个函数,也可以由多个函数复合而成.

例 1　已知 $y = \sqrt{u}$, $u = 2v^3 - 1$, $v = \sin x$,将 y 表示成 x 的函数.

解　将 $v = \sin x$ 代入 $u = 2v^3 - 1$,得 $u = 2\sin^3 x - 1$;

再将 $u = 2\sin^3 x - 1$ 代入 $y = \sqrt{u}$ 得

$$y = \sqrt{2\sin^3 x - 1}\ .$$

例 2　写出下列复合函数的复合过程:

(1) $y = 3^{\cos x}$;　(2) $y = \lg(2 - x)$;　(3) $y = \tan^2(2x^3 + 3)$;　(4) $y = \sqrt{\lg(3^x + 2)}$.

解 (1) $y = 3^u$, $u = \cos x$;

(2) $y = \lg u$, $u = 2 - x$;

(3) $y = u^2$, $u = \tan v$, $v = 2x^3 + 3$;

(4) $y = \sqrt{u}$, $u = \lg v$, $v = 3^x + 2$.

3. 初等函数

定义 1.3.2 由常数和基本初等函数经过有限次四则运算或有限次复合步骤所构成的函数叫做**初等函数**.

例 3 写出初等函数 $y = \arctan\sqrt{x^2 - 2x + 5}$ 的复合过程.

解 初等函数 $y = \arctan\sqrt{x^2 - 2x + 5}$ 是由 $y = \arctan u$, $u = \sqrt{v}$, $v = x^2 - 2x + 5$ 复合而成的.

4. 函数的应用举例

例 4 (1)年利率为 1%,问 1000 元在 x 年后按单利计算(每年只以本金计算利息)变成多少元?

(2)年利率为 1%,问 1000 元在 x 年后按复利计算(每年以本利和计算利息)变成多少元?

解 (1)设 x 年后变成 y 元,按单利计算 $y = 1000(1 + x \cdot 1\%)$.

(2)设 x 年后变成 y 元,按复利计算 $y = 1000(1 + 1\%)^x$.

例 5 旅客乘坐火车时,随身可免费携带不超过 20 公斤物品,超过 20 公斤部分,每公斤收费 0.5 元.试列出收费与物品重量的函数关系.

解 设物品重量为 x 公斤,收费为 y 元,依题意,得

$$y = \begin{cases} 0, & 0 < x \leqslant 20, \\ 0.5(x - 20), & x > 20. \end{cases}$$

例 6 某商品单价 23 元,月固定成本 300 元,每件商品成本为 18 元.试确定利润 L 与销量 x 的函数关系,并问月销售多少件商品能否获利 500 元?

解 月销售收入 $R = 23x$,成本 $C = 300 + 18x$,故利润 L 与销量 x 的函数关系为

$$L = R - C = 23x - (300 + 18x) = 5x - 300, \ x \geqslant 0.$$

当 $L = 500$ 时,得 $x = 160$ (件).

即每月销售 160 件商品能获利 500 元.

习题 1.3

1. 写出下列函数组构成的复合函数:

(1) $y = \arcsin u$, $u = \sqrt{1 - x}$;　　(2) $y = u^3$, $u = \ln v$, $v = 1 - 3x^2$;

(3) $y = u^2$, $u = \log_5 x$;　　(4) $y = \sqrt{u}$, $u = 3 - v^2$, $v = \cos x$.

2. 写出下列复合函数的复合过程:

(1) $y = e^{1-x^2}$;　　(2) $y = \sin^3(8x + 5)$;

(3) $y = \arctan(1 + 2x)$;　　(4) $y = \sqrt{\ln(3 - x^2)}$.

3. 某人有现金 2000 元,存入银行的一年期定期储蓄,到期自动转存(即把本期利息纳入下期本金继续计息,相当于复利计息).假设一年定期的利率为 2.25%,问 x 年后的本利和是

多少？3年后的本利和是多少？

4. 乘坐某种出租车，行驶路程不超过3公里时，付费7元；行驶路程超过3公里时，超过部分每公里付费1.4元. 假定汽车行驶中没有等候时间，求付费金额与行驶路程之间的关系.

5. 某种产品的单价为15元，固定成本为200元，设每生产一件产品成本增加8元。若产销平衡，试确定利润 L 与产量 x 的函数关系，并问月生产多少件产品能获利500元？

第四节 极　　限

1. 数列的极限

按自然数顺序排成的一列数：$x_1, x_2, x_3, \cdots, x_n, \cdots$ 叫做数列，简记作 $\{x_n\}$. 其中 x_1叫做第一项；x_2叫做第二项；x_n叫做第 n 项，又叫做数列 $\{x_n\}$ 的一般项或通项.

考察下面无穷数列 $\{x_n\}$ 的变化趋势：

(1) $1, \frac{1}{2}, \frac{1}{3}, \frac{1}{4}, \cdots \frac{1}{n}, \cdots$

(2) $\frac{1}{2}, \frac{2}{3}, \frac{3}{4}, \frac{4}{5}, \cdots \frac{n}{n+1}, \cdots$

当 n 无限增大时，数列 $\left\{\frac{1}{n}\right\}$ 的一般项 $\frac{1}{n}$ 越来越趋近于一个确定的常数0；数列 $\left\{\frac{n}{n+1}\right\}$ 的一般项 $\frac{n}{n+1}$ 越来越趋近于一个确定的常数1. 对于无穷数列的这一变化趋势，我们有如下定义：

定义1.4.1　对于数列 $\{x_n\}$，如果当项数 n 无限增大时，一般项 x_n的值无限趋近于一个确定的常数 a，则 a 叫做数列 $\{x_n\}$ 当 n 趋于无穷大时的**极限**，记作 $\lim\limits_{n\to\infty} x_n = a$ 或 $x_n \to a$，当 $n \to \infty$ 时.

对于常数数列 $x_n = C$，其极限就是常数 C. 即 $\lim\limits_{n\to\infty} C = C$.

由数列的定义，上面考察的两个数列的极限可分别记作：

$$\lim_{n\to\infty} \frac{1}{n} = 0; \qquad \lim_{n\to\infty} \frac{n}{n+1} = 1.$$

2. 函数的极限

(1) $x \to \infty$ 时函数的极限

考察函数 $y = \frac{1}{x}$. 从图1-11中可以看出，当自变量 x 的绝对值无限增大时，相应的函数值 y 无限趋近于常数0，此时我们把0叫做函数 $y = \frac{1}{x}$ 当 $x \to \infty$ 时的极限.

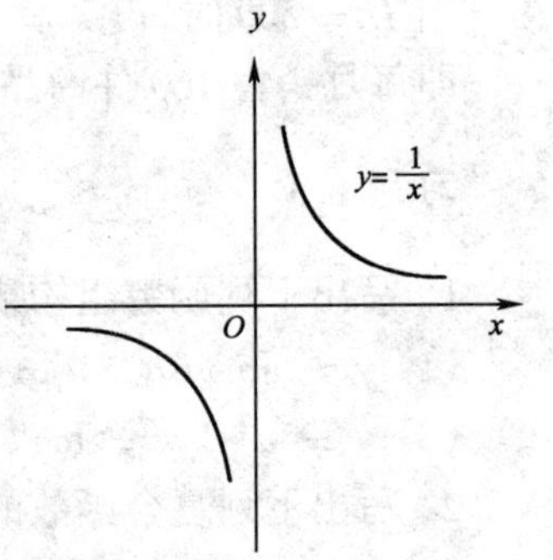

图　1-11

定义1.4.2　如果当自变量 x 的绝对值无限增大时，相应的函数值 $f(x)$ 无限趋近于常数 A，那么常数 A 叫做函数 $f(x)$ 当 $x \to \infty$ 时的**极限**，记作

$$\lim_{x\to\infty} f(x) = A \text{ 或 } f(x) \to A\ (x \to \infty).$$

上述定义中，$x \to \infty$ 指的是 x 既取正值无限增大(记为 $x \to +\infty$)，同时也取负值而绝对值

无限增大(记为 $x \to -\infty$).但有时 x 的变化趋势只能或只需这两种变化趋势中的一种情形.类似地可以给出 $x \to +\infty$ 和 $x \to -\infty$ 时的极限定义,这里不做讨论.

例 1 求 $\lim\limits_{x \to \infty}(1 + \frac{1}{x^2})$.

解 当 $x \to \infty$ 时, $\frac{1}{x^2}$ 无限趋近于 0.此时,函数 $(1 + \frac{1}{x^2})$ 的值趋近于 1,所以

$$\lim_{x \to \infty}(1 + \frac{1}{x^2}) = 1.$$

(2) $x \to x_0$ 时函数的极限

定义 1.4.3 设函数 $f(x)$ 在点 x_0 的左右近旁有定义,如果当 $x \to x_0$ 时,函数 $f(x)$ 无限趋近于一个确定的常数 A,那么 A 就叫做函数 $f(x)$ 当 $x \to x_0$ 时的极限,记作

$$\lim_{x \to x_0} f(x) = A \text{ 或 } f(x) \to A (x \to x_0).$$

例 2 求下列函数的极限:

(1) $\lim\limits_{x \to 1}(2x^2 + 1)$;　　(2) $\lim\limits_{x \to -1}\frac{x^2 - 1}{x + 1}$.

解 (1)当 x 无限趋近于 1 时, $2x^2 + 1$ 无限趋近于 3,所以

$$\lim_{x \to 1}(2x^2 + 1) = 3.$$

(2)由于 $\frac{x^2 - 1}{x + 1} = x - 1$,当 x 无限趋近于 -1 时, $x - 1$ 无限趋近于 -2,所以

$$\lim_{x \to -1}\frac{x^2 - 1}{x + 1} = -2.$$

注:虽然函数 $\frac{x^2 - 1}{x + 1}$ 在 $x = -1$ 点处无定义,但函数在 $x = -1$ 点的左右近旁有定义,且函数的极限值与函数在该点处是否有定义无关.

有时 x 只能或只需从 x_0 的某一侧趋近于 x_0,因此,类似地可以定义 x 从 x_0 的左侧(即 $x \to x_0^-$)趋于 x_0 和 x 从 x_0 的右侧(即 $x \to x_0^+$)趋于 x_0 的极限,这里不做讨论.

3. 极限的运算法则

对于极限的运算,有下面法则:

设 $\lim\limits_{x \to x_0} f(x) = A$, $\lim\limits_{x \to x_0} g(x) = B$,则

1. $\lim\limits_{x \to x_0}[f(x) \pm g(x)] = \lim\limits_{x \to x_0} f(x) \pm \lim\limits_{x \to x_0} g(x) = A \pm B$;
2. $\lim\limits_{x \to x_0}[f(x) \cdot g(x)] = \lim\limits_{x \to x_0} f(x) \cdot \lim\limits_{x \to x_0} g(x) = AB$;
3. $\lim\limits_{x \to x_0} Cf(x) = C \lim\limits_{x \to x_0} f(x) = CA$ (C 为常数);
4. $\lim\limits_{x \to x_0}\frac{f(x)}{g(x)} = \frac{\lim\limits_{x \to x_0} f(x)}{\lim\limits_{x \to x_0} g(x)} = \frac{A}{B} (B \neq 0)$.

例 3 求下列极限:

(1) $\lim\limits_{x \to 1}(3x^2 - 2x + 2)$;　　(2) $\lim\limits_{x \to 2}\frac{2x^3 + 3}{3 - x}$;　　(3) $\lim\limits_{x \to 3}\frac{x^2 - 9}{3 - x}$.

解 (1) $\lim\limits_{x\to1}(3x^2-2x+2)=\lim\limits_{x\to1}3x^2-\lim\limits_{x\to1}2x+\lim\limits_{x\to1}2=3\lim\limits_{x\to1}x^2-2\lim\limits_{x\to1}x+\lim\limits_{x\to1}2$

$=3-2+2=3$.

(2) $\lim\limits_{x\to2}\dfrac{2x^3+3}{3-x}=\dfrac{\lim\limits_{x\to2}(2x^3+3)}{\lim\limits_{x\to2}(3-x)}=\dfrac{19}{1}=19$.

(3) 因为 $\lim\limits_{x\to3}(x-3)=0$,所以不能直接用法则 4,应先约去分母中趋于 0 的因式.

$$\lim_{x\to3}\frac{x^2-9}{3-x}=\lim_{x\to3}\frac{(x+3)(x-3)}{-(x-3)}=-\lim_{x\to3}(x+3)=-6.$$

这是 $\dfrac{0}{0}$ 型的极限,通常采用因式分解或有理化的方法约去分母中趋于 0 的因式,再求极限.

4. 函数的连续性

从图 1-12 中可以看出,函数 $y=f(x)$ 的图像是连续不断的曲线.图 1-13 中,函数 $y=g(x)$ 的图像在 $x=x_0$ 处断开.我们说函数 $y=f(x)$ 在点 $x=x_0$ 处是连续的,而函数 $y=g(x)$ 在点 $x=x_0$ 处是间断的.

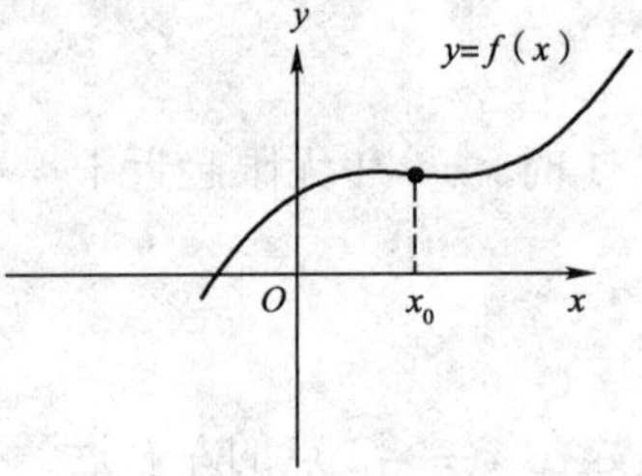

图 1-12

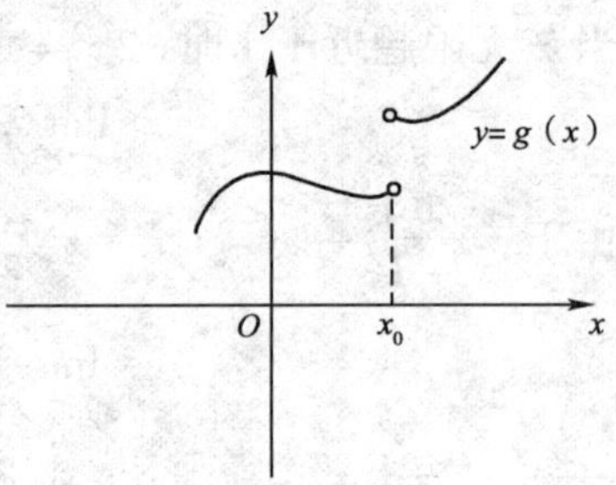

图 1-13

定义 1.4.4 如果函数 $y=f(x)$ 在点 x_0 及其左右近旁有定义,且 $\lim\limits_{x\to x_0}f(x)=f(x_0)$ 成立,则称函数 $y=f(x)$ 在点 x_0 **连续**.

如果函数 $y=f(x)$ 在某个区间的每一个点都连续,则称函数 $y=f(x)$ 在这个区间上连续,也称函数 $y=f(x)$ 是这个区间上的**连续函数**.

可以证明,初等函数在其定义区间内都是连续的,因此,求初等函数在其定义区间内某一点的极限值,只需求初等函数在该点处的函数值即可.即

$$\lim_{x\to x_0}f(x)=f(x_0).$$

例 4 求下列极限:

(1) $\lim\limits_{x\to2}\dfrac{x^2-1}{x+2}$;　　　(2) $\lim\limits_{x\to4}\dfrac{e^x+\cos(4-x)}{\sqrt{x}-1}$.

解 (1)因为 $x=2$ 在函数的定义区间内,所以

$$\lim_{x\to2}\frac{x^2-1}{x+2}=f(2)=\frac{2^2-1}{2+2}=\frac{3}{4}.$$

(2)因为 $x=4$ 在函数的定义区间内,所以

$$\lim_{x\to 4}\frac{e^x+\cos(4-x)}{\sqrt{x}-1}=f(4)=\frac{e^4+\cos(4-4)}{\sqrt{4}-1}=e^4+1.$$

习题 1.4

1. 求下列极限:

(1) $\lim\limits_{n\to\infty}(3-\frac{1}{n})$; (2) $\lim\limits_{n\to\infty}\frac{5n^2+3}{n^2}$; (3) $\lim\limits_{x\to 2}\frac{x-1}{x+3}$;

(4) $\lim\limits_{x\to 0}\frac{4x^3-2x^2+x}{3x^2+2x}$; (5) $y=\lim\limits_{x\to\infty}(1+\frac{1}{x^5})$; (6) $\lim\limits_{x\to 0}(1-\frac{2}{x-4})$;

(7) $\lim\limits_{x\to 1}\frac{x^2-3x+2}{x-1}$; (8) $\lim\limits_{x\to -2}\frac{x^2-4}{x+2}$; (9) $\lim\limits_{x\to 0}\frac{\sin 3x}{x^2+2}$;

(10) $\lim\limits_{x\to 1}(\frac{1}{1-x}-\frac{2}{1-x^2})$; (11) $\lim\limits_{x\to 0}\frac{\sqrt{1+x}-1}{x}$.

2. 若 $\lim\limits_{x\to 1}\frac{ax-3}{x+1}=2$,求 a 的值.

第五节　无穷大与无穷小

1. 无穷小的定义

定义 1.5.1　当 $x\to x_0$(或 $x\to\infty$)时,如果函数 $f(x)$ 的极限为零,那么 $f(x)$ 叫做当 $x\to x_0$(或 $x\to\infty$)时的无穷小量,简称**无穷小**.

例如,当 $x\to 0$ 时, x^3, $\sin x$, $\sqrt{x}$ 是无穷小;

当 $x\to 1$ 时, $(x-1)^2$是无穷小;

当 $x\to\infty$ 时, $\frac{1}{x+2}$, $\frac{1}{x^2}$ 是无穷小.

2. 无穷小的性质

性质 1　有限个无穷小的代数和是无穷小.

性质 2　有限个无穷小的积是无穷小.

性质 3　有界函数与无穷小的积是无穷小.

例 1　求 $\lim\limits_{x\to\infty}\frac{\sin x}{x}$.

解　$\lim\limits_{x\to\infty}\frac{\sin x}{x}=\lim\limits_{x\to\infty}\sin x\cdot\frac{1}{x}=0$.

3. 无穷大的定义

定义 1.5.2　当 $x\to x_0$(或 $x\to\infty$)时,如果函数 $f(x)$ 的绝对值无限增大,那么 $f(x)$ 叫做当 $x\to x_0$(或 $x\to\infty$)时的无穷大量,简称**无穷大**.

例如,当 $x\to 0$ 时, $\frac{1}{x}$ 是无穷大;

当 $x \to 1$ 时，$\frac{1}{x-1}$ 是无穷大；

当 $x \to \infty$ 时，$2x^2+1$ 是无穷大.

4. 无穷大与无穷小的关系

在自变量的同一变化过程中：

若 $f(x)$ 为无穷大，则 $\frac{1}{f(x)}$ 为无穷小；

若 $f(x)$ 为无穷小（$f(x) \neq 0$），则 $\frac{1}{f(x)}$ 为无穷大.

即无穷大与无穷小互为倒数.

例 2 求下列极限：

(1) $\lim\limits_{x\to 1}\frac{x}{x-1}$；　　(2) $\lim\limits_{x\to\infty}\frac{2x^3-x^2+1}{x^2+3}$.

解 (1)当 $x \to 1$ 时，分母 $x-1$ 的极限为 0，所以不能用运算法则 4，

但因 $\lim\limits_{x\to 1}\frac{x-1}{x}=0$，所以 $\frac{x-1}{x}$ 是 $x \to 1$ 时的无穷小，

则它的倒数 $\frac{x}{x-1}$ 是 $x \to 1$ 时的无穷大.即

$$\lim_{x\to 1}\frac{x}{x-1}=\infty .$$

(2)当 $x \to \infty$ 时，分子分母的极限都不存在，所以不能直接用法则 4，但因为

$$\lim_{x\to\infty}\frac{x^2+3}{2x^3-x^2+1}=\lim_{x\to\infty}\frac{\frac{1}{x}+\frac{3}{x^3}}{2-\frac{1}{x}+\frac{1}{x^3}}=0,$$

所以

$$\lim_{x\to\infty}\frac{2x^3-x^2+1}{x^2+3}=\infty .$$

一般地，当 $x \to \infty$ 时，有理分式（$a_0 \neq 0$，$b_0 \neq 0$）的极限有以下结果：

$$\lim_{x\to\infty}\frac{a_0x^n+a_1x^{n-1}+a_2x^{n-2}+\cdots+a_n}{b_0x^m+b_1x^{m-1}+b_2x^{m-2}+\cdots+b_m}=\begin{cases}\infty, \text{当 } m<n, \\ \frac{a_0}{b_0}, \text{当 } m=n, \\ 0, \text{当 } m>n.\end{cases}$$

利用这个结果求有理分式当 $x \to \infty$ 时的极限非常方便.

例如，$\lim\limits_{x\to\infty}\frac{x^4-4x+2}{2x^2+3x-1}=\infty$.

习题 1.5

1. 下列各题中，哪些是无穷小？哪些是无穷大？

(1) $\frac{1}{x}-1$（$x \to 1$）；　　(2) $\frac{1+2x}{x}$（$x \to 0$）；　　(3) 2^x-1（$x \to 0$）；

(4) e^{-x}（$x \to \infty$）；　　(5) $\frac{1+2x^3}{x^2}$（$x \to \infty$）；　　(6) $\sin 3x$（$x \to 0$）；

(7) $\tan x \ (x \to \frac{\pi}{2})$；　　(8) $\frac{e^x}{\sin x} \ (x \to 0)$.

2. 求下列极限：

(1) $\lim\limits_{x\to\infty} \frac{\cos x}{x}$；　(2) $\lim\limits_{x\to 0} x\sin\frac{1}{x}$；　(3) $\lim\limits_{x\to\infty} \frac{3x^3+2x-1}{5x^2-3}$；

(4) $\lim\limits_{x\to\infty} \frac{x+2}{2x^3-1}$；　(5) $\lim\limits_{x\to\infty} \frac{4x^3+2x+1}{2x^3-3}$；　(6) $\lim\limits_{x\to\infty} \frac{4x^2-3}{2x^4+5}$；

(7) $\lim\limits_{x\to\infty} \frac{(x-3)(2x^2+1)}{2-7x^3}$；　(8) $\lim\limits_{x\to 1} \frac{x^3+2}{1-x^2}$；　(9) $\lim\limits_{x\to 1} \frac{4x-3}{x^2-3x+2}$.

第六节　两个重要极限

1. 两个重要极限

对于某些含三角函数的 $\frac{0}{0}$ 型的极限，我们有下面的重要极限 I：

I.　$\lim\limits_{x\to 0} \frac{\sin x}{x} = 1$.

该极限的基本特征是：

(1)分子分母的极限值均为零，即“$\frac{0}{0}$”型；

(2)分母中的变量与分子正弦函数中的变量相同.

例 1　求下列极限：

(1) $\lim\limits_{x\to 0} \frac{\sin 2x}{3x}$；　(2) $\lim\limits_{x\to 0} \frac{\tan x}{x}$；　(3) $\lim\limits_{x\to\infty} x\sin\frac{1}{x}$.

解　(1) $\lim\limits_{x\to 0} \frac{\sin 2x}{3x} = \lim\limits_{x\to 0} \frac{2}{3} \cdot \frac{\sin 2x}{2x} = \frac{2}{3} \lim\limits_{2x\to 0} \frac{\sin 2x}{2x} = \frac{2}{3} \times 1 = \frac{2}{3}$.

(2) $\lim\limits_{x\to 0} \frac{\tan x}{x} = \lim\limits_{x\to 0} \frac{1}{x} \cdot \frac{\sin x}{\cos x} = \lim\limits_{x\to 0} \frac{1}{\cos x} \cdot \frac{\sin x}{x} = \lim\limits_{x\to 0} \frac{1}{\cos x} \cdot \lim\limits_{x\to 0} \frac{\sin x}{x} = 1 \times 1 = 1$.

注：该题的结果 $\lim\limits_{x\to 0} \frac{\tan x}{x} = 1$ 在以后求极限时可以直接使用.

(3) $\lim\limits_{x\to\infty} x\sin\frac{1}{x} = \lim\limits_{\frac{1}{x}\to 0} \frac{\sin\frac{1}{x}}{\frac{1}{x}} = 1$.

对于型如 1^∞ 的极限，我们有下面的重要极限 II：

II.　$\lim\limits_{x\to\infty} (1+\frac{1}{x})^x = e$.

该极限的基本特征是：

(1)底数的极限值为 1，指数的极限值是无穷大，即“1^∞”型；

(2)函数的极限形式为 $(1+\frac{1}{\text{无穷大}})^{\text{无穷大}}$，且底数的无穷大与指数的无穷大是相同的. 即底数的 $\frac{1}{\text{无穷大}}$ 与指数的无穷大互为倒数.

例 2　求下列极限：

(1) $\lim\limits_{x\to 0}(1+x)^{\frac{1}{x}}$ ；　　(2) $\lim\limits_{x\to\infty}(1+\frac{2}{x})^{x}$.

解　(1) $\lim\limits_{x\to 0}(1+x)^{\frac{1}{x}} \xlongequal[\text{当}x\to 0,\ t\to\infty]{\text{令}t=\frac{1}{x}} \lim\limits_{t\to\infty}(1+\frac{1}{t})^{t}=e$.

注：该题的结果 $\lim\limits_{x\to 0}(1+x)^{\frac{1}{x}}=e$ 在以后求极限时可以作为公式直接使用.

$$(2)\ \lim_{x\to\infty}(1+\frac{2}{x})^{x}=\lim_{x\to\infty}\left[\left(1+\frac{1}{\frac{x}{2}}\right)^{\frac{x}{2}}\right]^{2} \xlongequal[\text{当}x\to\infty,\ t\to\infty]{\text{令}t=\frac{x}{2}} \lim_{t\to\infty}\left[(1+\frac{1}{t})^{t}\right]^{2}=e^{2}.$$

2. 极限的应用举例

例 3　中国古代数学家刘徽创造了割圆术计算圆周率 π 的方法.刘徽注意到圆内接正多边形的面积小于圆的面积，且边数越多，正多边形的面积越接近于圆的面积.试以极限为工具求圆的面积.

解　设圆的半径为 R，圆内接正 n 边形的面积为 S_n，圆的面积为 S（图 1-14），则

$$S_n = n\cdot S_{\Delta AOB} = n\cdot\frac{1}{2}\cdot 2R\sin\frac{\pi}{n}\cdot R\cos\frac{\pi}{n}$$

$$= nR^2\sin\frac{\pi}{n}\cos\frac{\pi}{n}.$$

当 n 越来越大时，有

$$S=\lim_{n\to\infty}S_n = R^2\lim_{n\to\infty}\frac{\sin\frac{\pi}{n}}{\frac{\pi}{n}}\cdot\cos\frac{\pi}{n}\cdot\pi$$

$$=\pi R^2\lim_{n\to\infty}\frac{\sin\frac{\pi}{n}}{\frac{\pi}{n}}\cdot\lim_{n\to\infty}\cos\frac{\pi}{n}=\pi R^2.$$

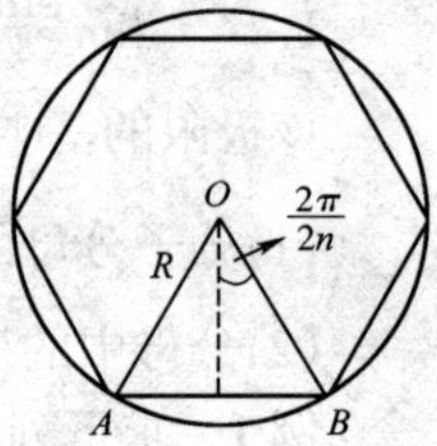

图　1-14

例 4　某人将 a_0 元钱存入银行的一年期定期储蓄，到期自动转存，年利率为 r，且在存期内不变.如果银行连续不断地向顾客支付利息，求 n 年后的存款余额.

解　设 n 年后的存款余额为 y，依题意

$$y = a_0(1+r)^n$$

如果银行每月结算一次，则月利息为 $\frac{r}{12}$，n 年后的存款余额为 $y=a_0(1+\frac{r}{12})^{12n}$；

如果银行每天结算一次，则日利息为 $\frac{r}{365}$，n 年后的存款余额为 $y=a_0(1+\frac{r}{365})^{365n}$；

如果银行每年结算 m 次，则每次利息为 $\frac{r}{m}$，n 年后的存款余额为 $y=a_0(1+\frac{r}{m})^{m\cdot n}$.

当 m 越来越大时，结算周期变得越来越小，这意味着银行连续不断地向顾客支付利息，这种存款方式称为连续复利结算.显然，当 m 趋近于无穷大时，有

$$y=\lim_{m\to\infty}a_0(1+\frac{r}{m})^{mn}=a_0\lim_{m\to\infty}(1+\frac{r}{m})^{\frac{m}{r}\cdot nr}=a_0e^{nr}$$

即在连续复利结算方式下，n 年后的存款余额计算公式为：

$$y=a_0e^{nr}.$$

习题 1.6

求下列极限：

1. $\lim\limits_{x\to\infty}(1+\dfrac{5}{x})^{x}$；　2. $\lim\limits_{x\to 0}\dfrac{\tan 2x}{x}$；　3. $\lim\limits_{x\to\infty}(x\tan\dfrac{2}{x})$；

4. $\lim\limits_{x\to\infty}(1+\dfrac{1}{x})^{3x}$；　5. $\lim\limits_{x\to\infty}(1-\dfrac{3}{x})^{2x}$；　6. $\lim\limits_{x\to 0}\dfrac{\sin kx}{x}$；

7. $\lim\limits_{x\to 0}\dfrac{\sin ax}{\sin bx}(a\neq 0, b\neq 0)$；　8. $\lim\limits_{x\to\infty}(1+\dfrac{1}{2x})^{-4x}$.

小　结

一、函数

1. 函数的概念　$y=f(x)$，$x\in D$.

2. 函数的定义域　使函数有意义的自变量 x 的取值范围.

3. 函数在某一点的函数值　当 $x=x_0$ 时，$y_0=f(x_0)$.

4. 反函数　求函数 $y=f(x)$ 的反函数，只要从 $y=f(x)$ 中解出 $x=f^{-1}(y)$，再把 x、y 互换，即可得到函数 $y=f(x)$ 的反函数为 $y=f^{-1}(x)$.

5. 函数的几种特性　奇偶性、单调性、有界性和周期性.

6. 基本初等函数　幂函数、指数函数、对数函数、三角函数、反三角函数.

7. 复合函数　若 $y=f(u)$，$u=\varphi(x)$，则 $y=f[\varphi(x)]$.

8. 初等函数　由常数和基本初等函数经过有限次四则运算或有限次复合步骤所构成的函数.

二、极限

1. 数列 $\{x_n\}$ 的极限　　若 $n\to\infty$ 时，$x_n\to a$，则 $\lim\limits_{n\to\infty}x_n=a$.

2. 函数 $f(x)$ 的极限　　若 $x\to x_0$ 时，$f(x)\to A$，则 $\lim\limits_{x\to x_0}f(x)=A$；

　　或　　若 $x\to\infty$ 时，$f(x)\to A$，则 $\lim\limits_{x\to\infty}f(x)=A$.

3. 极限的四则运算法则

设 $\lim\limits_{x\to x_0}f(x)=A$，$\lim\limits_{x\to x_0}g(x)=B$，则

(1) $\lim\limits_{x\to x_0}[f(x)\pm g(x)]=\lim\limits_{x\to x_0}f(x)\pm\lim\limits_{x\to x_0}g(x)=A\pm B$；

(2) $\lim\limits_{x\to x_0}[f(x)\cdot g(x)]=\lim\limits_{x\to x_0}f(x)\cdot\lim\limits_{x\to x_0}g(x)=AB$；

(3) $\lim\limits_{x\to x_0}Cf(x)=C\lim\limits_{x\to x_0}f(x)=CA$（$C$ 为常数）；

(4) $\lim\limits_{x\to x_0}\dfrac{f(x)}{g(x)}=\dfrac{\lim\limits_{x\to x_0}f(x)}{\lim\limits_{x\to x_0}g(x)}=\dfrac{A}{B}(B\neq 0)$.

4. 函数的连续性　初等函数在其定义区间内都是连续的. 初等函数在其定义区间内某一点的极限值等于在该点处的函数值. 即

$$\lim_{x\to x_0}f(x)=f(x_0).$$

5. 几种常见类型的极限求法

类型一：$\frac{a}{b}$ 型（a、b 为常数，且 $b \neq 0$）. 直接利用函数的连续性求极限，即

$$\lim_{x \to x_0} f(x) = f(x_0).$$

类型二：$\frac{c}{0}$ 型（c 为常数，且 $c \neq 0$）. 先求出 $\frac{0}{c}$ 型的极限，再利用无穷大与无穷小的倒数关系求出 $\frac{c}{0}$ 的极限。

类型三：$\frac{0}{0}$ 型

(1)不含三角函数的，通过分解因式或有理化 约去分母为 0 的因式；

(2)含有三角函数的，利用重要极限 $\lim\limits_{x \to 0} \frac{\sin x}{x} = 1$ 或 $\lim\limits_{x \to 0} \frac{\tan x}{x} = 1$.

类型四：$\frac{\infty}{\infty}$ 型，利用有理分式的极限公式：

$$\lim_{x \to \infty} \frac{a_0 x^n + a_1 x^{n-1} + a_2 x^{n-2} + \cdots + a_n}{b_0 x^m + b_1 x^{m-1} + b_2 x^{m-2} + \cdots + b_m} = \begin{cases} \infty, \text{当 } m < n, \\ \frac{a_0}{b_0}, \text{当 } m = n, \\ 0, \text{当 } m > n. \end{cases}$$

类型五：1^{∞} 型，利用重要极限

$$\lim_{x \to \infty} (1 + \frac{1}{x})^x = e \text{ 或} \lim_{x \to 0} (1 + x)^{\frac{1}{x}} = e.$$

类型六：利用“有界函数与无穷小的积是无穷小”求极限.

测试题

一、填空题

(1)函数 $y = \frac{\sqrt{x+3}}{x-2}$ 的定义域是________________.

(2)设 $f(x) = \begin{cases} x^2 - 1, & x \leq 1 \\ 2x, & x > 1 \end{cases}$，则 $f(0) =$ ________；$f(3) =$ ________.

(3)函数 $f(x) = \cos^3(2x-1)$ 由基本初等函数或简单函数的复合过程是__________.

(4) $\lim\limits_{x \to 0} \frac{\sin 3x}{\sin 5x} =$ ________.

(5) $\lim\limits_{x \to \infty} \frac{3x^3 + 2x^2 - 1}{5x^4 + 2x} =$ ________.

(6)若 $\lim\limits_{x \to 1} \frac{x^2 - 3x + k}{x + 1} = -3$，则 $k =$ ________.

二、选择题

(1)函数 $y = x^2$ 的单调增区间是(　　).

A. $(-\infty, +\infty)$　　B. $(-\infty, 0)$　　C. $(0, +\infty)$　　D. $(-4, 4)$

(2)下列函数中，(　　)为奇函数；(　　)为偶函数.

A. $y = \frac{1 - 2x^2}{1 + x^2}$　　B. $y = x(x-1)(x+1)$

C. $y = 3 + 2\cos x$　　D. $y = \frac{1}{2}(a^{-x} - a^{x})$,($a > 0, a \neq 1$)

(3)如果 $y = \sqrt{u}$, $u = 2 + v^2$, $v = \ln x$,将 y 表示成 x 的函数正确的是(　　).

A. $y = \sqrt{2 + \ln^2 x}$　　B. $y = \sqrt{2 + \ln x^2}$

C. $y = \sqrt{2} + \ln^2 x$　　D. $y = \sqrt{2} + \ln x^2$

(4)设 $f(x) = x^2 - 2x + 5$,则 $f(x+1)$ 的正确答案是(　　).

A. $f(x+1) = x^2 - 4$　　B. $f(x+1) = x^2 + 4$

C. $f(x+1) = x^2 + 4x$　　D. $f(x+1) = x^2 - 4x$

(5)设 $f(x) = x\sin\frac{3}{x}$,则 $\lim\limits_{x\to\infty} f(x)$ 是(　　).

A. 0　　B. ∞　　C. $\frac{1}{3}$　　D. 3

(6)下列函数中,(　　)为无穷小;(　　)为无穷大.

A. $\cos\frac{1}{x}$ ($x\to 0$)　　B. $x^2\cos\frac{1}{x}$ ($x\to 0$)

C. $\frac{x^2 - 3}{x - 2}$ ($x\to 2$)　　D. $\frac{x^3 + 1}{x^3 - 1}$ ($x\to\infty$)

三、判断题

(1)因为 $|\sin 2x| \leqslant 1$,所以 $y = \sin 2x$ 是有界函数.　(　　)

(2)函数 $y = \tan 2x$ 的周期是 π .　(　　)

(3)若 $f(x)$ 为无穷大,则 $\frac{1}{f(x)}$ 为无穷小($x\to x_0$).　(　　)

(4)函数 $y = \frac{x-1}{x+1}$ 的反函数是 $y = \frac{1+x}{1-x}$.　(　　)

(5) $\lim\limits_{x\to 1}\frac{x^2}{1-x} = \frac{\lim\limits_{x\to 1} x^2}{\lim\limits_{x\to 1}(1-x)} = \infty$.　(　　)

(6) $\lim\limits_{x\to 0}\frac{\sin\frac{1}{x}}{\frac{1}{x}} = 1$.　(　　)

四、求极限

(1) $\lim\limits_{x\to 2}\frac{x^2 - 5x + 6}{x^2 - 4}$;　(2) $\lim\limits_{x\to 0}(1 + 2x)^{\frac{1}{x}}$;　(3) $\lim\limits_{n\to\infty}\frac{(n-1)^2}{n+1}$;

(4) $\lim\limits_{x\to\infty}\frac{x - \cos x}{x}$;　(5) $\lim\limits_{x\to 0}\frac{\sqrt{1+x} - \sqrt{1-2x}}{x}$.

五、解答题

(1)若 $\lim\limits_{x\to\infty}(\frac{x+a}{x-a})^x = 9$,求 a 的值.

(2)已知 $\lim\limits_{x\to 0}\frac{\sin kx}{2x} = 2$,求 k 的值.

六、某移动通信公司开设两种通信业务.“全球通”:使用者先缴 25 元月租费,然后每通话一分钟,再付话费 0.25 元;“神州行”:不缴月租,每通话一分钟,付话费 0.6 元(以上均为市内通话)。若一个月内通话 x 分钟,两种方式的费用分别为 y_1元和 y_2 元.

(1)分别写出 y_1和 y_2与 x 之间的函数关系;

(2)一个月通话多少分钟,两种通信费用相同?

(3)某人估计一个月内要通话 300 分钟,应该选择哪种通信业务合算?

第二章　导数与微分

微分学是微积分的重要组成部分,它的基本概念是导数与微分,其中导数反映出函数相对于自变量的变化快慢的程度,而微分则指明当自变量有微小变化时,函数大体上变化多少.

本章将介绍导数和微分的概念、计算方法以及导数的应用.

第一节　导数的概念

1. 问题的引入

在解决实际问题时,常要研究一个变量随着另一个变量的变化而变化的快慢程度,即速度问题.如:物体运动的速度、国民经济发展的速度、劳动生产率等等,为更好地解决这类问题,本节将引入导数的概念.下面先看一个实例.

例 1　已知自由落体运动规律: $s = s(t) = \frac{1}{2}gt^2$,求其在 t_0 时的瞬时速度 $v(t_0)$.

物体作变速直线运动,不能直接用公式"速度 $= \frac{距离}{时间}$"计算.

如图 2-1 所示,当时间由 t_0变到 $t_0 + \Delta t$ 时,物体所经过的距离为

$$\Delta s = s(t_0 + \Delta t) - s(t_0) = \frac{1}{2}g(t_0 + \Delta t)^2 - \frac{1}{2}gt_0^2$$

$$= gt_0\Delta t - \frac{1}{2}g(\Delta t)^2 ,$$

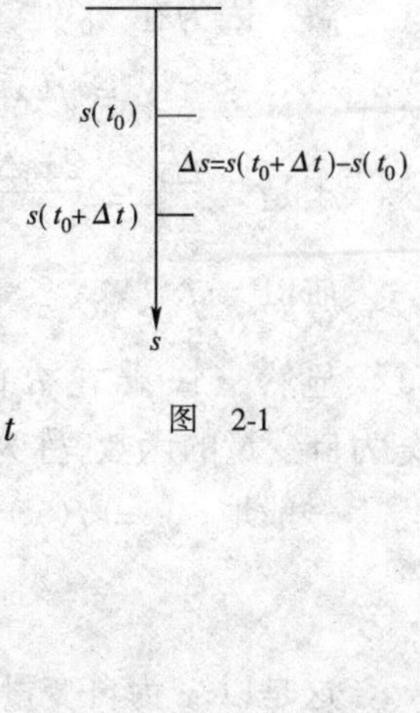

图　2-1

在这段时间内物体运动的平均速度 $\bar{v} = \frac{\Delta s}{\Delta t} = gt_0 + \frac{1}{2}g\Delta t$,当 Δt 很小时

$$v(t_0) \approx \bar{v} = \frac{\Delta s}{\Delta t} = gt_0 + \frac{1}{2}g\Delta t ,$$

所以 $v(t_0)=\lim\limits_{\Delta t\to 0}\bar{v}=\lim\limits_{\Delta t\to 0}\dfrac{\Delta s}{\Delta t}=\lim\limits_{\Delta t\to 0}[gt_0+\dfrac{1}{2}g\Delta t]=gt_0$.

一般地,物体作变速直线运动,若运动方程 $s=s(t)$,则其在 t_0 时的速度为

$$v(t_0)=\lim_{\Delta t\to 0}\frac{\Delta s}{\Delta t}=\lim_{\Delta t\to 0}\frac{s(t_0+\Delta t)-s(t_0)}{\Delta t}.$$

这是一个特殊的极限,若不考虑问题的实际意义,其解法和结论可归结为:已知一个函数 $y=f(x)$,求这个函数在某点 x_0 处函数值的改变量 Δy 与自变量改变量 Δx 的比,在自变量的改变量 Δx 趋向于0时的极限 $\lim\limits_{\Delta x\to 0}\dfrac{\Delta y}{\Delta x}$,这一特殊形式的极限,称为函数的导数.

2. 导数的概念

定义 2.1 设函数 $y=f(x)$ 在点 x_0 及近旁有定义,在 x_0 处当自变量有改变量 Δx 时,相应函数值的改变量为: $\Delta y=f(x_0+\Delta x)-f(x_0)$,若极限 $\lim\limits_{\Delta x\to 0}\dfrac{\Delta y}{\Delta x}$ 存在,则此极限值称为函数 $y=f(x)$ 在点 $\boldsymbol{x_0}$ **处的导数**, 记为 $f'(x_0)$ 或 $y'|_{x=x_0}$ 、$\left.\dfrac{\mathrm{d}y}{\mathrm{d}x}\right|_{x=x_0}$.

即 $$f'(x_0)=\lim_{\Delta x\to 0}\frac{\Delta y}{\Delta x}=\lim_{\Delta x\to 0}\frac{f(x_0+\Delta x)-f(x_0)}{\Delta x}.$$

若极限 $\lim\limits_{\Delta x\to 0}\dfrac{\Delta y}{\Delta x}$ 存在,称函数 $f(x)$ 在点 x_0 处可导,否则称函数 $f(x)$ 在点 x_0 处不可导;若函数 $y=f(x)$ 在区间 (a,b) 内每一点都可导,则说 $f(x)$ 在区间 (a,b) 内可导.

由导数的定义,运动方程为 $s=s(t)$ 的物体在 t_0 时刻的速度 $v(t_0)=s'(t_0)$,它反映了 t_0 时刻物体的位移随时间的变化而变化的速度.类似地,导数 $f'(x_0)$ 表示的是函数 $y=f(x)$ 在点 x_0 处函数值随着自变量的变化而变化的速度,也称为函数在点 x_0 处的变化率.

用定义来求导数时,可分为三个步骤:

第一步:求函数在 x_0 处函数值的改变量 Δy ;

第二步:求 $\dfrac{\Delta y}{\Delta x}$;

第三步:求 $\lim\limits_{\Delta x\to 0}\dfrac{\Delta y}{\Delta x}$.

例 2 已知函数 $f(x)=x^2$,求其在点 x_0 处的导数 $f'(x_0)$.

解 因为在 x_0 处,函数值的改变量

$$\Delta y=f(x_0+\Delta x)-f(x_0)=(x_0+\Delta x)^2-x_0{}^2=2x_0\Delta x+(\Delta x)^2,$$

于是 $$\frac{\Delta y}{\Delta x}=\frac{2x_0\Delta x+(\Delta x)^2}{\Delta x}=2x_0+\Delta x,$$

所以 $$f'(x_0)=\lim_{\Delta x\to 0}\frac{\Delta y}{\Delta x}=\lim_{\Delta x\to 0}(2x_0+\Delta x)=2x_0.$$

显然 $y=x^2$ 在 R 内可导,且 $x\in R$ 时,函数在 x 处的导数为: $f'(x)=2x$.这是一个以 x 为自变量的函数,称为 $f(x)$ 的导函数.

一般地, $y=f(x)$ 在 D 可导,当 $x\in D$ 时,

$$f'(x)=\lim_{\Delta x\to 0}\frac{\Delta y}{\Delta x}=\lim_{\Delta x\to 0}\frac{f(x+\Delta x)-f(x)}{\Delta x}$$

这是以 x 为自变量的函数,称为函数 $y=f(x)$ 的**导函数**,简称**导数**,记为: $y'=f'(x)$ 或

$\dfrac{dy}{dx} = f'(x)$.

$f'(x)$ 与 $f'(x_0)$ 是函数与函数值的关系，运算时应先求导函数，再求“函数值”.

例 3 已知函数 $y = x^{\frac{1}{2}}$，求 y'.

解

$$y' = \lim_{\Delta x\to 0}\frac{\Delta y}{\Delta x} = \lim_{\Delta x\to 0}\frac{f(x+\Delta x)-f(x)}{\Delta x}$$

$$= \lim_{\Delta\to 0}\frac{\sqrt{x+\Delta x}-\sqrt{x}}{\Delta x}$$

$$= \lim_{\Delta x\to 0}\frac{\Delta x}{\Delta x(\sqrt{x+\Delta x}+\sqrt{x})} = \frac{1}{2\sqrt{x}}.$$

即 $(x^{\frac{1}{2}})' = \dfrac{1}{2}x^{-\frac{1}{2}}$.

观察例 2、例 3 的结果，易知幂函数的导数：

$$(x^{\alpha})' = \alpha x^{\alpha-1}.$$

例 4 求下列函数的导数：

(1) $y = \dfrac{1}{x}$； (2) $y = x\sqrt{x}$.

解 (1)和(2)都可化为幂函数，利用上面的结果，得

(1) $y' = \left(\dfrac{1}{x}\right)' = (x^{-1})'$

$= -1\cdot x^{-1-1} = -x^{-2}$.

(2) $y' = (x\sqrt{x})' = (x^{\frac{3}{2}})'$

$= \dfrac{3}{2}x^{\frac{3}{2}-1} = \dfrac{3}{2}x^{\frac{1}{2}}$.

例 5 已知函数 $y = \sin x$，求 y'.

解

$$y' = \lim_{\Delta x\to 0}\frac{\Delta y}{\Delta x} = \lim_{\Delta x\to 0}\frac{f(x+\Delta x)-f(x)}{\Delta x}$$

$$= \lim_{\Delta\to 0}\frac{\sin(x+\Delta x)-\sin x}{\Delta x}$$

$$= \lim_{\Delta\to 0}\frac{2\cos\frac{2x+\Delta x}{2}\sin\frac{\Delta x}{2}}{\Delta x}$$

$$= \cos x$$

即 $(\sin x)' = \cos x$.

基本初等函数的导数，其公式见表 2-1.

基本导数公式表 表 2-1

幂函数的导数	$(x^{\alpha})' = \alpha x^{\alpha-1}$ (α 为常数)， $C' = 0$ (C 为常数)
指数函数的导数	$(a^x)' = a^x\ln a$ $(a > 0, a \neq 1)$， $(e^x)' = e^x$
对数函数的导数	$(\log_a x)' = \dfrac{1}{x\ln a}$ $(a > 0, a \neq 1)$， $(\ln x)' = \dfrac{1}{x}$
三角函数的导数	$(\sin x)' = \cos x$， $(\cos x)' = -\sin x$， $(\tan x)' = \sec^2 x$， $(\cot x)' = -\csc^2 x$， $(\sec x)' = \sec x\tan x$， $(\csc x)' = -\csc x\cot x$
反三角函数的导数	$(\arcsin x)' = \dfrac{1}{\sqrt{1-x^2}}$， $(\arccos x)' = -\dfrac{1}{\sqrt{1-x^2}}$， $(\arctan x)' = \dfrac{1}{1+x^2}$， $(\text{arccot}\,x)' = -\dfrac{1}{1+x^2}$

$$y'_x = y'_u \cdot u'_x = \frac{1}{u} \cdot (-\sin x) = -\frac{\sin x}{\cos x} = -\tan x .$$

例 7 已知 $y = (1+2x)^{10}$,求 y'.

解 因为 $y = u^{10}$, $u = 1+2x$,而 $(u^{10})'_u = 10u^9$, $(1+2x)'_x = 2$,

所以 $y'_x = y'_u \cdot u'_x = 10u^9 \cdot 2 = 20(1+2x)^9$.

例 8 已知 $y = \arcsin(3x^2)$,求 y'.

解 因为 $y = \arcsin u$, $u = 3x^2$,而 $(\arcsin u)'_u = \frac{1}{\sqrt{1-u^2}}$, $(3x^2)'_x = 6x$

所以 $y'_x = y'_u \cdot u'_x = \frac{1}{\sqrt{1-u^2}} \cdot 6x = \frac{6x}{\sqrt{1-9x^4}}$.

熟练后,在复合函数求导过程中,可以把中间变量 u"默记"心中,逐次应用复合函数的求导法则,从外到里,逐层求导.如:

$$(\ln\cos x)' = \frac{1}{\cos x} \cdot (\cos x)' = \frac{1}{\cos x} \cdot (-\sin x) = -\tan x .$$

例 9 求 $[\sin\ln(1+x^2)]'$.

解
$$\begin{aligned}[\sin\ln(1+x^2)]' &= \cos[\ln(1+x^2)] \cdot [\ln(1+x^2)]' \\ &= \cos[\ln(1+x^2)] \cdot \frac{1}{1+x^2} \cdot (1+x^2)' \\ &= \cos[\ln(1+x^2)] \cdot \frac{1}{1+x^2} \cdot 2x \\ &= \frac{2x\cos[\ln(1+x^2)]}{1+x^2}.\end{aligned}$$

例 10 求下列函数的导数:

(1) $y = \frac{x}{\sqrt{1-x^2}}$; (2) $y = \ln(x+\sqrt{a^2+x^2})$.

解 (1)
$$\begin{aligned} y' &= \left(\frac{x}{\sqrt{1-x^2}}\right)' = \frac{x'\sqrt{1-x^2} - x(\sqrt{1-x^2})'}{(\sqrt{1-x^2})^2} \\ &= \frac{\sqrt{1-x^2} - x\frac{1}{2\sqrt{1-x^2}} \cdot (-2x)}{1-x^2} \\ &= (1-x^2)^{-\frac{3}{2}}.\end{aligned}$$

(2)
$$\begin{aligned} y' &= \frac{1}{x+\sqrt{a^2+x^2}}(x+\sqrt{a^2+x^2})' \\ &= \frac{1}{x+\sqrt{a^2+x^2}} \cdot \left[1+\frac{1}{2\sqrt{a^2+x^2}} \cdot (a^2+x^2)'\right] \\ &= \frac{1}{x+\sqrt{a^2+x^2}} \cdot \left[1+\frac{1}{2\sqrt{a^2+x^2}} \cdot 2x\right] \\ &= \frac{1}{\sqrt{a^2+x^2}}.\end{aligned}$$

习题 2.2

1. 求下列函数的导数:

(1) $y = xe^x$;

(2) $y = \dfrac{1}{1+\cos x}$;

(3) $y = (x^2 - 3x + 2)(x^4 + x^2 - 1)$;

(4) $y = \dfrac{\sin x - x\cos x}{\cos x + x\sin x}$;

(5) $f(x) = e^{x^2}\arctan\sqrt{x}$;

(6) $y = e^{-x^2}$;

(7) $y = \sin\sqrt{x}$;

(8) $y = \ln[\ln(\ln x)]$;

(9) $\varphi(t) = \ln(\sin t^2)$;

(10) $g(x) = e^{\sin x}$;

(11) $y = x^2 + \tan 2x$;

(12) $y = (\ln 2x)(\sin 3x)$;

(13) $y = \dfrac{x}{\sqrt{1+x^2}}$;

(14) $g(t) = \dfrac{1}{1+\sqrt{t}} + \dfrac{1}{1-\sqrt{t}}$.

2. 求曲线 $y = (x+1)\sqrt{3-x}$ 在点 $A(-1,0)$ 处的切线方程.

3. 已知生产某种产品 x 件时,总成本 $C(x) = 200 + 0.03x^2$,求 $x = 100$ 时总成本的变化率.

4. 一球以 75 米/秒的初速度垂直上抛,经 t 秒后,高度为 h,$h = 75t - 16t^2$,求 $t = 1.5$秒时球的瞬时速度.

第三节　几类求导问题

1. 隐函数的导数

前面学习中,函数 y 常可用一个关于自变量 x 的关系式表示,如函数 $y = x^2 - 3$,这样表示的函数称为显函数.其实,在很多时候,函数 y 与自变量 x 间的对应关系也可通过方程来描述.

如方程 $x^2 - y - 3 = 0$ 中,每给定一个 x,都有唯一确定的 y 值与其对应,因此,方程 $x^2 - y - 3 = 0$ 确定了 y 是 x 的函数,记为 $y = f(x)$,由于 y 与 x 间的对应关系隐含在方程中,因此这种由方程所确定的函数,称为隐函数.

定义 2.3.1　由方程 $F(x,y) = 0$ 所确定的函数称为隐函数.

如:方程 $\dfrac{x^2}{5^2} + \dfrac{y^2}{4^2} = 1$, $\ln x + e^y = 1$, $x\cos y = \sin(x+y)$ 等都分别确定一个隐函数.

下面通过例子来说明隐函数的求导方法.

例 1　求由方程 $x^2 - y - 3 = 0$ 所确定的隐函数 $y = f(x)$ 的导数.

解法一　化为显函数.

由方程 $x^2 - y - 3 = 0$,得 $y = x^2 - 3$,所以 $y' = (x^2-3)' = 2x$.

解法二　方程两边对 x 求导 $(x^2 - y - 3)'_x = 0'_x$.

于是 $(x^2)'_x - y'_x - 3'_x = 0'_x$,所以 $2x - y'_x = 0$,即 $y'_x = 2x$.

两种解法所得结果一样,由于有的隐函数不易化为显函数,因此在求隐函数的导数时,常用第二种方法求解.

求隐函数的导数,一般可分为两个步骤:

第一步:方程 $F(x,y) = 0$ 两边对 x 求导(注意 y 是 x 的函数);

第二步:解出 y'_x.

例 2　求由方程 $\ln x + e^y = 1$ 所确定的隐函数 $y = f(x)$ 的导数.

解 方程两边对 x 求导，得 $(\ln x)'_x + (e^y)'_x = 1'_x$

所以 $\frac{1}{x} + e^y \cdot y'_x = 0$，故 $y'_x = -\frac{1}{xe^y}$.

例 3 求由方程 $\frac{x^2}{5^2} + \frac{y^2}{4^2} = 1$ 所确定的隐函数 $y = f(x)$ 的导数.

解 方程两边对 x 求导，得 $(\frac{x^2}{5^2})'_x + (\frac{y^2}{4^2})'_x = 1'_x$

所以 $\frac{2x}{5^2} + \frac{2y \cdot y'_x}{4^2} = 0$，故 $y'_x = -\frac{16x}{25y}$.

2. 参数方程所确定的函数的导数

函数除了显函数与隐函数两种表示形式外，变量 x 与 y 之间的对应关系还可通过第三个变量来表示，如方程组 $\begin{cases} y = t^2 \\ x = 2t \end{cases}$ 中，消去变量 t，得：$y = \frac{x^2}{4}$，这表明方程组确定了 y 是 x 的函数.

一般地，方程组 $\begin{cases} y = y(t) \\ x = x(t) \end{cases}$（其中变量 t 为参数），所确定的函数称为由参数方程所确定的函数，对参数方程所确定的函数，有如下求导法则：

$$\frac{dy}{dx} = \frac{\frac{dy}{dt}}{\frac{dx}{dt}} \text{ 或 } y'_x = \frac{y'_t}{x'_t} .$$

例 4 求由参数方程 $\begin{cases} y = t - \frac{1}{t} \\ x = t + \frac{1}{t} \end{cases}$ 所确定的函数 $y = f(x)$ 的导数 $\frac{dy}{dx}$.

解 由参数方程的求导法则，有

$$\frac{dy}{dx} = \frac{y'_t}{x'_t} = \frac{(t - \frac{1}{t})'_t}{(t + \frac{1}{t})'_t} = \frac{1 + \frac{1}{t^2}}{1 - \frac{1}{t^2}} = \frac{t^2 + 1}{t^2 - 1} .$$

3. 高阶导数

函数 $y = f(x)$ 的导数 $y' = f'(x)$ 是以 x 为自变量的函数，若它可导，则其导数 $(y')'$ 称为函数 $y = f(x)$ 的二阶导数.

定义 2.3.2 函数 $y = f(x)$ 的导数 y' 的导数，称为 $y = f(x)$ 的二阶导数，记为 y''、$f''(x)$ 或 $\frac{d^2y}{dx^2}$.

类似地，函数 $y = f(x)$ 的三阶导数记为 y''' 且规定 $y''' = (y'')'$，…，函数 $y = f(x)$ 的 n 阶导数记为 $y^{(n)}$ 且规定 $y^{(n)} = (y^{(n-1)})'$.

二阶以上的导数称为高阶导数，其计算方法是从低到高，逐阶求导.

例 5 已知函数 $y = 2x^3 - 3x + 2$，求 y''.

解 因为 $y' = 6x^2 - 3$，所以 $y'' = 12x$.

例 6 求函数 $y = e^x$ 的 n 阶导数 $y^{(n)}$.

解 $y' = (e^x)' = e^x$, $y'' = (y')' = (e^x)' = e^x, \cdots, y^{(n)} = (y^{(n-1)})' = (e^x)' = e^x$.

习题 2.3

1. 求下列方程所确定的隐函数 y 的导数 $\dfrac{dy}{dx}$.

(1) $xy - e^x + e^y = 0$;　　(2) $ye^x + \ln y = 1$;

(3) $y + x - e^{xy} = 0$;　　(4) $x^3 + y^3 = 3xy$.

2. 求下列参数方程所确定的函数 y 的导数 $\dfrac{dy}{dx}$.

(1) $\begin{cases} x = \sin t \\ y = 2t \end{cases}$;　　(2) $\begin{cases} x = 5\cos\theta \\ y = 4\sin\theta \end{cases}$.

3. 求抛物线 $y^2 + 10x - 2y - 18 = 0$ 在点 $A(1,4)$处的切线方程.

4. 求曲线 $\begin{cases} x = a\cos^3 t \\ y = a\sin^3 t \end{cases}$ 在 $t = \dfrac{\pi}{4}$ 点处的切线方程.

5. 求下列函数的二阶导数.

(1) $y = x^3 + \sin x$;　　(2) $y = xe^{-x}$;　　(3) $y = \sqrt{1 - x^2}$.

第四节　微　　分

1. 微分的定义

在对函数的讨论中我们曾经遇到计算函数值改变量 Δy 的问题,当函数 y 较为复杂时,计算 Δy 往往比较麻烦,因此,在许多实际应用中,在自变量的改变量 Δx 比较微小时.通常只要求其近似值,为解决好这一问题,需引入微分的概念,先看一个例子.

例 1　一块正方形金属薄片,受温度变化影响,其边长由 x 变到 $x + \Delta x$ (图 2-3),求此薄片面积的改变量.

解　设正方形边长为 x 时,面积为 A,则

$$A = x^2.$$

当正方形边长由 x 变到 $x + \Delta x$ 时,面积的改变量

$$\Delta A = A(x + \Delta x) - A(x) = (x + \Delta x)^2 - x^2 = 2x\Delta x + (\Delta x)^2$$

显然,当 $|\Delta x|$ 很小时, $\Delta A \approx 2x \cdot \Delta x$.注意到 $A'(x) = 2x$,

故　$\Delta A \approx A'(x) \cdot \Delta x$.

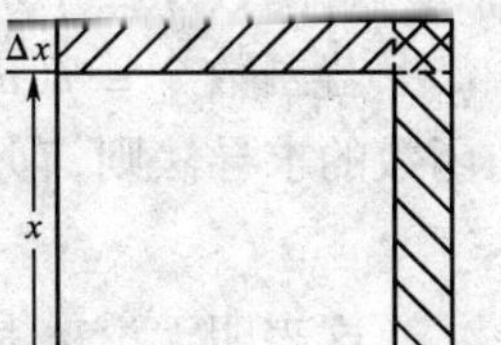

图 2-3

一般地,若函数 $y = f(x)$ 在 x 处可导,则当自变量有微小的改变量 Δx 时,相应函数值的改变量 $\Delta y \approx f'(x)\Delta x$,算式 $f'(x)\Delta x$ 称为函数 $y = f(x)$ 在 x 处的微分.

定义 2.4　设函数 $y = f(x)$ 在 x 处可导,则 $f'(x)\Delta x$ 称为函数 y 在 x 处的**微分**,记为 dy 或 $df(x)$.

即　$dy = f'(x)\Delta x$ 或 $df(x) = f'(x)\Delta x$.

例 2　求下列函数的微分.

(1) $y = x^3$;　　(2) $y = \ln(1 + 2x)$;　　(3) $y = x$.

解 (1)因为 $y' = 3x^2$,

所以 $dy = y'\Delta x = 3x^2 \Delta x$.

(2)因为 $y' = \frac{1}{1+2x} \cdot (1+2x)' = \frac{2}{1+2x}$,

所以 $dy = y'\Delta x = \frac{2}{1+2x}\Delta x$.

(3)因为 $y' = 1$,

所以 $dy = dx = y'\Delta x = \Delta x$.

注意到当 $y = x$ 时, $dx = \Delta x$,这表明自变量的微分等于自变量的改变量,所以函数的微分又可记为

$$dy = y'dx \quad 或 \quad df(x) = f'(x)dx .$$

这说明函数的微分是函数的导数与自变量微分的乘积.

由 $dy = y'dx$,可得 $\frac{dy}{dx} = y'$,所以导数又称为**微商**.

2. 微分计算

根据微分的定义,要求函数的微分,可分为两个步骤:

第一步:求函数的导数;

第二步:写出函数的微分.

例 3 已知 $y = e^x \cos x$,求 dy .

解 因为 $y' = (e^x \cos x)' = e^x \cos x + e^x(-\sin x) = e^x(\cos x - \sin x)$,

所以 $dy = y'dx = e^x(\cos x - \sin x)dx$.

例 4 已知 $y = \tan(1+x^2)$,求 dy .

解 因为 $y' = [\tan(1+x^2)]' = \sec^2(1+x^2) \cdot (1+x^2)' = 2x\sec^2(1+x^2)$,

所以 $dy = y'dx = 2x\sec^2(1+x^2)dx$.

3. 微分形式不变性

若函数 $y = f(u)$ 是 u 的函数,则由微分定义,有: $dy = y'_u du$.

若函数 $y = f(u)$,而 $u = \varphi(x)$,则 $y = f[\varphi(x)]$ 是 x 的复合函数,由微分的定义及复合函数的求导法则,有

$$dy = y'_x dx = y'_u u'_x dx = y'_u du .$$

这表明无论 u 是自变量还是中间变量,函数 $y = f(u)$ 的微分 dy 总可用 $y'_u du$ 表示,微分的这个性质称为**微分形式不变性**.

利用这一性质可对复合函数进行逐层求微分.

如 $d[\tan(1+x^2)] = \sec^2(1+x^2)d(1+x^2) = 2x\sec^2(1+x^2)dx$.

4. 微分应用举例

从前面的讨论可知,函数 $y = f(x)$ 在点 x 处,当自变量有微小改变量 Δx 时,对应的函数值的改变量 Δy ,有近似计算公式:

$$\Delta y \approx f'(x)\Delta x \tag{2-1}$$

由 $\Delta y = f(x+\Delta x) - f(x)$,又有

$$f(x+\Delta x) \approx f(x) + f'(x)\Delta x \tag{2-2}$$

这两个近似计算公式,可分别用于计算函数 $y = f(x)$ 在点 x 处当自变量有微小改变量 Δx 时,相应的函数值的改变量 Δy 的近似值和函数在 x 附近点处函数值的近似值.

例 5 半径为 10cm 的金属球受热后半径增加了 0.1cm,求其体积增量的近似值.

解 设球的半径为 r,体积为 V,则 $V = \frac{4}{3}\pi r^3$, $V' = 4\pi r^2$,

由式(2-4-1),有

$$\Delta V\Big|_{\substack{r=10\\ \Delta r=0.1}} \approx V'\Delta r\Big|_{\substack{r=10\\ \Delta r=0.1}} = 4\pi r^2\Delta r\Big|_{\substack{r=10\\ \Delta r=0.1}} \approx 125.6(\text{cm})^3.$$

即 球的体积约增加了 $125.6(\text{cm})^3$.

例 6 求 $\sqrt{0.99}$ 的近似值.

解 设 $f(x) = \sqrt{x}$,则 $f'(x) = \frac{1}{2\sqrt{x}}$,由式(2-4-2)有

$$f(x+\Delta x) \approx \sqrt{x} + \frac{1}{2\sqrt{x}}\Delta x,$$

所以 $\sqrt{0.99} = f(0.99) = f[1 + (-0.01)]$

$$\approx \sqrt{1} + \frac{1}{2\sqrt{1}} \times (-0.01) = 0.995.$$

习题 2.4

1. 将适当函数填入各括号内,使等式成立.

(1) $d(\quad) = 2dx$;　(2) $d(\quad) = xdx$;

(3) $d(\quad) = \sin x dx$;　(4) $d(\quad) = \frac{1}{x}dx$;

(5) $d(\quad) = \frac{1}{\sqrt{1-x^2}}dx$;　(6) $d\sin 2x = \cos 2x d(\quad)$;

(7) $e^x dx = d(\quad)$;　(8) $\frac{1}{\sqrt{x}}dx = d(\quad)$.

2. 求下列函数的微分:

(1) $y = \sin\sqrt{x}$;　(2) $y = 2x^3 + \ln x$;　(3) $y = xe^x$;

(4) $y = x\sqrt{1-x^2}$;　(5) $y = e^{-x}\cos x$;　(6) $y = \frac{1}{\sqrt{x+1}+\sqrt{x}}$.

第五节　导数的应用

1. 函数单调性判定和极值求法

前面我们学习过函数的单调性,用定义去判定函数的单调性比较困难,利用导数为工具可判定函数的单调性,观察下面图形:

图 2-4 中,函数 $y = f(x)$ 在区间 (a,b) 内单调增加,此时其上任意点 x 处切线的倾斜角 α 是锐角,因此切线的斜率 $K = f'(x) = \tan\alpha > 0$.图 2-5 中,函数 $y = f(x)$ 在区间 (a,b) 内单调减少,此时其上任意点 x 处切线的倾斜角 α 是钝角,因此切线的斜率 $K = f'(x) = \tan\alpha < 0$,由此可见,函数的增减与函数导数的符号有关,对此,我们有如下定理.

定理 2.5.1 设函数 $y = f(x)$ 在区间 (a,b) 内可导,则

(1)在 (a,b) 内,若 $y' > 0$,则函数 $y = f(x)$ 在区间 (a,b) 内单调增加;

(2)在 (a,b) 内,若 $y' < 0$,则函数 $y = f(x)$ 在区间 (a,b) 内单调减少.

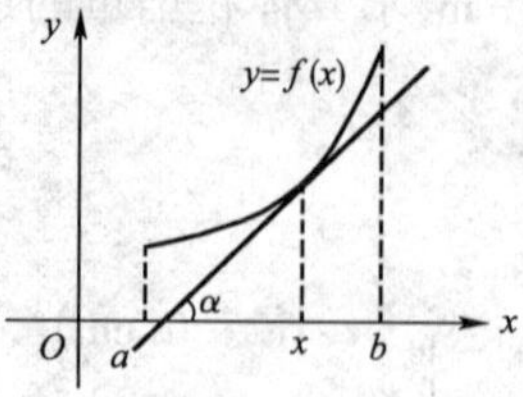

图 2-4

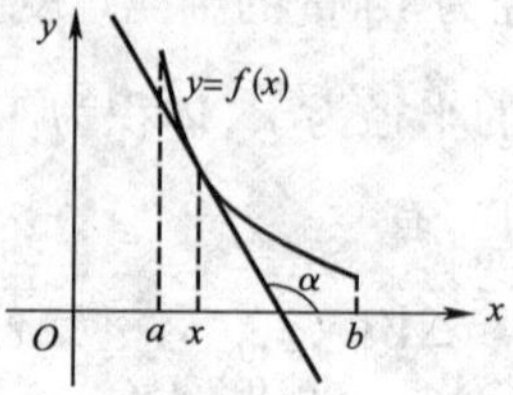

图 2-5

如函数 $y = x^2$,因为 $y' = 2x$,所以当 $x \in (0, +\infty)$ 时, $y' > 0$,函数 y 单调增加,而当 $x \in (-\infty, 0)$ 时, $y' < 0$,函数 y 单调减少(图 2-6).其中 $x = 0$ 点是函数单调区间的转折点.要确定一个函数的单调性,求出它的转折点是关键.

观察图 2-7,点 x_1, x_2, x_3, x_4 分别是函数单调区间的转折点,其中 x_1, x_3 是函数由增到减

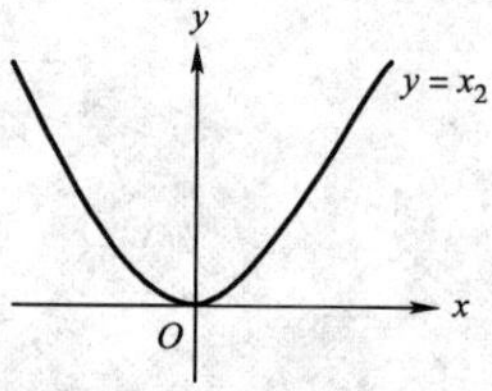

图 2-6

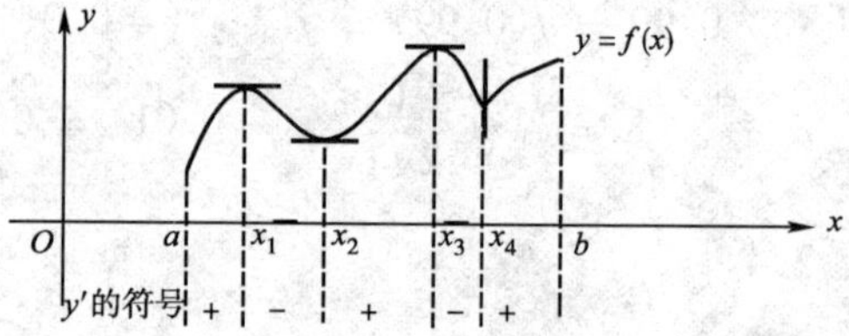

图 2-7

的转折点(即左增右减↗↘),分别处于函数图形中的相对高点,因此又把它们称为函数的极大值点,与它们相对应的函数值 $f(x_1), f(x_3)$ 称为函数的极大值;而 x_2, x_4 是函数由减到增的转折点(即左减右增↘↗),分别处于函数图形中的相对低点,这些点又称为函数的极小值点, $f(x_2), f(x_4)$ 称为函数的极小值.函数的极大值与极小值统称为函数的极值.取得极值的这些点是曲线上切线平行 x 轴的点或曲线上的"尖点",因此其导数为 0 或不存在,一般地,有

定理 2.5.2 若 x_0 是函数 $y = f(x)$ 的极值点,则 $f'(x_0) = 0$ 或 $f'(x_0)$ 不存在.

定理 2.5.2 说明了点 x_0 为极值点的必要条件是 $f'(x_0) = 0$ 或 $f'(x_0)$ 不存在,但这条件不是充分的,即 $f'(x_0) = 0$ 或 $f'(x_0)$ 不存在的点 x_0 不一定是极值点.如函数 $y = x^3$ 中, $f'(0) = 0$,但 $x = 0$ 不是函数单调区间的转折点,因此不是极值点.

导数为 0 的点称为**驻点**.

根据以上分析,判别函数 $y = f(x)$ 单调性或求其极值,可分三个步骤:

第一步:求函数的定义域 D;

第二步:求函数的导数 y',求出 $y' = 0$ 或 y' 不存在的点: $x_1, x_2, \cdots, x_n$;

第三步:点 $x_1, x_2, \cdots, x_n$ 将函数的定义域分成若干小区间,列表根据点 x_i 两旁区间内 y' 的符号判别函数的单调性并求函数的极值.

例 1 讨论函数 $y = \frac{1}{3}x^3 - 4x + 4$ 的单调性,求其极值.

解 函数的定义域是 $(-\infty, +\infty)$

因为 $y' = x^2 - 4$,令 $y' = 0$ 得函数的驻点: $x = -2$ 或 $x = 2$,函数没有不可导的点,列表讨论(表 2-2).

表 2-2

x	$(-\infty -2)$	-2	$(-2,2)$	2	$(2+\infty)$
y	+	0	−	0	+
y	↗	极大值	↘	极小值	↗

由表 2-2 可知,当 $x=-2$ 时,$y_{极大}=f(-2)=\dfrac{28}{3}$;

当 $x=2$ 时,$y_{极小}=f(2)=-\dfrac{4}{3}$.

当函数在驻点处有二阶导数时,还有如下判别极值的定理:

定理 2.5.3 若函数 $y=f(x)$ 在点 x_0 处,$f'(x_0)=0$ 且 $f''(x_0)$ 存在,则:

(1)若 $f''(x_0)>0$,则 $y_{极小}=f(x_0)$

(2)若 $f''(x_0)<0$,则 $y_{极大}=f(x_0)$.

如例 1 中,$y''=2x$,$y''|_{x=-2}=-4<0$,所以由定理 2.5.3,$y_{极大}=f(-2)=\dfrac{28}{3}$;

而 $y''|_{x=2}=4>0$,所以 $y_{极小}=f(2)=-\dfrac{4}{3}$.

2. 函数的最大值与最小值

在图 2-7 中,对于任意 $x\in[a,b]$,都有 $f(x)<f(x_3)$,$f(x)>f(a)$,因此 $f(x_3)$ 是函数 $y=f(x)$ 在区间 $[a,b]$ 内的**最大值**. $f(a)$ 是函数 $y=f(x)$ 在区间 $[a,b]$ 内的**最小值**.

对于闭区间上连续的函数 $f(x)$,其最大值和最小值在极值点或区间端点处得到,而函数的极值点是其导数为 0 或导数不存在的点,因此,闭区间上连续的函数,其最大值与最小值,可按如下步骤求:

第一步:求函数 $y=f(x)$ 的导数 y',在 (a,b) 内求出 $y'=0$ 和 y' 不存在的点:$x_1, x_2,\cdots,x_n$;

第二步:比较 $f(a),f(x_1),f(x_2),\cdots,f(x_n),f(b)$ 的大小,最大者为最大值,最小者为最小值.

例 2 求函数 $f(x)=x^3-6x^2+10$ 在$[-1,5]$内的最大值与最小值.

解 因为 $f'(x)=3x^2-12x$,令 $f'(x)=0$,得 $x=0, x=4$.

且 $f(-1)=3$,$f(0)=10$,$f(4)=-22$,$f(5)=-15$,

故 $y_{最大}=f(0)=10$,$y_{最小}=f(4)=-22$.

开区间上函数的最大(小)值情况比较复杂,在此只给出一个结论:

若 $f(x)$ 在开区间 (a,b) 内连续且有唯一的极大(小)值点,则其在这唯一的极值点处取得最大(小)值.

在现实生活中,我们常遇到怎样才能使成本最低、利润最大、效率最高等问题,在数学上可归结为求函数最大最小值的问题.在解应用题时,若函数只有唯一的驻点,则函数在这唯一的驻点处将取得所要求的最值.

例 3 把一块边长为 10cm 的正方形纸板从四角剪去 4 个小正方形(图 2-8),做成底为正方形的开口盒子,应怎样剪裁,才能使这盒子体积最大?

解 设剪裁的小正方形的边长为 x,所做成的盒子体积为 V,依题意,得:

$$V=x(10-2x)^2 \quad 其中 0<x<5,$$

所以 $V' = (10-2x)^2 + x \cdot 2(10-2x) \cdot (-2)$

$= 4(5-x)(5-3x)$.

令 $V' = 0$,得 $x = \dfrac{5}{3}$,因为驻点唯一,

故当 $x = \dfrac{5}{3}$ 时, V 最大.

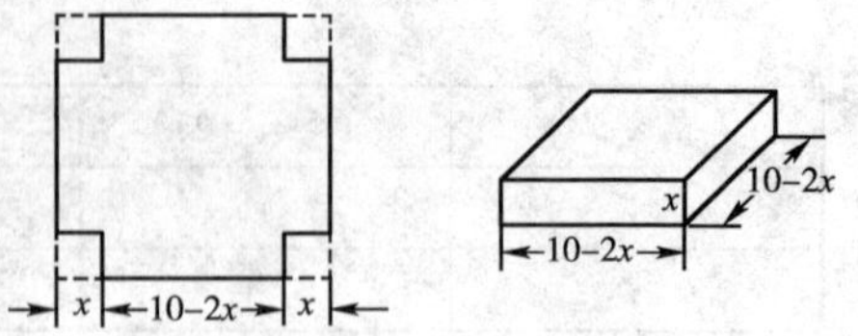

图 2-8

答:当剪裁的小正方形的边长为 $\dfrac{5}{3}$ cm 时,所做成的盒子体积 V 最大.

例 4 生产某种型号的汽车 x 台的成本是 $C = 5000000 + 25000x - 0.01x^2$ 元,销售收入 $R = 40000x - 0.02x^2$ 元,假定生产的汽车都能销出,问生产该型号汽车多少台才能获最大的利润?

解 设生产该型号汽车 x 台时,所获利润为 L,依题意,得

$$L = R - C = -5000000 + 15000x - 0.01x^2,$$

所以 $L' = 15000 - 0.02x$,令 $L' = 0$,得 $x = 750000$ 是唯一驻点.

故产量 $x = 750000$ 台时利润最大.

答:当生产该型号汽车 750000 台时获得的利润最大.

3. 曲线的弯曲性

利用导数这一工具还可研究曲线的弯曲方向和曲线的弯曲程度问题。观察图 2-9 中曲线 $y = f(x)$,其在区间 (a,b) 内的图形称为**凹的**,此时曲线弧 AB 位于其上任意点的切线的上方,在区间 (b,c) 内的图形称为**凸的**,此时曲线弧 BC 位于其上任意点的切线的下方.点 B 是曲线凹凸区间的转折点,称为曲线的**拐点**.

定义 2.5.1 曲线凹与凸的转折点称为曲线的**拐点**.

曲线 $y = f(x)$ 的凹凸与曲线上点的切线有关,因而与其导数有关,观察图 2-10,曲线在区间 (a,b) 内是凹的,此时曲线弧上的点,其切线的斜率随 x 的增大而增大,即函数 $y' = f'(x)$ 在区间 (a,b) 内是单调增加的,因此 $(y')' = y'' > 0$.这表明曲线的凹凸与其二阶导数的符号有关.

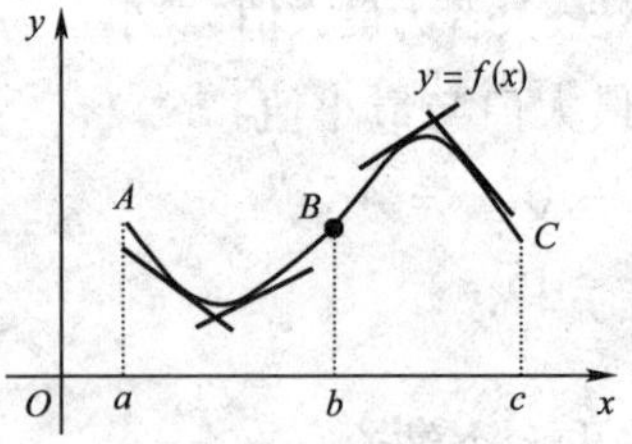

图 2-9

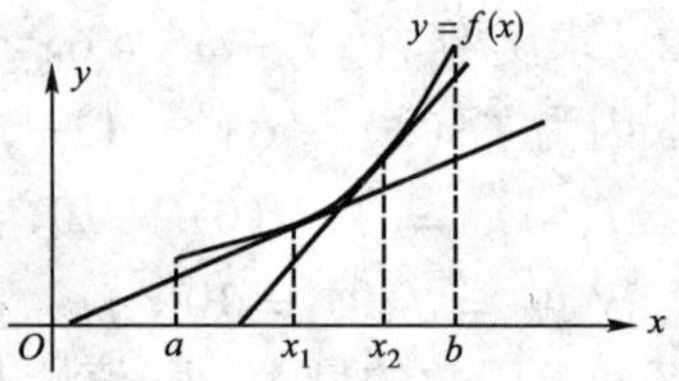

图 2-10

定理 2.5.4 设函数 $y = f(x)$ 在区间 (a,b) 内有二阶导数.

(1)如果在 (a,b) 内 $f''(x) > 0$,那么曲线在 (a,b) 内是凹的;

(2)如果在 (a,b) 内 $f''(x) < 0$,那么曲线在 (a,b) 内是凸的.

要确定函数的凹凸性,求出它的拐点是关键.在拐点处, $f''(x) = 0$ 或 $f''(x)$ 不存在,但二阶导数为 0 或不存在的点是否为拐点,还要根据在该点的左右两旁函数的凹凸性是否改变来确定,因此,求拐点与讨论函数的凹凸性的步骤可归结为:

第一步:确定函数 $y = f(x)$ 的定义域;

第二步:求函数的二阶导数 $f''(x)$,求出 $f''(x) = 0$ 或 $f''(x)$ 不存在的点: $x_1, x_2, \cdots, x_n$;

第三步：点 $x_1, x_2, \cdots, x_n$ 将函数定义域分为若干个小区间，列表根据点 $x_i(i=1,2,\cdots,n)$ 两旁区间内二阶导数 $f''(x)$ 的符号判别函数的凹凸性并求拐点.

例 5 讨论曲线 $y=x^4-2x^3+1$ 的凹凸性，求其拐点.

解 函数 $y=x^4-2x^3+1$ 的定义域是 $(-\infty,+\infty)$，

$y'=4x^3-6x^2$，

$y''=12x^2-12x=12x(x-1)$，令 $y''=0$ 得：$x=0, x=1$，

列表讨论如表 2-3 所示.

表 2-3

x	$(-\infty,0)$	0	$(0,1)$	1	$(1,+\infty)$
y''	+	0	−	0	+
y	$\smile$	拐点(0,1)	$\frown$	拐点(1,0)	$\smile$

以上我们研究了曲线的弯曲方向，以导数为工具，还可研究曲线的弯曲程度，先从几何图形直观地分析曲线的弯曲程度由哪些量来确定.图 2-11 中，设曲线弧 MN 与 MN_1 的长度相同，切线的转角分别为 α 与 α_1，转角 $\alpha>\alpha_1$，曲线弧 MN 的弯曲程度较 MN_1 大，这表明曲线的弯曲程度与切线转角成正比；另一方面，图 2-12 中，曲线弧 MN 与 M_1N_1 的切线转角相同，但 MN 的弯曲程度不如 M_1N_1 大，这表明曲线的弯曲程度与曲线的长度成反比.所以曲线的弯曲程度与两端切线转角的大小及曲线弧的长度相关，可用切线转角与弧长的比 $\frac{\alpha}{\overset{\frown}{MN}}$ 来描述.这个比值越大，曲线弧 MN 的弯曲程度越大；这个比值越小，曲线弧 MN 的弯曲程度越小.

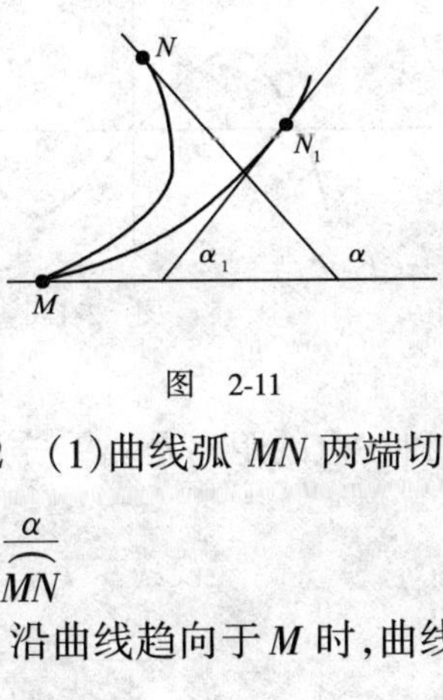

图 2-11

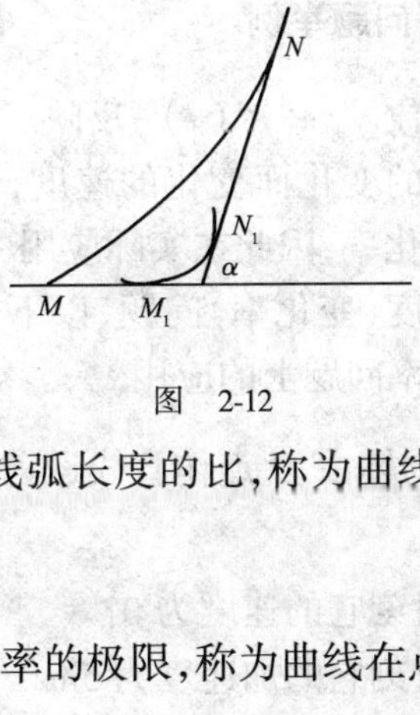

图 2-12

定义 2.5.2 (1)曲线弧 MN 两端切线转角 α 与曲线弧长度的比，称为曲线弧 MN 的**平均曲率**，记为：$\bar{k}=\frac{\alpha}{\overset{\frown}{MN}}$

(2)当点 N 沿曲线趋向于 M 时，曲线弧 MN 平均曲率的极限，称为曲线在点 M 处的**曲率**，记为 K，即

$$K=\lim_{N\to M}\frac{\alpha}{\overset{\frown}{MN}}$$

曲线上的任意点的曲率的计算公式为：$K=\frac{|y''|}{\sqrt{(1+y'^2)^3}}$

例 6 求等边曲线 $xy=1$ 在点(1,1)处的曲率.

解 因为 $y=\frac{1}{x}$，所以 $y'=-\frac{1}{x^2}, y''=\frac{2}{x^3}$，因此 $y'|_{x=1}=-1, y''|_{x=1}=2$

所以 $K=\frac{|y''|}{\sqrt{(1+y'^2)^3}}=\frac{2}{\sqrt{[1+(-1)^2]^3}}=\frac{1}{\sqrt{2}}=\frac{\sqrt{2}}{2}$.

4．函数图形的描绘

掌握了函数的单调性与弯曲性后，我们可利用导数为工具先确定函数的性质，然后再根据函数的性态描点作图．

例 7　作函数 $y = \frac{1}{3}x^3 - x$ 的图像．

解　函数的定义域是$(-\infty \ +\infty)$

$y' = x^2 - 1$，由 $y' = 0$，得 $x = -1, x = 1$

$y'' = 2x$，由 $y'' = 0$，得 $x = 0$，

列表讨论曲线的单调性、凹凸性，求极值、拐点，如表 2-4 所示．

表 2-4

x	$(-\infty, -1)$	-1	$(-,10)$	0	$(0,1)$	1	$(1, +\infty)$
y'	+	0	−	−	−	0	+
y''	−	−	−	0	+	+	+
y	⌢	极大值$\frac{2}{3}$	⌢	拐点(0,0)	⌣	极小值$-\frac{2}{3}$	⌣

取辅助点：$(-2, -\frac{2}{3})$，$(-\sqrt{3},0)$，$(\sqrt{3},0)$，$(2,\frac{2}{3})$，描点作出曲线的图像(图 2-13)

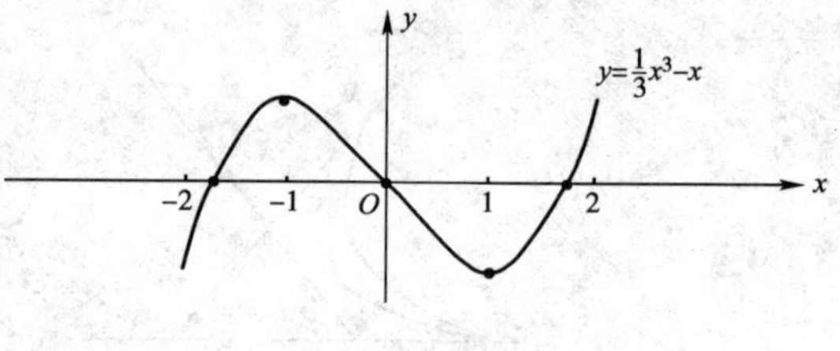

图　2-13

5．变化率问题举例

函数的导数 $y' = f'(x)$，反映了在点 x 处函数值随自变量的变化而变化的速度，也称为函数在点 x 处的变化率，因此在实际应用中，导数被广泛用于解决速度(变化率)问题，以下通过例子说明其在求变化率问题上的应用．

例 8　某物体由 O 点作直线运动，经过 t 秒后它和 O 点的距离是 $s = \frac{1}{4}t^4 - t^3 - 2t^2$ 米，求：

(1)什么时刻它的速度为 0?

(2)什么时刻它的加速度为 5m/s^2?

解　(1)因为 $s = \frac{1}{4}t^4 - t^3 - 2t^2$，所以物体运动的速度 $v = s' = t^3 - 3t^2 - 4t$．

当　$v = 0$ 时，$t^3 - 3t^2 - 4t = 0$，所以 $t = 0$，$t = 4$，$t = -3$(舍去)．

即　$t = 0$ 或 $t = 4$ s 时，物体的速度为 0．

(2)因为 $v = s' = t^3 - 3t^2 - 4t$，

所以物体运动的加速度 $a = v' = s'' = 3t^2 - 6t - 4$．

当 $a = 5$ 时，$3t^2 - 6t - 4 = 5$，所以 $t = 3$，$t = -1$(舍去)．

即当 $t = 3$ s 时，物体的加速度为 5m/s^2．

例 9　生产某种产品 x 个单位时总收入为 $R = 200x - 0.01x^2$，求总收入的变化率．

解　因为函数的导数又称为函数的变化率，所以总收入的导数就是总收入的变化率．

即 $R' = 200 - 0.02x$.

习题 2.5

1．求下列函数的的单调区间：

(1) $y = x^4 - 8x^2 + 2$ ；　　(2) $y = (x-1)(x+3)^3$.

2．求下列函数的极值：

(1) $f(x) = 2x^3 - 3x^2$；　　(2) $f(x) = \sqrt{2x - x^2}$.

3．求下列函数在给定区间上的最大值与最小值：

(1) $y = x^4 - 2x^2 + 5$, $[-2,2]$ ；　(2) $y = x + \sqrt{1-x}$, $[-5,1]$.

4．求下列函数图形的凹凸区间和拐点：

(1) $y = x^3 - 5x^2 + 3x + 5$ ；　(2) $y = \ln(1 + x^2)$.

5．欲用围墙围成面积为216 m^2的一块矩形土地，并在此矩形土地的正中央用一堵墙将其分成相等的两块，问这块土地的长与宽的尺寸应如何选取时，才能使建筑材料最省？

6.设有一半径为 R 的球，作内接于此球的圆柱体，问圆柱体的高 h 取何值时，圆柱体的体积最大？

7．生产 x 单位某产品时，成本为 $C(x) = 200 + 4x$ 元，得到的收益为 $R(x) = 10x - \frac{x^2}{100}$ 元，问生产该产品多少单位时，才能使所获得的利润最大并求最大的利润？

小　结

一、导数与微分

1．导数　$y = f(x)$ 在 x 处的导数 $f'(x) = \lim\limits_{\Delta x \to 0} \frac{\Delta y}{\Delta x} = \lim\limits_{\Delta x \to 0} \frac{f(x + \Delta x) - f(x)}{\Delta x}$.

2．微分　$y = f(x)$ 在 x 处的微分 $\mathrm{d}y = f'(x)\mathrm{d}x$.

二、求导公式、法则及方法

1．基本求导公式　见表2-1.

2.四则运算法则　$(u \pm v)' = u' \pm v'$, $(uv)' = u'v + uv'$, $(\frac{u}{v})' = \frac{u'v - uv'}{v^2}$ ($v \neq 0$).

3．复合函数求导法则　$y = f(u)$ 与 $u = \varphi(x)$ 的复合函数 $y = f[\varphi(x)]$ 的导数

$$y'_x = y'_u \cdot u'_x .$$

4．参数方程所确定的函数求导法则

参数方程 $\begin{cases} y = y(t) \\ x = x(t) \end{cases}$ 确定的函数 $y = f(x)$ 的导数　$y'_x = \frac{y'_t}{x'_t}$.

5．高阶导数　$y^{(n)} = (y^{(n-1)})'$.

6．隐函数求导方法

(1)方程 $F(x, y) = 0$ 两边对 x 求导；　　(2)解出 y'_x.

三、导数的应用

1．求曲线切线的斜率　曲线 $y = f(x)$ 在点 x_0处切线斜率 $K = f'(x_0)$.

2．求函数的变化率(函数值随自变量的变化而变化的瞬时速度)

函数 $y = f(x)$ 的变化率为 $y' = f'(x)$.

在经济学中,经济函数 $y = f(x)$ 的变化率 $y' = f'(x)$ 也称为 y 的**边际函数**.

3. 判断函数单调性,求函数极值.

第一步:求 $y = f(x)$ 的定义域;

第二步:求 $y' = f'(x)$,求 $y' = 0$ 或 y' 不存在的点: $x_1, x_2, \cdots, x_n$;

第三步:点 $x_1, x_2, \cdots, x_n$ 将函数的定义域分为若干个小区间,列表根据 x_i 两边区间内 y' 的符号判别函数的单调性,求极值.

4. 判断函数凹凸性,求函数拐点.

第一步:确定函数 $y = f(x)$ 的定义域;

第二步:求函数的二阶导数 $f''(x)$,求 $f''(x) = 0$ 或 $f''(x)$ 不存在的点: $x_1, x_2, \cdots, x_n$;

第三步:点 $x_1, x_2, \cdots, x_n$ 将函数的定义域分为若干个小区间,列表根据点 $x_i(i = 1,2,\cdots,n)$ 两旁区间内二阶导数 $f''(x)$ 的符号判别函数的凹凸性并求拐点.

5. 求函数的最大值和最小值.

(1)求函数 $y = f(x)$ 的导数 y',在 (a,b) 内求出 $y' = 0$ 和 y' 不存在的点: $x_1, x_2, \cdots, x_n$.

(2)比较 $f(a), f(x_1), \cdots, f(x_n), f(b)$ 的大小,最大者为最大值,最小者为最小值.

测试题

一、填空题

(1)设函数 $f(x)$ 在 $x = 1$ 可导,且 $f'(1) = 1$,求 $\lim\limits_{x \to 0} \dfrac{f(1 + 2x) - f(1)}{x} =$ ________.

(2)已知 $y = xe^x$,则 $y''(0) =$ ________.

(3)已知 $y = \dfrac{1}{1 + \sin x}$,则 $\mathrm{d}y =$ ________.

(4)已知 $f(x) = e^{-x^2}$,则 $f'(x) =$ ________.

(5)曲线 $y = x^3 - 3x^2 - x$ 的拐点坐标为________.

(6) $f(x) = 3^x \cdot x^3$,则 $f'(1) =$ ________.

(7) 若 $f'(x) = \sqrt{x} - \dfrac{1}{x}$,则 $f(x) =$ ________.

(8)设 $y = x^2 \ln x$,则 $y' =$ ________.

(9)曲线 $y = 1 + \sin x$ 在点 $(0,1)$ 处切线斜率 $K =$ ________.

(10)设 $f(x)$ 满足 $f'(0) = 1$,则极限 $\lim\limits_{h \to 0} \dfrac{f(2h) - f(0)}{h} =$ ________.

(11)函数 $y = \pi - \dfrac{1}{x^2}$,则 $y' =$ ________.

(12)曲线 $y = e^{-x}$ 在点 $(0,1)$ 处切线的斜率 $K =$ ________.

二、选择题

(1)曲线 $y = x^2 + x - 2$ 在点 M 处切线斜率为 3,则 M 点的坐标为________.

A. $(0,1)$　　B. $(1,0)$　　C. $(0,0)$　　D. $(1,1)$

(2)函数 $f(x) = \ln 2 + \sqrt{x}$,则 $f'(x) =$ ________.

A. $\ln 2 + \dfrac{1}{2\sqrt{x}}$　　B. $\dfrac{1}{2\sqrt{x}}$　　C. $\dfrac{2}{\sqrt{x}}$　　D. $\dfrac{1}{2} + \dfrac{1}{2\sqrt{x}}$

(3)函数 $f'(x_0) = 0$,则 x_0 是函数 $f(x)$ 的________.

A.极大值点　　B.最大值点　　C.极值点　　D.驻点

(4) $y = \sin(3x + \frac{\pi}{4})$，则 $f'(\frac{\pi}{4}) =$ ________.

A.0　　B.3　　C.-3　　D.1

(5)函数 $y = x^3 - 3x$ 的单调减区间为________.

A. $(-\infty, -1]$　B. $[-1,1]$　C. $[1, +\infty)$　D. $(-\infty, +\infty)$

(6)函数 $y = f(x)$ 在点 $x = 0$ 处的二阶导数存在且 $f'(0) = 0, f''(0) > 0$，则________.

A. $x = 0$ 不是函数 $f(x)$ 的驻点　　B. $x = 0$ 不是函数 $f(x)$ 的极值点

C. $x = 0$ 是函数 $f(x)$ 的极小值点　　D. $x = 0$ 是函数 $f(x)$ 的极大值点

三、求下列函数的导数

(1) $y = \cos^2(2x - 1)$；　　(2) $y = e^{-x}\ln(2x)$；

(3) $y = x\ln x$；　　(4) $f(x) = 1 + \sin 2x$，求 $f'(0)$.

四、求下列函数的微分 dy

(1) $y = x^2(1 + \sqrt{x})$；　　(2) $y = e^x + \tan x + \pi^2$.

五、设 $y = y(x)$ 由方程 $y + \sin x = e^{x+y}$ 确定，求 dy.

六、设函数 $y = y(x)$ 由方程 $\cos(x + y) + y = 1$ 确定，求 $\frac{dy}{dx}$.

七、求下列参数方程所确定的函数 $y = y(x)$ 的导数 $\frac{dy}{dx}$.

(1) $\begin{cases} x = 3t^2 \\ y = \sin^2 t \end{cases}$，$t$ 为参数；　　(2) $\begin{cases} x = 4t \\ y = t^2 + 1 \end{cases}$，$t$ 为参数.

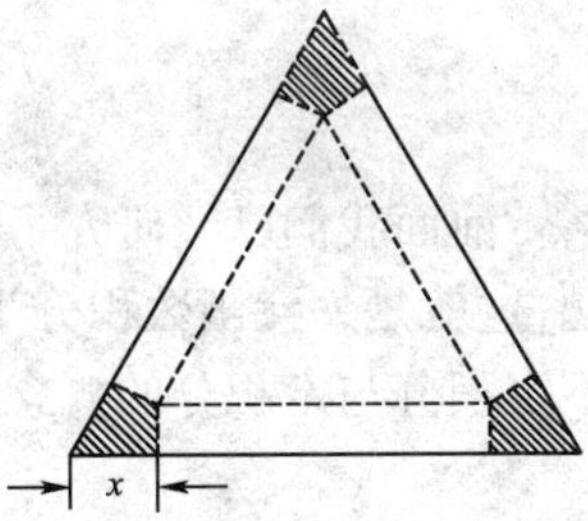

图 2-14

八、求下列函数的极值.

(1) $f(x) = xe^{-x}$；　(2) $y = x^3 - 3x^2 - 9x + 1$.

九、将边长为 a 的正三角形铁皮剪去三个全等的四边形(如图 2-14 所示的阴影部分)，然后将其沿虚线折起，做成一个无盖的正三棱柱盒子，问当图中的 x 取何值时，该盒子的容量是否最大？并求出最大容量。

第三章　积　　分

前面我们已经研究了一元函数的微分学,但在实际问题中,常常需要研究与它相反的问题,这就是一元函数积分学.一元函数积分学包括不定积分与定积分两大部分,本章主要介绍不定积分与定积分的概念、性质、计算方法及简单应用.

第一节　不定积分

1. 不定积分的概念

在许多研究与应用中,常会遇到知道函数的导数,怎样求出这个函数的问题,如速度函数 $v=v(t)$是位移函数 $s=s(t)$的导数,知道了速度函数,怎样才能求出位移函数呢?为解决这样的问题,本节将引入不定积分的概念,先看一个实例.

例 1　设曲线上任一点 $M(x,y)$ 处的切线斜率为 $k=f(x)=2x$,且曲线过原点,求曲线 L 的方程 $y=F(x)$.

解　由导数几何意义,曲线 L 在点 $M(x,y)$ 处的切线斜率 $k=F'(x)$,依题意,得

$$F'(x)=f(x)=2x.$$

因为 $(x^2+C)'=2x$,所以 $F(x)=x^2+C$,

又由于曲线 L 过原点,由 $F(0)=0$ 得 $C=0$,

因此曲线 L 的方程为 $y=x^2$.

定义 3.1.1　若在区间 I 内,$F'(x)=f(x)$(或 $\mathrm{d}F(x)=f(x)\mathrm{d}x$),则函数 $F(x)$ 称为函数 $f(x)$ 在区间 I 内的原函数.

如例 1 中,$(x^2+C)'=2x$,因此形如 $F(x)=x^2+C$ 的函数都是函数 $f(x)=2x$ 的原函数,由此可见,若函数 $f(x)$ 有原函数,则其原函数有无穷多个,且相互间相差一个常数,这表明如果 $F(x)$ 是 $f(x)$ 的一个原函数,则 $f(x)$ 的所有原函数可表示为 $F(x)+C$.

例如 $(\sin x)'=\cos x$,所以函数 $\cos x$ 的所有原函数可表示为 $\sin x+C$.

定义 3.1.2 函数 $f(x)$ 在区间 I 内的所有原函数 $F(x)+C$ 称为函数 $f(x)$ 在区间 I 上的**不定积分**,记为 $\int f(x)\mathrm{d}x$.

即 $\int f(x)\mathrm{d}x = F(x)+C$,其中 $F'(x)=f(x)$.

符号"$\int$"称为积分号, $f(x)$ 称为被积函数, x 称为积分变量, $f(x)\mathrm{d}x$ 称为被积式.

例如函数 $\cos x$ 的所有原函数是 $\sin x + C$,所以 $\int \cos x\mathrm{d}x = \sin x + C$.

例 2 求下列不定积分:

(1) $\int \frac{1}{1+x^2}\mathrm{d}x$; (2) $\int \frac{1}{x}\mathrm{d}x$.

解 (1)因为 $(\arctan x)' = \frac{1}{1+x^2}$,所以 $\int \frac{1}{1+x^2}\mathrm{d}x = \arctan x + C$.

(2)因为 $(\ln x)' = \frac{1}{x}$,所以 $\int \frac{1}{x}\mathrm{d}x = \ln x + C$.

2. 基本积分公式

由 $F'(x)=f(x)$,有 $\int f(x)\mathrm{d}x = F(x)+C$,因此根据基本求导公式,可得相应的积分公式(表 3-1).

表 3-1

导数公式	积分公式
$F'(x)=f(x)$	$\int f(x)\mathrm{d}x = F(x)+C$
$x'=1$	$\int 1\mathrm{d}x = x+C$
$(x^{\alpha+1})' = (\alpha+1)x^{\alpha}$	$\int x^{\alpha}\mathrm{d}x = \frac{1}{\alpha+1}x^{\alpha+1}+C$
$(\ln x)' = \frac{1}{x}$	$\int \frac{1}{x}\mathrm{d}x = \ln\lvert x\rvert + C$
$(e^x)' = e^x$	$\int e^x\mathrm{d}x = e^x + C$
$(a^x)' = a^x\ln a$	$\int a^x\mathrm{d}x = \frac{a^x}{\ln a}+C$
$(\sin x)' = \cos x$	$\int \cos x\mathrm{d}x = \sin x + C$
$(\cos x)' = -\sin x$	$\int \sin x\mathrm{d}x = -\cos x + C$
$(\tan x)' = \sec^2 x$	$\int \sec^2 x\mathrm{d}x = \tan x + C$
$(\cot x)' = -\csc^2 x$	$\int \csc^2 x\mathrm{d}x = -\cot x + C$
$(\arctan x)' = \frac{1}{1+x^2} = (-\mathrm{arccot}\, x)'$	$\int \frac{1}{1+x^2}\mathrm{d}x = \arctan x + C = -\mathrm{arccot}\, x + C$
$(\arcsin x)' = \frac{1}{\sqrt{1-x^2}} = (-\arccos x)'$	$\int \frac{1}{\sqrt{1-x^2}}\mathrm{d}x = \arcsin x + C = -\arccos x + C$

有了基本积分公式后,求不定积分时就是要想办法把所给不定积分转化为基本积分表中

的积分来求.

例 3 求不定积分 $\int \frac{1}{x^2}\mathrm{d}x$.

解 $\int \frac{1}{x^2}\mathrm{d}x = \int x^{-2}\mathrm{d}x = \frac{1}{-2+1}x^{-2+1} + C = -\frac{1}{x} + C$.

3. 不定积分的运算性质

性质 1 两个函数代数和的不定积分,等于这两个函数不定积分的代数和,即

$$\int [f(x) \pm g(x)]\mathrm{d}x = \int f(x)\mathrm{d}x \pm \int g(x)\mathrm{d}x .$$

这一性质可推广到任意有限多个函数代数和的情形,即

$$\int [f_1(x) \pm \cdots \pm f_n(x)]\mathrm{d}x = \int f_1(x)\mathrm{d}x \pm \cdots \pm \int f_n(x)\mathrm{d}x .$$

性质 2 被积函数中不为零的常数因子可提到积分号外,即

$$\int kf(x)\mathrm{d}x = k\int f(x)\mathrm{d}x \ (k \text{ 是常数}).$$

性质 3 积分运算与微分运算之间具有如下互逆关系:

(1) $[\int f(x)\mathrm{d}x]' = f(x)$ 或 $\mathrm{d}[\int f(x)\mathrm{d}x] = f(x)\mathrm{d}x$;

(2) $\int F'(x)\mathrm{d}x = F(x) + C$ 或 $\int \mathrm{d}F(x) = F(x) + C$.

性质 3 可用于检验不定积分运算的结果.如例 3 中,$\left(-\frac{1}{x} + C\right)' = \frac{1}{x^2}$,所以积分运算的结果正确.

例 4 计算 $\int \left(\frac{1}{x^3} - 3\cos x + \frac{1}{x}\right)\mathrm{d}x$.

解 原式 $= \int \frac{1}{x^3}\mathrm{d}x - \int 3\cos x\mathrm{d}x + \int \frac{1}{x}\mathrm{d}x = \int x^{-3}\mathrm{d}x - 3\int \cos x\mathrm{d}x + \int \frac{1}{x}\mathrm{d}x$

$= -\frac{1}{2}x^{-2} - 3\sin x + \ln x + C$.

习题 3.1

1. 求下列不定积分:

(1) $\int \frac{3x^2}{1+x^2}\mathrm{d}x$;　(2) $\int \frac{1}{t(t+1)}\mathrm{d}t$;　(3) $\int \frac{x^2+x}{\sqrt{x}}\mathrm{d}x$;

(4) $\int 3x^3\mathrm{d}x$;　(5) $\int \sqrt{1+\sin(2x)}\mathrm{d}x$;　(6) $\int \frac{\cos x - 5\sin x}{3}\mathrm{d}x$.

2. 已知 $y' = 2x(2x+1)$,且 $y(0) = 0$,求函数 $y = f(x)$.

3. 一球自某一高处由静止开始下落,由于重力作用, t 秒后其速度为 $v = 32t$, v 的单位是米/秒,求此时这个球下落的距离是多少?

第二节　换元积分法

通过换元的方法,可将一些类型的积分化为基本积分表中的积分来求,本节将介绍两种类型的换元积分法.

1. 第一类换元积分法(凑微分法)

例 1 求不定积分 $\int 2\cos(2x)\mathrm{d}x$.

这积分不能直接用公式 $\int \cos x\mathrm{d}x = \sin x + C$ 来求,因为被积函数 $\cos(2x)$ 是一个复合函数,为能套用公式,需要将其先转化为基本初等函数形式,为此,将积分做如下变化

$$\int 2\cos(2x)\mathrm{d}x \xlongequal{\text{拆成}} \int \cos(2x)\cdot 2\mathrm{d}x = \int \cos(2x)\cdot(2x)'\mathrm{d}x \xlongequal{\text{凑成}} \int \cos(2x)\mathrm{d}(2x)$$

$$\xlongequal{\text{令 } u=2x} \int \cos u\mathrm{d}u = \sin u + C \xlongequal{\text{回代 } u=2x} \sin(2x) + C .$$

检验:$[\sin(2x) + C]' = 2\cos(2x)$,运算结果正确.

例 1 中,我们通过将算式 $2x$ 代换为变量 u,把所求积分化为基本积分表中的积分来求,这样的积分方法称为第一类换元积分法,具体步骤如下:

$$\int g(x)\mathrm{d}x \xlongequal{\text{拆成}} \int f[\varphi(x)]\varphi'(x)\mathrm{d}x \xlongequal{\text{凑成}} \int f[\varphi(x)]\mathrm{d}\varphi(x) \xlongequal{\text{令 } u=\varphi(x)} \int f(u)\mathrm{d}u$$

$$= F(u) + C \xlongequal{\text{回代 } u=\varphi(x)} F[\varphi(x)] + C .$$

例 2 计算 $\int xe^{x^2}\mathrm{d}x$.

解 $\int xe^{x^2}\mathrm{d}x = \int e^{x^2}\cdot x\mathrm{d}x = \frac{1}{2}\int e^{x^2}\cdot(x^2)'\mathrm{d}x$

$= \frac{1}{2}\int e^{x^2}\mathrm{d}x^2 \xlongequal{u=x^2} \frac{1}{2}\int e^u\mathrm{d}u = \frac{1}{2}e^u + C = \frac{1}{2}e^{x^2} + C .$

例 3 计算 $\int \frac{\ln x}{x}\mathrm{d}x$.

解 $\int \frac{\ln x}{x}\mathrm{d}x = \int \ln x\cdot\frac{1}{x}\mathrm{d}x = \int \ln x\cdot(\ln x)'\mathrm{d}x = \int \ln x\mathrm{d}(\ln x)$

$\xlongequal{u=\ln x} \int u\mathrm{d}u = \frac{1}{2}u^2 + C = \frac{1}{2}\ln^2 x + C .$

在运算熟练后,可把中间变量 u “默记”心中,把 $\varphi(x)$ 看做一个变量直接求积分,如例 2 的求解过程可简化为:

$$\int xe^{x^2}\mathrm{d}x = \int e^{x^2}\cdot x\mathrm{d}x = \frac{1}{2}\int e^{x^2}\cdot(x^2)'\mathrm{d}x = \frac{1}{2}\int e^{x^2}\mathrm{d}x^2 = \frac{1}{2}e^{x^2} + C .$$

例 4 计算 $\int \sin^2 x\cos x\mathrm{d}x$.

解 $\int \sin^2 x\cos x\mathrm{d}x = \int \sin^2 x\cdot(\sin x)'\mathrm{d}x = \int \sin^2 x\mathrm{d}(\sin x) = \frac{1}{3}\sin^3 x + C .$

例 5 计算 $\int \frac{e^x}{1+e^x}\mathrm{d}x$.

解 $\int \frac{e^x}{1+e^x}\mathrm{d}x = \int \frac{1}{1+e^x}\cdot e^x\mathrm{d}x = \int \frac{1}{1+e^x}\cdot(1+e^x)'\mathrm{d}x$

$= \int \frac{1}{1+e^x}\mathrm{d}(1+e^x) = \ln(1+e^x) + C .$

从以上例子看到,能用第一类换元法求解的积分,其被积函数定能拆成具有“特殊关系”的两个部分的乘积,一部分是关于 $\varphi(x)$ 的运算,另一部分是 $\varphi'(x)$,这样 $\varphi'(x)\mathrm{d}x$ 可凑成微分 $\mathrm{d}\varphi(x)$ 的形式,进而可将 $\varphi(x)$ 看作一个变量.因此,第一类换元积分法的关键是找关系,凑微分,常见的凑微分关系与凑微分方法见表 3-2.

常用凑微分关系　　表 3-2

关系：$\varphi'(x)$ 与 $\varphi(x)$	凑微方法：$\varphi'(x)\mathrm{d}x = \mathrm{d}\varphi(x)$	关系：$\varphi'(x)$ 与 $\varphi(x)$	凑微方法：$\varphi'(x)\mathrm{d}x = \mathrm{d}\varphi(x)$
1 与 $ax+b$	$1\cdot\mathrm{d}x = \frac{1}{a}\mathrm{d}(ax+b)$	e^x 与 e^x	$e^x\mathrm{d}x = \mathrm{d}(e^x)$
x^α 与 $x^{\alpha+1}$ $(\alpha\neq -1)$	$x^\alpha\mathrm{d}x = \frac{1}{\alpha+1}\mathrm{d}(x^{\alpha+1})$	$\frac{1}{1+x^2}$ 与 $\arctan x$	$\frac{1}{1+x^2}\mathrm{d}x = \mathrm{d}(\arctan x)$
$\frac{1}{x}$ 与 $\ln x$	$\frac{1}{x}\mathrm{d}x = \mathrm{d}(\ln x)$	$\frac{1}{\sqrt{1-x^2}}$ 与 $\arcsin x$	$\frac{1}{\sqrt{1-x^2}}\mathrm{d}x = \mathrm{d}(\arcsin x)$
$\frac{1}{\sqrt{x}}$ 与 $\sqrt{x}$	$\frac{1}{\sqrt{x}}\mathrm{d}x = 2\mathrm{d}\sqrt{x}$	$\cos x$ 与 $\sin x$	$\cos x\mathrm{d}x = \mathrm{d}(\sin x)$
$\frac{1}{x^2}$ 与 $\frac{1}{x}$	$\frac{1}{x^2}\mathrm{d}x = -\mathrm{d}(\frac{1}{x})$	$\sin x$ 与 $\cos x$	$\sin x\mathrm{d}x = -\mathrm{d}(\cos x)$

例 6　计算 $\int x\sin(x^2+1)\mathrm{d}x$.

解　$\int x\sin(x^2+1)\mathrm{d}x = \frac{1}{2}\int \sin(x^2+1)\mathrm{d}(x^2+1) = -\frac{1}{2}\cos(x^2+1) + C$.

例 7　计算 $\int \frac{\cos\sqrt{x}}{\sqrt{x}}\mathrm{d}x$.

解　$\int \frac{\cos\sqrt{x}}{\sqrt{x}}\mathrm{d}x = \int \cos\sqrt{x}\cdot\frac{1}{\sqrt{x}}\mathrm{d}x = 2\int \cos\sqrt{x}\mathrm{d}(\sqrt{x}) = 2\sin\sqrt{x} + C$.

2. 第二类换元积分法

第一类换元积分法将 $\varphi(x)$ 看作一个变量，即通过代换 $u=\varphi(x)$ 求积分，在积分运算中，也可以把积分变量 x 看作是另外一个变量 t 的函数，即通过代换 $x=\varphi(t)$ 求积分，这样的代换方法称为第二类换元积分法，具体步骤如下：

$$\int f(x)\mathrm{d}x \xlongequal{\text{令}\,x=\varphi(t)} \int f[\varphi(t)]\varphi'(t)\mathrm{d}t = F(t) + C \xlongequal{t=\varphi^{-1}(x)} F[\varphi^{-1}(x)] + C .$$

例 8　计算 $\int \frac{1}{1+\sqrt{x+1}}\mathrm{d}x$.

解　令 $\sqrt{x+1}=t$，则 $x=t^2-1$，代入所给积分，得

$$\int \frac{1}{1+\sqrt{x+1}}\mathrm{d}x = \int \frac{1}{1+t}\mathrm{d}(t^2-1) = 2\int \frac{t}{t+1}\mathrm{d}t = 2\int (1-\frac{1}{1+t})\mathrm{d}t$$

$$= 2t - 2\ln(1+t) + C = 2\sqrt{1+x} - 2\ln(1+\sqrt{1+x}) + C .$$

被积函数中含有“根式”的积分，常可用第二类换元积分法进行去根号. 若被积函数中含有形如 $\sqrt[n]{ax+b}$ 的根式，可通过代换 $\sqrt[n]{ax+b}=t$ 去掉根号后再求积分.

习题 3.2

求下列不定积分

1. $\int \frac{1+\ln x}{x}\mathrm{d}x$;
2. $\int \frac{e^x}{\sqrt{1+e^x}}\mathrm{d}x$;
3. $\int \cos^3 x\mathrm{d}x$;
4. $\int e^{5x}\mathrm{d}x$;
5. $\int \sin(3x)\mathrm{d}x$;
6. $\int xe^{-\frac{x^2}{2}}\mathrm{d}x$;

7. $\int \frac{x^2}{9 + x^3}dx$；　　8. $\int \frac{2x - 1}{\sqrt{1 - x^2}}dx$；

9. $\int \frac{dx}{1 + \sqrt{2x}}$；　　10. $\int \frac{dx}{\sqrt{x - 1} - 1}$.

第三节　分部积分法

分部积分公式：

$$\int u dv = uv - \int v du \tag{3-1}$$

公式(3-1)可将积分$\int u dv$转化为积分$\int v du$来求，若积分$\int v\, du$比积分$\int u dv$简单，则公式起到化难为易的作用．用分部积分公式去求积分的方法称为**分部积分法**，主要用于解决某些被积函数是两类不同函数乘积的不定积分，这种积分方法首先是将被积式分为 u 与 dv 两部分，然后套用分部积分公式．

例 1　求积分$\int xe^x dx$．

解　设 $u = x$，$dv = e^x dx = d(e^x)$，得 $du = dx$，$v = e^x$．

所以　$\int xe^x dx = \int x de^x = xe^x - \int e^x dx = xe^x - e^x + C$.

分部积分法的关键在于将被积式分解成 u 与 dv 两部分的乘积，从例 1 看到，求 dv 的过程是一个凑微分的过程，因此，选择 u 与 dv 进行分部时，可考虑以下两个方面：

(1)由 dv 容易求出 v；

(2)新积分$\int v\, du$要比原积分$\int u dv$简单易求．

例 2　求积分$\int x\cos x dx$．

解　$\int x\cos x dx = \int x d(\sin x) = x\sin x - \int \sin x dx = x\sin x + \cos x + C$.

例 3　求积分$\int x\ln x dx$．

解　
$$\int x\ln x dx = \frac{1}{2}\int \ln x d(x^2) = \frac{1}{2}x^2\ln x - \frac{1}{2}\int x^2 d(\ln x)$$
$$= \frac{1}{2}x^2\ln x - \frac{1}{2}\int x dx = \frac{1}{2}x^2\ln x - \frac{1}{4}x^2 + C.$$

例 4　求积分$\int x\arctan x dx$．

解　
$$\int x\arctan x dx = \frac{1}{2}\int \arctan x d(x^2) = \frac{1}{2}x^2\arctan x - \frac{1}{2}\int x^2 d(\arctan x)$$
$$= \frac{x^2}{2}\arctan x - \frac{1}{2}\int \frac{x^2}{1 + x^2}dx = \frac{x^2}{2}\arctan x - \frac{1}{2}\int [1 - \frac{1}{1 + x^2}]dx$$
$$= \frac{x^2}{2}\arctan x - \frac{x}{2} + \frac{1}{2}\arctan x + C.$$

从这些例子得到如下四种用分部积分法求解的积分类型及其分部方法：

类型一：$\int \underset{u}{\text{幂函数}} \times \underset{dv}{\underline{\text{指数函数}\ dx}}$；　　类型二：$\int \underset{u}{\text{幂函数}} \times \underset{dv}{\underline{\text{三角函数}\ dx}}$；

类型三：$\int \underline{\underline{\text{幂函数}}} \times \underbrace{\text{对数函数}}_{u} \underline{\underline{dx}}$（幂函数 dx 为 dv）；　　类型四：$\int \underline{\underline{\text{幂函数}}} \times \underbrace{\text{反三角函数}}_{u} \underline{\underline{dx}}$（幂函数 dx 为 dv）.

例 5　求积分 $\int x^2 e^x \mathrm{d}x$.

解　$\int x^2 e^x \mathrm{d}x = \int x^2 \mathrm{d}(e^x) = x^2 e^x - \int e^x \mathrm{d}(x^2) = x^2 e^x - 2\int xe^x \mathrm{d}x$

$$= x^2 e^x - 2\int x \mathrm{d}e^x = x^2 e^x - 2xe^x + 2\int e^x \mathrm{d}x = x^2 e^x - 2xe^x + 2e^x + C .$$

这例子表明,有时要多次使用分部积分公法,才能求出结果.

习题 3.3

求下列积分:

1. $\int x\sin x \mathrm{d}x$;　　2. $\int \ln x \mathrm{d}x$;　　3. $\int x^2 e^{2x} \mathrm{d}x$;

4. $\int x\cos\frac{x}{2} \mathrm{d}x$;　　5. $\int \arcsin x \mathrm{d}x$;　　6. $\int e^{\sqrt{x}} \mathrm{d}x$.

第四节　定积分的概念

利用不定积分我们解决了从一个函数的导数,求出原来函数的问题.积分在物理、经济、工程等领域上有广泛的应用,本节先引入定积分的概念.

1. 两个实际例子

1)曲边梯形的面积

例 1　由连续曲线 $y = f(x)$ 和三条直线 $x = a, x = b, y = 0$ (x 轴)所围成的平面图形称为**曲边梯形**.下面求图 3-1 所示曲边梯形的面积 A.

(1)分割

如图 3-1 所示,用分点 $a = x_1 < x_2 < \cdots < x_n < x_{n+1} = b$ 将区间 $[a, b]$ 分为 n 个小区间: $[x_1, x_2], \cdots, [x_n, x_{n+1}]$,这些小区间的长度记为: $\Delta x_i = x_{i+1} - x_i$ ($i = 1,2,\cdots,n$),然后过每个分点作 x 轴的垂线,将所给曲边梯形分为 n 个小曲边梯形,设第 i 个小曲边梯形的面积为 ΔA_i .

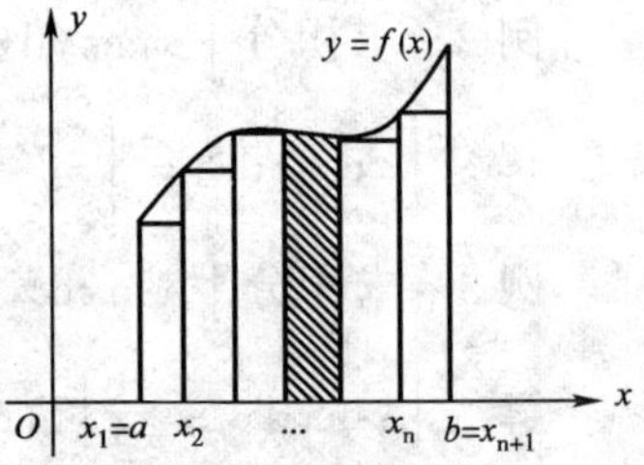

图　3-1

(2)近似代替

用 $[x_i, x_{i+1}]$ 为底, $f(x_i)$ 为高的小矩形的面积近似代替第 i 个小曲边梯形的面积,可得 $\Delta A_i \approx f(x_i)\Delta x_i$ ($i = 1,2,\cdots,n$).

(3)求和

$$A = \Delta A_1 + \Delta A_2 + \cdots + \Delta A_n \approx f(x_1)\Delta x_1 + f(x_2)\Delta x_2 + \cdots f(x_n)\Delta x_n$$
$$= \sum_{i=1}^{n} f(x_i)\Delta x_i .$$

(4)取极限

记　$\Delta x = \max_i\{\Delta x_i\}$,则当 $\Delta x \to 0$ 时, $\sum_{i=1}^{n} f(x_i)\Delta x_i \to A$.

所以　$A = \lim_{\Delta x \to 0} \sum_{i=1}^{n} f(x_i)\Delta x_i$.

2)变速直线运动的路程

例 2 已知物体作变速直线运动,运动速度 $v = v(t)$,求其在时间区间 $[a,b]$ 内所经过的路程 s.

变速直线运动的路程,不能直接使用公式"路程 = 速度 × 时间"计算.

(1)分割

如图 3-2 所示,用分点 $a = t_1 < \cdots < t_n < t_{n+1} = b$ 将时间区间 $[a,b]$ 分为 n 个小区间:$[t_1,t_2],\cdots,[t_n,t_{n+1}]$,

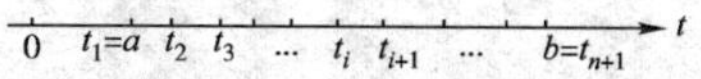

图 3-2

第 i 个小区间的长度记为 $\Delta t_i = t_{i+1} - t_i$,$(i = 1,2,\cdots,n)$,记 Δs_i 为第 i 个时间区间内物体所经过的路程.

(2)近似代替

第 i 个时间区间内物体运动的路程 $\Delta s_i \approx v(t_i)\Delta t_i \ (i = 1,2,\cdots,n)$.

(3)求和

$$S = \Delta s_1 + \Delta s_2 + \cdots + \Delta s_n \approx v(t_1)\Delta t_1 + v(t_2)\Delta t_2 + \cdots v(t_n)\Delta t_n = \sum_{i=1}^{n} v(t_i)\Delta t_i .$$

(4)取极限

记 $\Delta t = \max\limits_i \{\Delta t_i\}$,则当 $\Delta t \to 0$ 时,$\sum\limits_{i=1}^{n} v(t_i)\Delta t_i \to s$,

所以 $S = \lim\limits_{\Delta t \to 0} \sum\limits_{i=1}^{n} v(t_i)\Delta t_i$.

以上两个例子,虽然问题不同,但解决问题的方法是相同的,都经历了"分割,近似代替,求和,取极限"四个步骤,并得到了同一结构的特殊和式的极限.若抛开例子的实际意义,则我们解决以上两个具体问题的方法与结论可归结为:已知区间 $[a,b]$ 上的函数 $f(x)$:先将区间 $[a,b]$ 细分为 n 个小区间,然后在每个小区间上作"函数值与小区间长度的乘积",将这些乘积"累加"后取极限,得到了一个"特殊和式"的极限,这一特殊和式的极限,称为函数 $f(x)$ 在区间 $[a,b]$ 上的定积分.

2. 定积分的定义

定义 3.4 设函数 $f(x)$ 在区间 $[a,b]$ 上有定义,任取分点 $a = x_1 < \cdots < x_n < x_{n+1} = b$ 将区间 $[a,b]$ 分为 n 个小区间 $[x_1,x_2],\cdots,[x_n,x_{n+1}]$,这些小区间的长度记为:$\Delta x_i = x_{i+1} - x_i \ (i = 1,2,\cdots,n)$,在每个小区间上作乘积 $f(x_i)\Delta x_i \ (i = 1,2,\cdots,n)$,得和式 $\sum\limits_{i=1}^{n} f(x_i)\Delta x_i$,若 $\Delta x = \max\limits_i \{\Delta x_i\} \to 0$ 时,上述和式的极限存在,则此极限值称为函数 $f(x)$ 在区间 $[a,b]$ 上的**定积分**,记为 $\int_a^b f(x)\mathrm{d}x$.

即 $\int_a^b f(x)\mathrm{d}x = \lim\limits_{\Delta x \to 0} \sum\limits_{i=1}^{n} f(x_i)\Delta x_i$.

其中 $f(x)$ 称为被积函数,$f(x)\mathrm{d}x$ 称为被积式,x 称为积分变量,$[a,b]$ 称为积分区间,a 称为积分下限,b 称为积分上限.

根据定积分的定义,例 1 中曲边梯形面积可用其曲边函数 $y = f(x)$ 在区间 $[a,b]$ 上的定积分来表示.

即 $A = \int_a^b f(x)\mathrm{d}x$.

例 2 中变速直线运动的距离可用其速度函数 $v = v(t)$ 在区间 $[a,b]$ 上的定积分来表示.

即 $S=\int_a^b v(t)\mathrm{d}t$.

定积分是一个和式的极限,因此它是一个常量,这个量只与被积函数 $f(x)$ 及积分区间 $[a,b]$ 有关,与积分变量的记号无关.

即 $\int_a^b f(x)\mathrm{d}x=\int_a^b f(t)\mathrm{d}t$.

3. 定积分的几何意义

由例1知,定积分在几何上可用于表示曲边梯形的面积,如图3-3所示,以 $y=f(x)$ 为曲边,$[a,b]$ 为底的曲边梯形的面积:

$$A=\int_a^b f(x)\mathrm{d}x\ ,\quad f(x)\geqslant 0$$

或 $A=-\int_a^b f(x)\mathrm{d}x\ ,\quad f(x)\leqslant 0$.

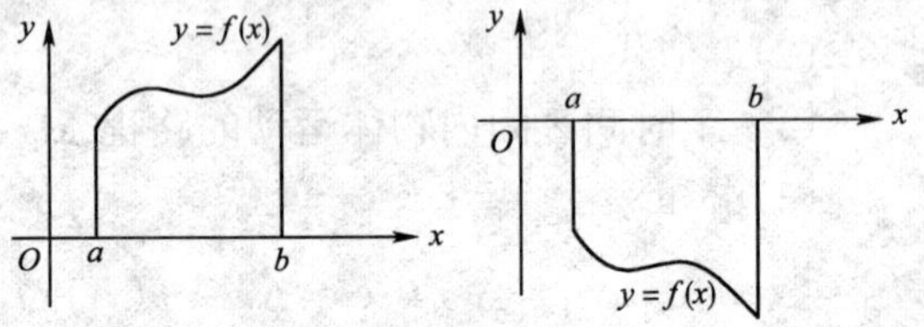

图 3-3

例3 用定积分表示图3-4所示的阴影部分图形的面积 A.

解 (1)如图3-4a)所示,因为曲边梯形的曲边方程为 $y=x^2$,底为[0,2],所以其面积为

$$A=\int_0^2 x^2\mathrm{d}x$$

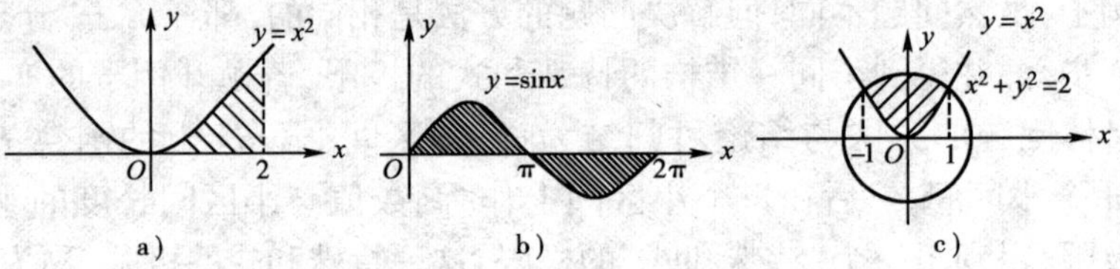

图 3-4

(2)如图3-4b)所示,所求图形可看作两个曲边梯形面积的和,其面积为

$$A=\int_0^{\pi}\sin x\mathrm{d}x-\int_{\pi}^{2\pi}\sin x\mathrm{d}x$$

(3)如图3-4c)所示,过两曲线交点作 x 轴的垂线,则阴影部分的面积可看作两个曲边梯形面积的差.

由 $\begin{cases}y=x^2\\x^2+y^2=2\end{cases}$,得 $x=-1,x=1$,

所以 $A=\int_{-1}^1\sqrt{2-x^2}\mathrm{d}x-\int_{-1}^1 x^2\mathrm{d}x$.

4. 定积分的运算性质

性质1 交换定积分的上、下限,定积分变号,即

$$\int_a^b f(x)\mathrm{d}x=-\int_b^a f(x)\mathrm{d}x\ .$$

性质2 上下限相同的定积分,其值为零,即

$$\int_a^a f(x)\mathrm{d}x=0\ .$$

性质3 两个函数代数和的定积分,等于这两个函数定积分的代数和,即

$$\int_a^b [f(x) \pm g(x)]dx = \int_a^b f(x)dx \pm \int_a^b g(x)dx.$$

此性质可推广到任意有限多个函数代数和的情形.

性质 4 被积函数中不为零的常数因子可提到积分号外,即

$$\int_a^b kf(x)dx = k\int_a^b f(x)dx .$$

性质 5 若 $a < c < b$,则 $\int_a^b f(x)dx = \int_a^c f(x)dx + \int_c^b f(x)dx$.

第五节 定积分的计算

1. 牛顿—莱布尼兹公式

若函数 $f(x)$ 在区间 $[a,b]$ 上有原函数 $F(x)$,则

$$\int_a^b f(x)dx = F(b) - F(a) . \tag{3-2}$$

公式(3-2)称为牛顿—莱布尼兹公式,它还可写成下面的形式:

$$\int_a^b f(x)dx = F(b) - F(a) = [F(x)]\Big|_a^b .$$

根据这一公式,要求定积分,先求被积函数 $f(x)$ 的原函数 $F(x)$,由于 $\int f(x)\,dx = F(x) + C$,因此求原函数 $F(x)$ 的过程就是求不定积分的过程,所以可先按不定积分的方法和相关公式求出 $f(x)$ 的原函数 $F(x)$,然后将积分上、下限代入求出定积分的值.

例 1 求下列定积分:

(1) $\int_0^1 e^x dx$;　　(2) $\int_0^1 \frac{1}{1+x^2}dx$.

解 (1) $\int_0^1 e^x dx = e^x\Big|_0^1 = e^1 - e^0 = e - 1$.

(2) $\int_0^1 \frac{1}{1+x^2}dx = \arctan x\Big|_0^1 = \arctan 1 - \arctan 0 = \frac{\pi}{4}$.

例 2 求下列定积分:

(1) $\int_0^1 \frac{1}{1+x}dx$;　　(2) $\int_0^{\frac{\pi}{4}} \sin^3 x dx$.

解 (1) $\int_0^1 \frac{1}{1+x}dx = \int_0^1 \frac{1}{1+x}d(1+x) = \ln(1+x)\Big|_0^1 = \ln 2 - \ln 1 = \ln 2$.

(2)
$$\int_0^{\frac{\pi}{4}} \sin^3 x dx = \int_0^{\frac{\pi}{4}} \sin^2 x \cdot \sin x dx = -\int_0^{\frac{\pi}{4}} (1 - \cos^2 x)d(\cos x)$$
$$= -\cos x\Big|_0^{\frac{\pi}{4}} + \frac{1}{3}\cos^3 x\Big|_0^{\frac{\pi}{4}} = -\left(\frac{\sqrt{2}}{2} - 1\right) + \frac{1}{3}\left(\frac{\sqrt{2}}{4} - 1\right) = \frac{8 - 5\sqrt{2}}{12} .$$

例 3 求积分 $\int_1^x t^2\,dt$.

解 $\int_1^x t^2\,dt = \frac{1}{3}t^3\Big|_1^x = \frac{1}{3}x^3 - \frac{1}{3}$.

注意到这是一个以 x 为自变量的函数,且 $(\frac{1}{3}x^3 - \frac{1}{3})' = x^2$.

一般地，$\int_a^x f(t)\mathrm{d}t$ 是一个以 x 为自变量的函数，称为积分上限函数，且有

$$\left[\int_a^x f(t)\mathrm{d}t\right]' = f(x).$$

例 4 已知函数 $f(x) = \begin{cases} x^2, & -1 \leqslant x \leqslant 0 \\ x - 1, & 0 < x \leqslant 1 \end{cases}$，求 $\int_{-1}^1 f(x)\mathrm{d}x$.

解 根据定积分性质 5，得

$$\int_{-1}^1 f(x)\mathrm{d}x = \int_{-1}^0 f(x)\mathrm{d}x + \int_0^1 f(x)\mathrm{d}x = \int_{-1}^0 x^2\,\mathrm{d}x + \int_0^1 (x-1)\mathrm{d}x$$

$$= \frac{x^3}{3}\Big|_{-1}^0 + \frac{(x-1)^2}{2}\Big|_0^1 = -\frac{1}{6}.$$

2. 定积分的换元法与分部积分法

(1)定积分的换元法：

$$\int_a^b f(x)\mathrm{d}x \xlongequal{\text{令 } x = \varphi(t)} \int_\alpha^\beta f[\varphi(t)]\cdot\varphi'(t)\mathrm{d}t$$

其中，$\varphi(\alpha) = a, \varphi(\beta) = b$.

注意：在定积分计算中换元要同时换上、下限.

例 5 求定积分 $\int_1^4 \frac{1}{1+\sqrt{x}}\mathrm{d}x$.

解 被积函数中含有 $\sqrt{x}$ ，作代换 $\sqrt{x} = t$ ，即 $x = t^2$ ，当 $x = 1$ 时，$t = 1$ ；当 $x = 4$ 时，$t = 2$ ，于是

$$\int_1^4 \frac{1}{1+\sqrt{x}}\mathrm{d}x = \int_1^2 \frac{2t}{1+t}\mathrm{d}t = 2\int_1^2 \left(1 - \frac{1}{1+t}\right)\mathrm{d}t$$

$$= 2t\Big|_1^2 - 2\ln(1+t)\Big|_1^2 = 2 - 2\ln\frac{3}{2}.$$

(2)定积分的分部积分公式：

$$\int_a^b u\mathrm{d}v = uv\Big|_a^b - \int_a^b v\mathrm{d}u \tag{3-3}$$

利用定积分的分部积分公式求定积分的方法，称为定积分的分部积分法.它所解决的积分类型和方法与不定积分类似，即被积函数为“幂函数×其他基本初等函数”型函数可用分部积分法.

例 6 求定积分 $\int_0^{\frac{\pi}{2}} x\sin x\mathrm{d}x$.

解 $\int_0^{\frac{\pi}{2}} \sin x\mathrm{d}x = -\int_0^{\frac{\pi}{2}} x\mathrm{d}(\cos x) = -(x\cos x)\Big|_0^{\frac{\pi}{2}} + \int_0^{\frac{\pi}{2}} \cos x\mathrm{d}x = (\sin x)\Big|_0^{\frac{\pi}{2}} = 1.$

例 7 求定积分 $\int_e^{e^2} \ln x\mathrm{d}x$.

解 $\int_e^{e^2} \ln x\mathrm{d}x = x\ln x\Big|_e^{e^2} - \int_e^{e^2} x\mathrm{d}(\ln x) e^2\ln e^2 - e\ln e - \int_e^{e^2}\mathrm{d}x = 2e^2 - e - x\Big|_e^{e^2} = e^2.$

习题 3.5

1. 计算下列定积分：

(1) $\int_1^3 x^3 \mathrm{d}x$ ；　(2) $\int_0^1 (3x^2 - x + 1)\mathrm{d}x$ ；　(3) $\int_1^{\sqrt{3}} \frac{\mathrm{d}x}{1 + x^2}$ ；

(4) $\int_{-\frac{1}{2}}^{\frac{1}{2}} \frac{\mathrm{d}x}{\sqrt{1 - x^2}}$ ；　(5) $\int_0^1 te^{-\frac{t^2}{2}}\mathrm{d}t$ ；　(6) $\int_{\frac{1}{4}}^{1} \frac{\mathrm{d}x}{\sqrt{x + 1} - 1}$ ；

(7) $\int_0^{\frac{\pi}{2}} \cos^5 x \sin x \mathrm{d}x$ ；　(8) $\int_0^1 xe^{-x} \mathrm{d}x$ ；　(9) $\int_0^{\frac{\pi}{4}} x\cos x \mathrm{d}x$ ；

(10) $\int_0^1 x\mathrm{arccot}x \mathrm{d}x$.

2. 求由曲线 $y = x^2$ 直线 $x = 0, x = 2, y = 0$ 所围成的平面图形的面积.

3. 一物体的运动速度为 $v(t) = t^2 + 16t + 1$,其中 v 的单位为 m/s,求该物体从 $t = 0$ 到 $t = 3$ s 这段时间内经过的路程.

第六节　定积分的应用

1. 计算平面图形的面积

由定积分的几何意义,以曲线 $y = f(x)$ 为曲边,区间 $[a,b]$ 为底的曲边梯形(图 3-5)的面积 A:

当 $f(x) \geqslant 0$ 时,

$$A = \int_a^b f(x)\mathrm{d}x \tag{3-4}$$

当 $f(x) \leqslant 0$ 时,

$$A = -\int_a^b f(x)\mathrm{d}x \tag{3-5}$$

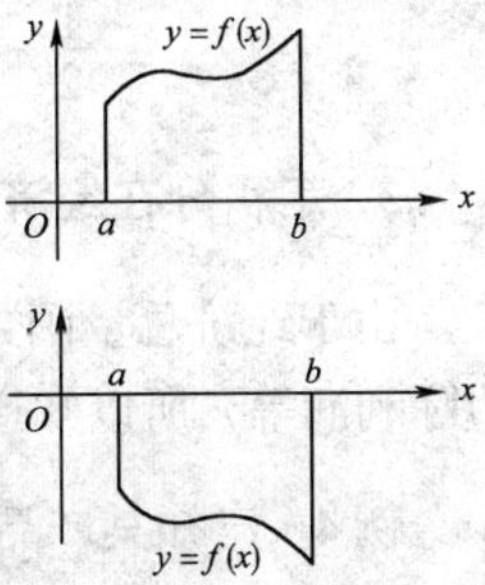

图 3-5

求由曲线所围成的平面图形的面积时,常可过曲线的交点作 x 轴的垂线,将所求平面图形转化为曲边梯形的面积来求.

例 1　求由曲线 $y = x^2$ 及 $y = \sqrt{x}$ 所围成的平面图形的面积 A.

解　如图 3-6 所示,过两曲线的交点作 x 轴的垂线,则所求面积 A 可看作两个曲边梯形的面积的差.

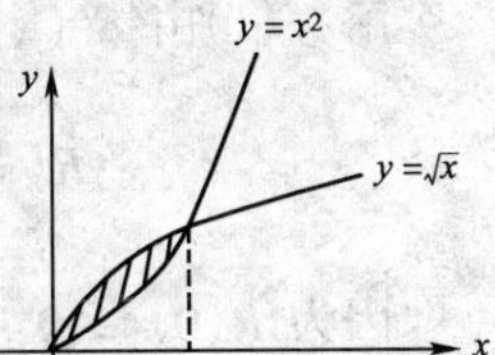

图 3-6

由 $\begin{cases} y = x^2 \\ y = \sqrt{x} \end{cases}$,得 $x = 0$ 或 $x = 1$,

所以　$A = \int_0^1 \sqrt{x}\mathrm{d}x - \int_0^1 x^2 \mathrm{d}x = \frac{2}{3}x^{\frac{3}{2}}\Big|_0^1 - \frac{1}{3}x^3\Big|_0^1 = \frac{1}{3}$.

2. 计算旋转体的体积

对以曲线 $y = f(x)$ 为曲边,区间 $[a,b]$ 为底的曲边梯形绕 x 轴旋转所得旋转体(图 3-7)的体积 V ,有如下计算公式.

$$V = \pi\int_a^b f^2(x)\mathrm{d}x \tag{3-6}$$

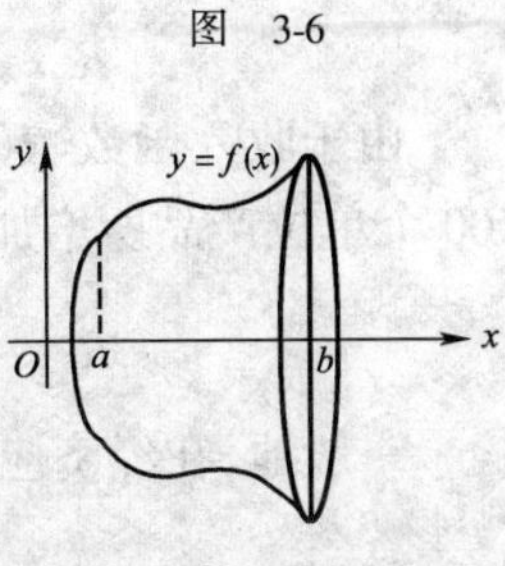

图 3-7

有了公式(3-6)后,平面图形绕 x 轴旋转所得旋转体的体积,常可过曲线交点作 x 轴的垂线后,转化为曲边梯形绕 x 轴旋转所得旋转体的体积来求.

例 2　求由曲线 $y=x^2, y=x$ 所围成的平面图形绕 x 轴旋转所得旋转体的体积 V.

解　如图 3-8 所示,过两曲线交点作 x 轴的垂线,则所求旋转体可看作两个曲边梯形分别绕 x 轴旋转所得旋转体体积的差.

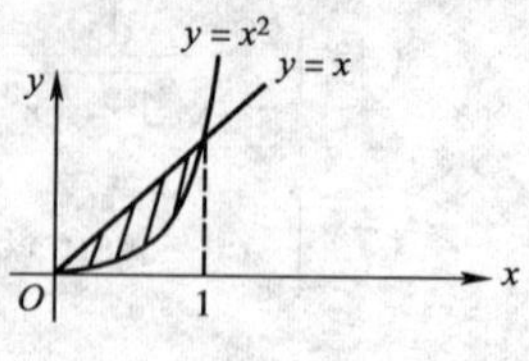

图　3-8

由 $\begin{cases} y=x^2 \\ y=x \end{cases}$ 得: $x=0$ 或 $x=1$,

所以　$V=\pi\int_0^1 x^2\,dx-\pi\int_0^1 (x^2)^2\,dx=\frac{\pi}{3}x^3\Big|_0^1-\frac{\pi}{5}x^5\Big|_0^1=\frac{2\pi}{15}$.

例 3　求由曲线 $y=\sqrt{x}, x^2+y^2=2$ 所围成的平面图形绕 x 轴旋转所得旋转体的体积.

解　如图 3-9 所示,过两曲线交点作 x 轴的垂线,则所求旋转体可看作两个曲边梯形分别绕 x 轴旋转所得旋转体体积的和.

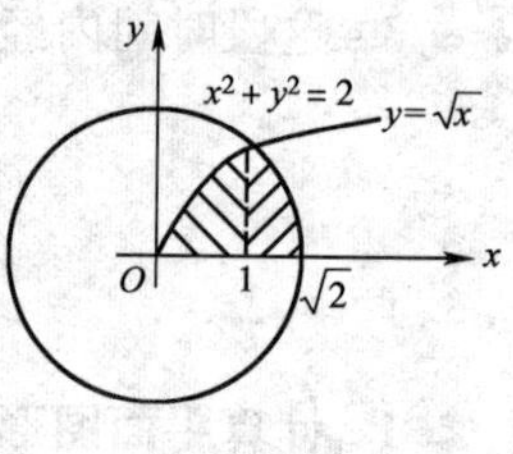

图　3-9

由 $\begin{cases} y=\sqrt{x} \\ x^2+y^2=2 \end{cases}$,得 $x=1$ 或 $x=-2$(舍去).

又由于圆 $x^2+y^2=2$ 与 x 轴正向的交点为 $(\sqrt{2},0)$,

所以　$V=\pi\int_0^1 (\sqrt{x})^2\,dx+\pi\int_1^{\sqrt{2}}(2-x^2)\,dx$

$$=\frac{1}{2}\pi x^2\Big|_0^1+2\pi x\Big|_1^{\sqrt{2}}-\frac{1}{3}\pi x^3\Big|_1^{\sqrt{2}}=\frac{8\sqrt{2}-7}{6}\pi.$$

3. 定积分在经济上应用举例

由于经济总量函数(如总成本、总收益、总利润)的导数是边际函数(如边际成本、边际收益,边际利润等),所以知道边际函数,可通过积分的手段求相应的总量函数,下面通过例子说明.

例 4　已知某产品的边际收入函数为 $R'(x)=200-\frac{x}{200}$(元/单位),其中 x 是产品产量.求:

(1)总收入函数 $R(x)$;

(2)生产 100 个单位的产品后再生产 100 个单位产品所增加的收入.

解　(1)由 $R'(x)=200-\frac{x}{200}$,得

$$R(x)=\int R'(x)\,dx=\int\left(200-\frac{x}{200}\right)dx=200x-\frac{x^2}{400}+C$$

因为 $R(0)=0$,所以 $C=0$,于是 $R(x)=200x-\frac{x^2}{400}$.

(2)生产 100 个单位的产品后再生产 100 个单位产品所增加的收入

$$R=R(200)-R(100)=19925\ (元).$$

由于收入函数 $R(x)$ 是边际函数 $R'(x)$ 的原函数,所以生产 100 个单位的产品后再生产 100 个单位产品所增加的收入 R 又可表示为:

$$R=R(200)-R(100)=\int_{100}^{200}R'(x)\,dx.$$

一般地,在经济应用中,已知某边际函数 y',要求总量函数 $y=f(x)$ 时,有

$$y=\int_0^x y'\,dx.$$

习题 3.6

1. 求下列各组曲线所围成的平面图形的面积.

(1) $y = e^x, y = e^{-x}, x = 1$；　　(2) $y = \sqrt{x}, y = x$；

(3) $xy = 1, y = x, x = 2$；　　(4) $y = x^3, y = \sqrt{x}$.

2. 求由曲线 $y = \sqrt{x}, x + y = 2$ 所围成的平面图形绕 x 轴旋转所得旋转体的体积.

3. 求由曲线 $x = \sqrt{2 - y^2}$，直线 $y = x$ 及 y 轴所围成的平面图形绕 x 轴旋转所得旋转体的体积.

小　结

一、积分的概念

1. 不定积分　$\int f(x)\mathrm{d}x = F(x) + C$，　其中 $F'(x) = f(x)$.

2. 定积分

函数 $y = f(x)$ 在区间 $[a, b]$ 上的定积分　$\int_a^b f(x)\mathrm{d}x = \lim\limits_{\Delta x \to 0}\sum\limits_{i=1}^{n} f(x_i)\Delta x_i$.

二、基本积分公式(表 3-1)

三、积分的运算性质

1. 不定积分

$$\int [f(x) \pm g(x)]\mathrm{d}x = \int f(x)\mathrm{d}x \pm \int g(x)\mathrm{d}x；$$

$$\int kf(x)\mathrm{d}x = k\int f(x)\mathrm{d}x.$$

2. 定积分

$$\int_a^b [f(x) \pm g(x)]\mathrm{d}x = \int_a^b f(x)\mathrm{d}x \pm \int_a^b g(x)\mathrm{d}x；$$

$$\int_a^b kf(x)\mathrm{d}x = k\int_a^b f(x)\mathrm{d}x；$$

$$\int_a^b f(x)\mathrm{d}x = \int_a^c f(x)\mathrm{d}x + \int_c^b f(x)\mathrm{d}x；$$

$$\int_a^b f(x)\mathrm{d}x = -\int_b^a f(x)\mathrm{d}x.$$

四、不定积分运算

1. 第一换元积分法

$$\int g(x)\mathrm{d}x \xlongequal{\text{拆成}} \int f[\varphi(x)]\varphi'(x)\mathrm{d}x \xlongequal{\text{凑成}} \int f[\varphi(x)]\mathrm{d}\varphi(x) \xlongequal{\text{令 } u = \varphi(x)} \int f(u)\mathrm{d}u$$

$$= F(u) + C \xlongequal{\text{回代 } u = \varphi(x)} F[\varphi(x)] + C.$$

常用凑微分关系

$1 \cdot \mathrm{d}x = \frac{1}{a}\mathrm{d}(ax + b)$；　$x^\alpha \mathrm{d}x = \frac{1}{\alpha + 1}\mathrm{d}(x^{\alpha+1})$；　$\frac{1}{x}\mathrm{d}x = \mathrm{d}(\ln x)$；

$\frac{1}{\sqrt{x}}\mathrm{d}x = 2\mathrm{d}\sqrt{x}$；　$\frac{1}{x^2}\mathrm{d}x = -\mathrm{d}\left(\frac{1}{x}\right)$；　$e^x\mathrm{d}x = \mathrm{d}(e^x)$；

$\frac{1}{1+x^2}dx = d(\arctan x)$； $\frac{1}{\sqrt{1-x^2}}dx = d(\arcsin x)$；

$\cos x dx = d(\sin x)$； $\sin x dx = -d(\cos x)$.

2. 第二换元积分法

$$\int f(x)dx \xlongequal{令 x=\varphi(t)} \int f[\varphi(t)]\varphi'(t)dt = F(t)+C \xlongequal{t=\varphi^{-1}(x)} F[\varphi^{-1}(x)]+C.$$

若被积函数中含有根式 $\sqrt[n]{ax+b}$,可通过代换 $\sqrt[n]{ax+b}=t$ 去掉根号后再求积分.

3. 分部积分法 $\int u dv = uv - \int v du$.

类型一：$\int \underset{u}{\underline{幂函数}} \times \underset{dv}{\underline{指数函数\,dx}}$； 类型二：$\int \underset{u}{\underline{幂函数}} \times \underset{dv}{\underline{三角函数\,dx}}$；

类型三：$\int \underset{dv}{\underline{幂函数 \times \underset{u}{\underline{对数函数}}\,dx}}$； 类型四：$\int \underset{dv}{\underline{幂函数 \times \underset{u}{\underline{反三角函数}}\,dx}}$.

一般地,"指三幂对反,谁在后谁为 u".

五、定积分运算

1. 牛顿—莱不尼兹公式

$$\int_a^b f(x)dx = F(b)-F(a) \xlongequal{记为} F(x)\Big|_a^b, \quad 其中 F'(x)=f(x).$$

2. 定积分换元法

$$\int_a^b f(x)dx \xlongequal{令 x=\varphi(t)} \int_\alpha^\beta f[\varphi(t)]\cdot\varphi'(t)dt$$

其中 $\varphi(\alpha)=a, \varphi(\beta)=b$.

3. 定积分分部积分法 $\int_a^b u dv = uv\Big|_a^b - \int_a^b v du$.

六、积分的应用

1. 已知 $F'(x)=f(x)$,则 $F(x)=\int f(x)dx$.

2. 曲边梯形的面积 $A=\int_a^b f(x)dx \quad (f(x)\geqslant 0)$.

或 $A=-\int_a^b f(x)dx \ (f(x)\leqslant 0)$

3. 曲边梯形绕 x 轴所得旋转体的体积 $V=\pi\int_a^b f^2(x)dx$.

测 试 题

一、填空题

(1) $\int_{-\pi}^{\pi}(x^2+\sin x)dx =$ ________.

(2) $\int_{-\frac{\pi}{2}}^{\frac{\pi}{2}} x\sin x^2 dx =$ ________.

(3)由曲线 $y=x^3$ 和直线 $y=0, x=-1, x=1$ 所围成的平面图形的面积为________.

(4)已知 $f'(x)=x+\frac{1}{x}$,则 $f(x)=$ ________.

(5) $\int x^2\cos x^3 dx =$ ________.

(6) $\int \ln x dx =$ ________.

(7)函数 $f(x) = \int_0^x \sin 4t dt$，则 $f'\left(\frac{\pi}{2}\right) =$ ________.

二、选择题

(1)下列不定积分中正确的是________.

A. $\int x^2 dx = x^2 + C$　　B. $\int \frac{1}{x^2} dx = \frac{1}{x} + C$

C. $\int \sin x dx = \cos x + C$　　D. $\int \cos x dx = \sin x + C$

(2) $\frac{d}{dx}\int f(x) dx =$ ________.

A. $f(x) + C$　　B. $f'(x) + C$　　C. $f(x)$　　D. $f'(x)$

(3)设 $f(x) = e^{2x}$，则不定积分 $\int f\left(\frac{x}{2}\right) dx =$ ________.

A. $2e^x + C$　　B. $e^x + C$　　C. $2e^{2x} + C$　　D. $e^{2x} + C$

(4)函数 $f(x) = e^{2x}$，则不定积分 $\int f'(x) dx =$ ________.

A. $\frac{1}{2}e^{2x} + C$　　B. $2e^{2x} + C$　　C. $-e^{2x} + C$　　D. $e^{2x} + C$

三、积分计算题

(1) $\int \frac{2x}{1+x^2} dx$；　(2) $\int \cos(3x+2) dx$；　(3) $\int_1^4 \frac{dx}{\sqrt{x}(1+x)}$；

(4) $\int \frac{e^x}{2+e^x} dx$；　(5) $\int \frac{dx}{x+x^3}$；　(6) $\int xe^{3x} dx$；

(7) $\int_0^2 x\sqrt{4-x^2} dx$；　(8) $\int \frac{1+\ln^2 x}{x} dx$；　(9) $\int x\sin(2x) dx$；

(10) $\int_1^e \frac{\ln^3 x}{x} dx$.

四、(1)已知函数 $f(x) = \int_1^x t\sin\frac{t^2}{3} dt$，求 $f'(x)$.

(2)已知 $f(x) = \begin{cases} x^2 & 0 \leqslant x \leqslant 1 \\ 2x & 1 \leqslant x \leqslant 2 \end{cases}$，求 $\int_0^2 f(x) dx$.

(3)求函数 $f(x) = \int_{\frac{1}{2}}^x \ln t dt$ 的极值.

五、已知曲线 C：$y = 2x^2$ 与直线 L：$y = 4x$，求：

(1) C 与 L 所围成的平面图形的面积；

(2) C 的平行于 L 的切线方程.

六、求由曲线 $y = x^2$ 及直线 $x = 1, x = 2, y = 0$ 所围成的平面图形的面积及该平面图形绕 x 轴旋转所得旋转体的体积.

七、求由参数方程 $\begin{cases} x = \int_0^t \sin u^2 du \\ y = \cos t^2 \end{cases}$ 所确定的函数 $y = y(x)$ 的导数 $\frac{dy}{dx}$.

第四章　常微分方程

微积分的研究对象是变量之间的函数关系，但在许多实际问题中，往往不能直接得到反映某种变化过程的函数关系，而要根据具体实际问题的性质及所遵循的规律，建立一个包含未知函数及其导数（或微分）的关系式（方程），这就是微分方程所要讨论的问题．

第一节　微分方程的基本概念

下面我们通过实例来说明微分方程的基本概念．

例 1　一曲线通过点(2,1)，且曲线上任意一点 $M(x,y)$ 的切线斜率为 $2x$，求此曲线的方程．

解　设所求曲线方程为 $y=f(x)$，由图 4-1，α 为曲线在 M 点处的切线的倾斜角；由已知 $\tan\alpha=2x$，又由导数的几何意义知 $\tan\alpha=\frac{dy}{dx}$，所以

$$\frac{dy}{dx}=2x \text{ 或 } y'=2x,$$

$$y=x^2+C,$$

把 $x=2, y=1$ 代入 $y=x^2+C$ 得 $C=-3$，故所求的曲线方程为：$y=x^2-3$．

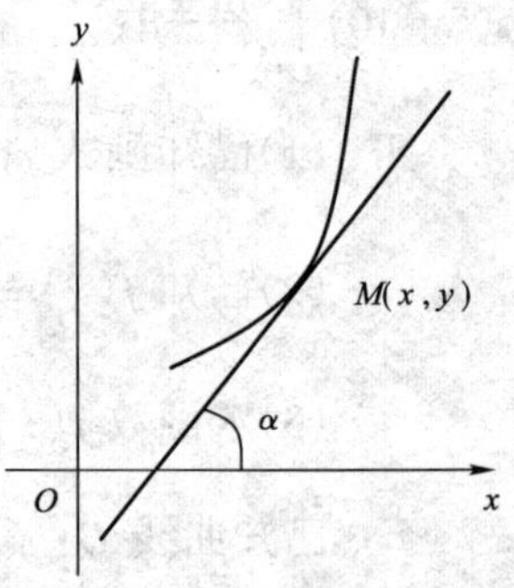

图　4-1

例 1 中的式 $\frac{dy}{dx}=2x$ 是一个含有未知函数的导数的方程，对于这类方程，一般有如下定义：

定义 4.1.1　含有未知函数的导数（或微分）的方程叫做**微分方程**．

未知函数为一元函数的微分方程叫做**常微分方程**．否则叫做**偏微分方程**．本章只讨论常微分方程，为简便起见，以后称常微分方程为微分方程．

例如，$\frac{dy}{dx}=2x, y'+xy=0, xdx+ydy=0, y''+2y'=0$ 等都是微分方程.

微分方程中所出现的未知函数的最高阶导数的阶数，叫做**微分方程的阶**.

例如，$\frac{dy}{dx}=2x$ 和 $y'+xy=0$ 是一阶微分方程；$y''+2y'=0$ 是二阶微分方程.

定义 4.1.2 满足微分方程的函数 $y=\varphi(x)$ 称为**微分方程的解**.

例 1 中的式 $y=x^2-3$ 就是微分方程 $y'=2x$ 的解.

定义 4.1.3 如果微分方程的解中含有任意常数，这样的解叫做**微分方程的通解**.

例 1 中 $y=x^2+C$ 就是微分方程 $y'=2x$ 的通解. 又如 $y=x^2+C_1x+C_2$ 是微分方程 $y''=2$ 的通解.

定义 4.1.4 确定了通解中的任意常数后，所得到的解叫做**微分方程的特解**.

例 1 中 $y=x^2+1$ 和 $y=x^2-2$ 等都是微分方程 $y'=2x$ 的特解.

确定通解中任意常数的附加条件称为**初始条件**.

例 1 中的 $x=2, y=1$ 就是初始条件.

一般地，一阶微分方程的初始条件为 $y\Big|_{x=x_0}=y_0$；二阶微分方程的初始条件为 $y\Big|_{x=x_0}=y_0, y'\Big|_{x=x_0}=y'_0$ 其中 x_0, y_0, y'_0 都是给定的值.

例 2 验证函数 $y=x^3+Cx$ 是微分方程 $xy'-y=2x^3$ 的通解.

解 由 $y=x^3+Cx$ 得，$y'=3x^2+C$，代入微分方程 $xy'-y=2x^3$，

左边 $=x(3x^2+C)-(x^3+Cx)=2x^3=$ 右边，

所以 $y=x^3+Cx$ 是微分方程 $xy'-y=2x^3$ 的解，又由于解中含有一个任意常数，而微分方程是一阶的，所以它是该微分方程的通解.

习题 4.1

1. 指出下列方程中哪些是微分方程，并说明它们的阶数：

(1) $2xydy+(x^2+y^2)dx=0$；　(2) $y^2=3y-x$；

(3) $xy''+y'-2x=0$；　(4) $(y')^2+y=0$.

2. 验证下列函数是所给微分方程的解：

(1) $y=x^2-3, y'=2x$；

(2) $y=Ce^{-\frac{1}{2}x^2}, y'+xy=0$；

(3) $y=\frac{1}{2}(\cos x+\sin x), y'+y=\cos x$；

(4) $y=3\sin x-4\cos x, y''=-y$.

3. 在下列各题中，确定函数关系中所含的参数，使函数满足所给的初始条件.

(1) $y=3x^2+C, y|_{x=1}=5$.

(2) $y=(C_1+C_2x)e^x, y|_{x=0}=0, y'|_{x=0}=1$.

4. 已知曲线通过点(1,2)，且在该曲线上任意一点 $P(x,y)$ 的切线斜率为 $3x^2$，求此曲线的方程.

第二节　一阶微分方程

本节我们将讨论一阶微分方程 $y'=f(x,y)$ 的一些解法.

1. 可分离变量的微分方程

在上节的例 1 中,我们遇到一阶微分方程

$$\frac{dy}{dx}=2x,$$

把上式两端积分就得到这个方程的通解:$y=x^2+C$.但是并不是所有的一阶微分方程都能这样求解.例如,一阶微分方程

$$\frac{dy}{dx}=2xy^2$$

就不能用上述方法求出它的通解.原因是该方程的右端含有未知函数 y,积分 $\int 2xy^2dx$ 无法求出.解决这个问题的关键在于将两个变量 x 与 y 分离.把方程变形为

$$\frac{dy}{y^2}=2xdx$$

然后两端积分得
$$-\frac{1}{y}=x^2+C$$

即 $y=-\frac{1}{x^2+C}$,(其中 C 是任意常数)

这就是一阶微分方程$\frac{dy}{dx}=2xy^2$ 的通解。

定义 4.2.1 形如

$$\frac{dy}{dx}=f(x)g(y) \tag{4-1}$$

的一阶微分方程称为**可分离变量的微分方程**.

该方程的特点是等式左边是导数$\frac{dy}{dx}$,等式右边可以分解成两个函数之积,其中一个只是 x 的函数,另一个只是 y 的函数.

例如:$x^2y'+y=0$, $xydx+\sqrt{1-x^2}dy=0$ 都是可分离变量的微分方程.

可分离变量的微分方程的求解步骤是:

(ⅰ)分离变量,得 $\frac{dy}{g(y)}=f(x)dx \quad (g(y)\neq 0)$;

(ⅱ)两边积分,得 $\int\frac{dy}{g(y)}=\int f(x)dx$;

(ⅲ)求出积分,得通解 $G(y)=F(x)+C$.其中 $G(y)$, $F(x)$分别是$\frac{1}{g(y)}$, $f(x)$的原函数.

我们把这种微分方程的求解方法叫做**分离变量法**.

例 1 求微分方程$\frac{dy}{dx}=-\frac{x}{y}$满足初始条件$y|_{x=1}=1$的特解.

解 该方程属于可分离变量的微分方程.

分离变量,得

$$ydy=-xdx,$$

两边积分,得 $\int ydy=-\int xdx$,

即 $\frac{1}{2}y^2=-\frac{1}{2}x^2+C$,

整理得 $\quad x^2 + y^2 = 2C,$

把初始条件 $y|_{x=1} = 1$ 代入上式,求得 $C = 1$,

于是,所求方程的特解为 $\quad x^2 + y^2 = 2.$

例 2 求微分方程 $y' - 3x^2 y = 0$ 的通解.

解 该方程属于可分离变量的微分方程.

分离变量,得 $\quad \dfrac{\mathrm{d}y}{y} = 3x^2\mathrm{d}x,$

两边积分 $\quad \displaystyle\int \frac{\mathrm{d}y}{y} = \int 3x^2\mathrm{d}x,$

得 $\quad \ln|y| = x^3 + C_1,$

$$|y| = e^{x^3 + C_1} = e^{C_1}e^{x^3},$$

即 $\quad y = \pm e^{C_1}e^{x^3}.$

因为 $\pm e^{C_1}$ 是任意常数,设 $C = \pm e^{C_1}$,从而得到微分方程的通解

$$y = Ce^{x^3}.$$

为了以后书写方便,我们约定 $\ln|y|$ 写成 $\ln y$.

例 3 求微分方程 $(1 + x^2)\mathrm{d}y - 2xy\mathrm{d}x = 0$ 的通解.

解 该方程属于可分离变量的微分方程.

分离变量,得 $$\frac{\mathrm{d}y}{y} = \frac{2x}{x^2 + 1}\mathrm{d}x,$$

两边积分 $$\int \frac{\mathrm{d}y}{y} = \int \frac{2x}{x^2 + 1}\mathrm{d}x,$$

得 $$\int \frac{\mathrm{d}y}{y} = \int \frac{\mathrm{d}(x^2 + 1)}{x^2 + 1},$$

由于积分后出现对数,为简化方便,将任意常数 C 写成 $\ln C$,

即 $$\ln y = \ln(x^2 + 1) + \ln C,$$

$$\ln y = \ln C(x^2 + 1).$$

从而得到微分方程的通解 $\quad y = C(x^2 + 1).$

2. 阶线性微分方程

定义 4.2.2 形如

$$y' = P(x)y = Q(x) \tag{4-2}$$

的方程,称为**一阶线性微分方程**,其中 $P(x)$, $Q(x)$ 为已知函数.所谓“线性”是指方程中的 y 和 y' 都是一次的.

当 $Q(x) \equiv 0$ 时,方程 $y' + P(x)y = 0$ 称为**一阶齐次线性微分方程**.

当 $Q(x) \neq 0$ 时,方程 $y' + P(x)y = Q(x)$ 称为**一阶非齐次线性微分方程**.

例如,微分方程 $\dfrac{\mathrm{d}y}{\mathrm{d}x} + xy = 0$, $3y' + 2y = x^2$, $y' + ay = b\sin x$(其中 a, b 为常数)等,都是一阶线性微分方程,其中前一个是齐次线性微分方程,后两个是非齐次线性微分方程.

(1)一阶齐次线性微分方程 $y' + P(x)y = 0$ 的解.

一阶齐次线性微分方程 $y' + P(x)y = 0$ 是可分离变量的,分离变量后得

$$\frac{\mathrm{d}y}{y} = -P(x)\mathrm{d}x,$$

两边积分
$$\int \frac{1}{y}\mathrm{d}y = -\int P(x)\mathrm{d}x,$$
得
$$\ln y = -\int P(x)\mathrm{d}x + \ln C,$$
$$y = e^{-\int p(x)\mathrm{d}x_1 + \ln C} = e^{\ln C}e^{-\int P(x)\mathrm{d}x}.$$
因而一阶齐次线性微分方程 $y' + P(x)y = 0$ 的通解为
$$y = Ce^{-\int P(x)\mathrm{d}x}. \quad (C\text{ 为任意常数}) \tag{4-3}$$
(2)一阶非齐次线性微分方程 $y' + P(x)y = Q(x)$的解.

一阶非齐次线性微分方程 $y' + P(x)y = Q(x)$,其通解为:
$$y = \left[e^{-\int P(x)\mathrm{d}x}\int Q(x)e^{\int P(x)\mathrm{d}x}\mathrm{d}x + C\right] \tag{4-4}$$

例 4 解方程 $y' + 2xy = xe^{-x^2}$.

解 这是一阶非齐次线性微分方程,其中
$$P(x) = 2x, Q(x) = xe^{-x^2}.$$
代入通解公式(4-4),得
$$\begin{aligned} y &= e^{-\int 2x\mathrm{d}x}\left(\int xe^{-x^2}e^{\int 2x\mathrm{d}x}\mathrm{d}x + C\right) \\ &= e^{-x^2}\left(\int xe^{-x^2}e^{x^2}\mathrm{d}x + C\right) \\ &= e^{-x^2}\left(\int x\mathrm{d}x + C\right) \\ &= \left(\frac{x^2}{2} + C\right)e^{-x^2}. \end{aligned}$$
于是原方程的通解为 $y = \left(\dfrac{x^2}{2} + C\right)e^{-x^2}$.

注:使用公式法求一阶非齐次线性微分方程的通解,必须把原方程改写成标准形式(4-2),再确定出 $P(x)$,$Q(x)$.

例 5 求微分方程 $xy' + y = \sin x$ 的通解.

解 原方程可化为
$$y' + \frac{y}{x} = \frac{\sin x}{x},$$
这是一阶非齐次线性微分方程.且 $P(x) = \dfrac{1}{x}$,$Q(x) = \dfrac{\sin x}{x}$.

代入通解公式(4-4),得
$$\begin{aligned} y &= e^{-\int\frac{1}{x}\mathrm{d}x}\left[\int \frac{\sin x}{x}e^{\int\frac{1}{x}\mathrm{d}x}\mathrm{d}x + C\right] = e^{-\ln x}\left[\int \frac{\sin x}{x}e^{\ln x} + C\right] = \frac{1}{x}\left[\int \frac{\sin x}{x}x\mathrm{d}x + C\right] \\ &= \frac{1}{x}\left[\int \sin x\mathrm{d}x + C\right] = \frac{1}{x}(-\cos x + C) \end{aligned}$$
于是原方程的通解为:$y = \dfrac{1}{x}(-\cos x + C)$

例 6 求微分方程$\dfrac{\mathrm{d}y}{\mathrm{d}x} - \dfrac{y}{x} = \ln x$ 满足初始条件 $y|_{x=1} = 1$ 的特解.

解 原方程可化为 $\dfrac{\mathrm{d}y}{\mathrm{d}x} - \dfrac{1}{x}y = \ln x$,

这是一阶非齐次线性微分方程，其中 $P(x)=-\frac{1}{x}$，$Q(x)=\ln x$.

代入通解公式(4-4)，得

$$y=e^{-\int -\frac{1}{x}dx}\left(\int \ln x\cdot e^{\int -\frac{1}{x}dx}dx+C\right)=e^{\ln x}\left(\int \frac{1}{x}\ln x dx+C\right)$$

$$=x\left(\int \ln x d(\ln x)+C\right)=x\left[\frac{1}{2}(\ln x)^2+C\right].$$

因此，原方程的通解为 $y=\frac{x}{2}(\ln x)^2+Cx$.

把初始条件 $y|_{x=1}=1$ 代入通解，得 $C=1$，

于是，所求特解为 $y=\frac{x}{2}(\ln x)^2+x$.

习题 4.2

1. 求下列微分方程的通解：

(1) $\frac{dy}{dx}=\sin x\sec y$；

(2) $3x^2+5x-5y'=0$；

(3) $5y'-3y=0$；

(4) $\frac{dy}{dx}-\frac{2}{x}y=0$；

(5) $\sin x\cos y dy+\cos x\sin y dx=0$；

(6) $y'=e^{x-y}$.

(7) $\frac{dy}{dx}+y=e^{-x}$；

(8) $y'+2xy=4x$；

(9) $xy'-y=x^3$；

(10) $(1+x^2)y'-2xy=(1+x^2)^2$.

2. 求下列微分方程的特解：

(1) $\sqrt{1-x^2}y'=x$，$y|_{x=0}=0$；

(2) $x^2dy+ydx=0$，$y|_{x=1}=e$；

(3) $\frac{dy}{dx}-3y=e^{2x}$，$y|_{x=0}=0$；

(4) $y'+y\cos x=e^{-\sin x}$，$y|_{x=0}=0$.

第三节　二阶常系数线性微分方程

定义 4.3　形如

$$y''+py'+qy=f(x) \tag{4-5}$$

的微分方程，称为**二阶常系数线性微分方程**.其中 p,q 是常数.

当 $f(x)=0$ 时，方程 $y''+py'+qy=0$，　(4-6)

称为**二阶常系数齐次线性微分方程**.

当 $f(x)\neq 0$ 时，方程 $y''+py'+qy=f(x)$，　(4-7)

称为**二阶常系数非齐次线性微分方程**.

例如，$y''+6y'-2y=0$ 是二阶常系数齐次线性微分方程；$y''-2y'+3y=x^2$ 是二阶常系数非齐次线性微分方程；而 $xy''+(x+2)y'=\sin x$ 就不是二阶常系数线性微分方程.

为了求解二阶常系数线性微分方程，我们先了解此类方程解的结构形式.

定理 4.3.1　**(二阶常系数齐次线性微分方程解的结构定理)** 如果函数 $y_1(x)$ 与 $y_2(x)$ 是

方程 $y''+py'+qy=0$ 的两个解,且$\frac{y_1(x)}{y_2(x)}\neq$常数,那么

$$y=C_1y_1(x)+C_2y_2(x) \qquad (C_1, C_2 \text{是任意常数})$$

是方程 $y''+py'+qy=0$ 的通解.

由微分方程通解的定义,我们不难验证此定理.一方面,$y=C_1y_1(x)+C_2y_2(x)$满足方程 $y''+py'+qy=0$,另一方面,如$\frac{y_1(x)}{y_2(x)}\neq$常数,则 $C_1y_1(x)+C_2y_2(x)$中的两个任意常数不能合并为一个任意常数,是相互独立的,因此 $C_1y_1(x)+C_2y_2(x)$是方程的 $y''+py'+qy=0$ 通解.

例如:方程 $y''+y=0$ 是二阶常系数齐次线性微分方程.容易验证 $y_1=\sin x$ 与 $y_2=\cos x$ 是所给方程的两个特解,且$\frac{y_1}{y_2}=\tan x\neq$常数,因此方程 $y''+y=0$ 的通解是 $y=C_1\sin x+C_2\cos x$.

定理 4.3.2 (二阶常系数非齐次线性微分方程通解的结构定理)设 $y^*(x)$是微分方程(4-5)的一个特解,$Y(x)$是对应的齐次线性微分方程(4-6)的通解.那么

$$y = Y(x)+y^*(x)$$

是方程(4-5)的通解.

例如:方程 $y''+y=x$ 是二阶常系数非齐次线性微分方程.已知 $Y=C_1\sin x+C_2\cos x$ 是对应的齐次方程$y''+y=0$ 的通解;又容易验证 $y^*=x$ 是所给方程的一个特解.因此

$$y = C_1\sin x + C_2\cos x + x$$

是所给方程的通解.

1. 二阶常系数齐次线性微分方程的解法

由定理 4.3.1 知,要找二阶常系数齐次线性微分方程 $y''+py'+qy=0$ 的通解,关键求出它的两个特解 y_1, y_2,且$\frac{y_1}{y_2}\neq$常数.

我们知道,指数函数 $y=e^{rx}$和它的各阶导数都只相差一个常数因子.因此,设想 $y=e^{rx}$为方程$y''+py'+qy=0$ 的一个特解,其中 r 为待定常数.

将 $y=e^{rx}$求导,得到

$$y' = re^{rx}, \qquad y'' = r^2e^{rx}.$$

把 y、y'和y''代入方程$y''+py'+qy=0$,得

$$r^2e^{rx}+pre^{rx}+qe^{rx}=0, \text{即}(r^2+pr+q)e^{rx}=0.$$

由于 $e^{rx}\neq 0$,所以

$$r^2+pr+q=0 \tag{4-8}$$

这就是说,只要待定常数 r 满足方程(4-8),函数 $y=e^{rx}$就是方程(4-6)的解.我们称方程(4-8)为微分方程 $y''+py'+qy=0$ 的**特征方程**.

$r^2+pr+q=0$ 是一个二次的代数方程,其中 r^2, r 的系数及常数项恰好依次是方程(4-6)中 y''、y'和y 的系数.它的根 $r_{1,2}=\frac{-p\pm\sqrt{p^2-4q}}{2}$有三种不同的情形.

相应地,方程 $y''+py'+qy=0$ 的通解也就有三种不同的情形.分别讨论如下:

(1)当 $p^2-4q>0$ 时,特征方程(4-8)有两个不相等的实根:$r_1\neq r_2$.

这时方程(4-6)有两个特解 $y_1=e^{r_1x}, y_2=e^{r_2x}$,且$\frac{y_1}{y_2}=\frac{e^{r_1x}}{e^{r_2x}}=e^{(r_2-r_1)x}$不是常数,则方程

(4-6)的通解为：$y = C_1 e^{r_1 x} + C_2 e^{r_2 x}$.

(2)当 $p^2 - 4q = 0$ 时，特征方程(4-8)有两个相等的实根：$r_1 = r_2$.

这时方程(4-8)只得到一个特解 $y_1 = e^{r_1 x}$，还要找出另一个解 y_2，且要求 $\frac{y_2}{y_1} \neq$ 常数. 因此设 $\frac{y_2}{y_1} = x$，即 $y_2 = xe^{r_1 x}$. 可以验证 y_2 是原方程的解.

由此得到方程(4-8)的另一个特解 $y_2 = xe^{r_1 x}$

从而方程(4-6)的通解为

$$y = C_1 e^{r_1 x} + C_2 x e^{r_1 x} \quad 即 \quad y = (C_1 + C_2 x) e^{r_1 x}.$$

(3)当 $p^2 - 4q < 0$ 时，特征方程(4-6)有一对共轭复根：$r_{1,2} = \alpha \pm i\beta$.

这时，$y_1 = e^{(\alpha + i\beta)x}$，$y_2 = e^{(\alpha - i\beta)x}$是方程(4-6)的两个特解，但它们是复值函数形式. 为了得出实函数形式的解，我们利用欧拉公式

$$e^{i\varphi} = \cos\varphi + i\sin\varphi$$

将 y_1, y_2 改写成

$$y_1 = e^{(\alpha + i\beta)} = e^{\alpha x} e^{i\beta x} = e^{\alpha x}(\cos\beta x + i\sin\beta x)$$

$$y_2 = e^{(\alpha - i\beta)} = e^{\alpha x} e^{-i\beta x} = e^{\alpha x}(\cos\beta x - i\sin\beta x)$$

取 $\overline{y_1} = \frac{y_1}{2} + \frac{y_2}{2} = e^{\alpha x}\cos\beta x$；$\overline{y_2} = \frac{y_1}{2i} - \frac{y_2}{2i} = e^{\alpha x}\sin\beta x$

由定理 4.3.1 知，$\overline{y_1}$、$\overline{y_2}$ 是方程(4-6)的解，而$\frac{\overline{y_1}}{\overline{y_2}} = \frac{e^{\alpha x}\cos\beta x}{e^{\alpha x}\sin\beta x} = \cot x$ 不是常数，所以方程(4-6)的通解为

$$y = C_1\overline{y_1} + C_2\overline{y_2} = e^{\alpha x}(C_1\cos\beta x + C_2\sin\beta x)$$

综上所述，求二阶常系数齐次线性微分方程

$$y'' + py' + qy = 0$$

的通解的步骤如下：

(ⅰ)写出特征方程 $r^2 + pr + q = 0$；

(ⅱ)求出特征方程的两个根 $r_{1,2} = \frac{-p \pm \sqrt{p^2 - 4q}}{2}$；

(ⅲ)按表 4-1 写出所求微分方程的通解：

表 4-1

特征方程 $r^2 + pr + q = 0$ 两个根 r_1, r_2	微分方程 $y'' + py' + qy = 0$ 的通解
两个不相等的实根 $r_1 \neq r_2$	$y = C_1 e^{r_1 x} + C_2 e^{r_2 x}$
两个相等的实根 $r_1 = r_2$	$y = (C_1 + C_2 x) e^{r_1 x}$
一对共轭复根 $r_{1,2} = \alpha \pm i\beta$	$y = e^{\alpha x}(C_1\cos\beta x + C_2\sin\beta x)$

例 1 求微分方程 $y'' + y' - 2y = 0$ 的通解.

解 所给微分方程的特征方程为

$$r^2 + r - 2 = 0, 即 \quad (r - 2)(r + 1) = 0.$$

得 $$r_1 = 2, r_2 = -1.$$

因为 $r_1 \neq r_2$，故所求方程的通解为 $y = C_1 e^{2x} + C_2 e^{-x}$.

例 2 求微分方程 $y''+6y'+9=0$ 的通解.

解 所给微分方程的特征方程为

$$r^2+6r+9=0,即(r+3)^2=0.$$

得 $$r_1=r_2=3.$$

因为 $r_1=r_2$,故所求方程的通解为 $y=(C_1+xC_2)e^{3x}$

例 3 求微分方程 $\frac{d^2y}{dx^2}-2\frac{dy}{dx}+5y=0$ 的通解.

解 所给微分方程的特征方程为

$$r^2-2r+5=0.$$

得特征根 $$r_{1,2}=\frac{2\pm\sqrt{2^2-4\times5}}{2}=1\pm2i,$$

这是一对共轭复根,且 $\alpha=1,\beta=2$.故所求方程的通解为

$$y=e^x(C_1\cos2x+C_2\sin2x).$$

例 4 求微分方程 $y''-2y'+y=0$ 满足初始条件 $y|_{x=0}=1,y'|_{x=0}=3$ 的特解.

解 所给微分方程的特征方程为

$$r^2-2r+1=0,即\quad(r-1)^2=0.$$

得 $$r_1=r_2=1.$$

因为 $r_1=r_2$,故所求方程的通解为 $y=(C_1+xC_2)e^x$.

将 $y|_{x=0}=1$ 代入通解,得 $C_1=1$,从而

$$y=(1+xC_2)e^x.$$

将上式求导,得 $y'=(1+C_2+xC_2)e^x$

将 $y'|_{x=0}=3$ 代入上式,得 $C_2=2$,

于是所求特解为:$y=(1+2x)e^x$

2. 二阶常系数非齐次线性微分方程的解法

由定理 4.3.2 知,求二阶常系数非齐次线性微分方程(4-7)

$$y''+Py'+qy=f(x)$$

的通解归结为求该方程的一个特解和其对应的常系数齐次线性微分方程的通解.由于常系数齐次线性微分方程的通解已解决,因此这里只需讨论求二阶常系数非齐次线性微分方程的一个特解 y^* 的问题.

下面我们只讨论 $f(x)=P_m(x)e^{\lambda x}$形式时求 y^* 的方法.此时,方程(4-7)成为

$$y''+Py'+qy=P_m(x)e^{\lambda x}. \tag{4-9}$$

其中 λ 是常数,$P_m(x)$是 x 的一个 m 次多项式,即

$$P_m(x)=a_0x^m+a_1x^{m-1}+\cdots+a_{m-1}x+a_m$$

由于特解 y^* 满足方程(4-9),而且方程(4-9)右端是多项式 $P_m(x)$与指数函数 $e^{\lambda x}$的乘积,可以证明 y^* 也是多项式乘指数函数,即 $y^*=Q(x)e^{\lambda x}$,且 $Q(x)=x^kQ_m(x)$.

其中 $Q_m(x)=b_0x^m+b_1x^{m-1}+\cdots+b_{m-1}x+b_m$ 是与$P_m(x)$同次的 m 次多项式,而 k 是一个整数,且:

(ⅰ)当 λ 不是特征根时,$k=0$;

(ⅱ)当 λ 是单特征根时，$k=1$；

(ⅲ)当 λ 是重特征根时，$k=2$.

因此求方程(4-9)的特解 y^* 时，可根据其特征根的情况，设

$$y^* = x^k Q_m(x) e^{\lambda x} \tag{4-10}$$

将 y^* 代入方程(4-9)，用待定系数法求出多项式 $Q_m(x)$，进而得到方程(4-9)的特解 y^*.

例 5 求微分方程 $y''-y'=e^x$ 的一个特解.

解 因为 $f(x)=e^x$，$P_m(x)=1$ 是零次多项式，$\lambda=1$ 是特征方程 $r^2-r=0$ 的单根，所以设特解

$$y^* = xb_1e^x$$

则

$$y^{*\prime} = xb_1e^x + b_1e^x = (x+1)b_1e^x$$

$$y^{*\prime\prime} = (x+1)b_1e^x + b_1e^x = (x+2)b_1e^x$$

将 $y^{*\prime}$ 和 $y^{*\prime\prime}$ 代入原方程，得

$$(x+2)b_1e^x - (x+1)b_1e^x = e^x$$

化简，得 $b_1=1$

于是求得一个特解为 $y^*=xe^x$

例 6 求微分方程 $y''-2y'-3y=3x+1$ 的通解.

解 特征方程为

$$r^2-2r-3=0,$$

$$(r-3)(r+1)=0$$

其根为 $r_1=3, r_2=-1$.

所以对应的齐次方程的通解为

$$y = C_1e^{3x} + C_2e^{-x}$$

因为 $f(x)=3x+1$，$P_m(x)=3x+1$ 是一次多项式，$\lambda=0$ 不是特征方程 $r^2-2r-3=0$ 的根，所以设特解

$$y^* = b_0x + b_1,$$

则 $y^{*\prime}=b_0, y^{*\prime\prime}=0$.

将 y^*，$y^{*\prime}$ 和 $y^{*\prime\prime}$ 代入方程，得

$$0-2b_0-3(b_0x+b_1)=3x+1$$

化简得

$$-3b_0x-2b_0-3b_1=3x+1.$$

比较两端 x 同次幂的系数，得

$$\begin{cases} -3b_0=3 \\ -2b_0-3b_1=1 \end{cases}$$

即 $b_0=-1, b_1=\dfrac{1}{3}$,

于是 $y^*=-x+\dfrac{1}{3}$.

则所求方程的通解为 $y=C_1e^{3x}+C_2e^{-x}-x+\dfrac{1}{3}$.

习题 4.3

1. 求下列微分方程的通解：

(1) $y''-5y'=0$；　　(2) $y''-2y'-3y=0$；

(3) $y''-4y'+4y=0$；　　(4) $y''+9y=0$；

(5) $y''-4y'+5y=0$；　　(6) $2y''+y'-y=2e^x$；

(7) $y''+y=2x^2-3$；　　(8) $y''-y=e^{2x}$；

(9) $y''-5y'+6y=7$；　　(10) $y''-3y'=-6x+2$.

2. 求下列微分方程的特解：

(1) $4y''-4y'+y=0, y|_{x=0}=1, y'|_{x=0}=3$；

(2) $y''+4y=\frac{1}{2}x, y|_{x=0}=0, y'|_{x=0}=0$.

第四节　微分方程应用举例

下面举例说明一、二阶线性微分方程在解决实际问题中的应用，利用微分方程寻求解决实际问题中未知函数的一般步骤为：

(1)分析问题，设未知函数，建立微分方程，确定初始条件；

(2)求出微分方程的通解；

(3)根据初始条件确定通解中的任意常数，求出微分方程相应的特解；

(4)根据某些实际问题的需要，利用所求得的特解来解释问题的实际意义或求得题设所需的其他结果.

例 1　已知某商品的生产成本为 $C=C(x)$，它与产量 x 满足微分方程 $C'(x)=1+ax$（a 为常数），且当 $x=0$ 时，$C=C_0$，求成本函数 $C(x)$.

解　由题意列出方程为

$$\begin{cases}\dfrac{\mathrm{d}C(x)}{\mathrm{d}x}=1+ax,\\ x=0, C=C_0\end{cases}$$

分离变量，积分得 $\int \mathrm{d}C(x)=\int(1+ax)\mathrm{d}x$，

解之得　$C(x)=\frac{1}{2a}(1+ax)^2+C$，

由初始条件　$x=0, C=C_0$，得 $C=C_0-\frac{1}{2a}$，

故成本函数为　$C(x)=\frac{1}{2a}(1+ax)^2+C_0-\frac{1}{2a}$.

例 2　已知某厂的纯利润 L 对广告费 x 的变化率 $\frac{\mathrm{d}L}{\mathrm{d}x}$ 与正常数 A 和纯利润 L 之差成正比. 当 $x=0$ 时，$L=L_0(0<L_0<A)$，试求纯利润 L 与广告费 x 之间的函数关系.

解　由题意列出方程为

$$\begin{cases}\dfrac{\mathrm{d}L}{\mathrm{d}x}=k(A-L),\\ L|_{x=0}=L_0\end{cases}$$ 其中 $K>0$ 为比例常系数.

分离变量、积分,得,$\int \frac{\mathrm{d}L}{A-L} = \int k\mathrm{d}x$,

解之得　$-\ln(A-L) = kx + C_1$

即　$A - L = Ce^{-kx}$(这里 $C = e^{-C_1}$)

所以　$L = A - Ce^{-kx}$,

由初始条件 $L|_{x=0} = L_0$,解得　$C = A - L_0$,

故纯利润与广告费的函数关系为

$$L = A - (A - L_0)e^{-kx}.$$

显然,纯利润 L 随广告费 x 增加而趋于常数 A.

例 3　设有一个弹簧,它的上端固定,下端挂一个质量为 0.025kg 的物体,平衡位置为 O 点(如图 4-2),如将物体用手拉到离平衡位置 0.04m 处,然后放手,让物体自由上下振动,假设弹簧的弹性系数 $c = 0.625\mathrm{N/m}$,物体只受弹簧恢复力的作用,试求物体的运动规律.

解　设在 t 时刻,物体离开平衡位置 $x(t)$,由于物体只受弹簧恢复力的作用,按照胡克定律,$F = -cx$,其中 c 为弹簧的弹性系数,负号表示力的方向与位移的方向相反,由牛顿第二定律 $F = ma$ 得

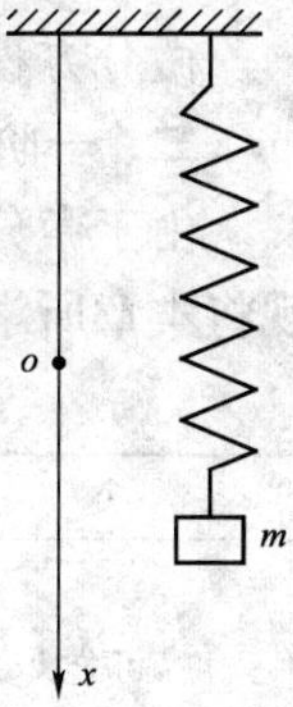

图　4-2

$$0.025\frac{\mathrm{d}^2x}{\mathrm{d}t^2} = -0.625x$$

即　$$\frac{\mathrm{d}^2x}{\mathrm{d}t^2} + 25x = 0. \tag{1}$$

初始条件为　$$x|_{t=0} = 0.04, \left.\frac{\mathrm{d}x}{\mathrm{d}t}\right|_{t=0} = 0. \tag{2}$$

因此,反映物体运动规律的函数 $x = x(t)$ 是满足方程(1)及初始条件(2)的特解.

方程(1)是二阶常系数齐次线性微分方程,

它的特征方程是 $r^2 + 25 = 0$,其根 $r_{1,2} = \pm 5i$.

故方程的通解是

$$x = C_1\cos 5t + C_2\sin 5t.$$

对 x 求导得　$x' = -5C_1\sin 5t + 5C_2\cos 5t$,

应用初始条件 $x|_{t=0} = 0.04, \left.\frac{\mathrm{d}x}{\mathrm{d}t}\right|_{t=0} = 0$,得

$$\begin{cases} C_1\cos 0 + C_2\sin 0 = 0.04, \\ -5C_1\sin 0 + 5C_2\cos 0 = 0, \end{cases}$$

则　$C_1 = 0.04, C_2 = 0$.

因此,物体的运动规律为

$$x = 0.04\cos 5t.$$

习题 4.4

1. 已知某商品的销售收益 R 与需求量 x 满足方程 $R'(x) = 2(R + x)$,且 $R(0) = 0$,求 $R(x)$.

2. 放射性元素铀由于不断地放射出微粒子而变成其他元素,铀地含量就不断减少,这种现象叫做衰变。由原子物理学知道,铀地衰变速度与当时未衰变的原子的含量 M 成正比.已

知 $t=0$ 时铀的含量为 M_0,求在衰变过程中铀含量 $M(t)$ 随时间 t 变化的规律.

3. 已知物体在空气中冷却的速率与该物体及空气两者温度的差成正比,试确定物体温度与时间的函数关系.

4. 已知曲线上每一点处的切线斜率等于该点的横坐标与纵坐标之和,求:

(1)经过(0, -1)的曲线方程;

(2)经过点(1,0)的曲线方程.

5. 一质点运动的加速度为 $a=-2v-5s$.如果该质点以初速度 $v_0=12\text{m/s}$ 由原点出发,试求质点的运动方程.

小 结

一、本章主要内容

微分方程的基本概念;一阶线性微分方程及其解法;二阶常系数线性微分方程及其解法.

二、一阶、二阶线性微分方程的解法

由于微分方程的类型不同,其解法也就不同.因此,识别方程的类型是解微分方程的关键.现将本章所学的几类微分方程的解法归纳于表 4-2 中.

表 4-2

类型		微分方程	解法
可分离变量		$\frac{dy}{dx}=f(x)g(y)$	分离变量 $\frac{1}{g(x)}dy=f(x)dx$, 两边积分 $\int\frac{1}{g(x)}dy=\int f(x)dx$
一阶线性	齐次	$y'+P(x)y=0$	分离变量,两边积分或用公式 $y=Ce^{-\int P(x)dx}$
一阶线性	非齐次	$y'+P(x)y=Q(x)$	常数变易法或用公式 $y=e^{-\int P(x)dx}\left[\int Q(x)e^{\int P(x)dx}dx+C\right]$
二阶线性常系数	齐次	$y''+py'+q=0$	(ⅰ)写出特征方程 $r^2+pr+q=0$ (ⅱ)求出特征方程的两个根 r_1,r_2 (ⅲ)按表 4-1 中 r_1,r_2 的三种不同情况写出所求微分方程
二阶线性常系数	非齐次	$y''+py'+q=P_m(x)e^{\lambda x}$	(i)求出对应齐次微分方程的通解 Y (ii)按式(4-10)写出非齐次微分方程的特解 y^* (iii)写出非齐次微分方程的通解 $y=Y+y^*$

测试题

一、选择题

(1)微分方程 $y''+(y')^3+2x=0$ 的阶数是(　　).

A. 1　　B. 2　　C. 3　　D. 0

(2)微分方程 $5y'''-3y''+y=0$ 的通解中含有独立任意常数的个数是(　　).

A. 1　　B. 2　　C. 3　　D. 0

(3)微分方程 $y'=2y$ 的通解是(　　).

A. $y=2x+C$　　B. $y=e^{2x}+C$　　C. $y=Ce^{2x}$　　D. $y=\frac{C}{2x}$

(4)函数 $y=\cos x$ 是方程(　　)的解.

A. $y''+y=0$　　B. $y'+2y=0$　　C. $y'+y=0$　　D. $y''+y=\cos x$

二、填空题

(1) $y_1=e^{-x}$ 与 $y_2=e^{2x}$ 都是 $y''-y'-2y=0$ 的解,则 $y''-y'-2y=0$ 的通解是____________;

(2) $y''+4y'=x^2-1$ 的特解 y^* 的形式是____________.

三、求微分方程的解

(1) $\frac{dy}{dx}=2e^{x-y}$;　　(2) $y'-y=e^{-2x}$;

(3) $y''+3y'+2y=0$;　　(4) $y''-2y'+2y=x+1$;

(5) $y'+xy=x, y|_{x=0}=0$.

四、求一曲线的方程,这曲线通过原点,并且它在点 (x,y) 处的切线斜率等于 $2x+y$.

五、已知储存在仓库中的汽油数 x(以升计量)与支付仓库的管理费 y 之间的关系满足方程 $\frac{dy}{dx}=kx+b$,其中 k、b 为常数,且当 $x=0$ 时,$y=y_0$. 试求函数 $y=y(x)$.

第五章　多元函数微积分

在学习平面解析几何和一元函数微积分时，平面坐标系是一个重要工具，它对研究平面图形的性质，理解一元函数微积分的一些基本概念是不可缺少的．同样，为了研究空间图形和二元函数微积分，空间坐标系也是一个重要工具．

第一节　空间解析几何

1．空间直角坐标系

平面上任一点 M 的位置，可以用两个有序实数 x 和 y 来确定，记作 $M(x,y)$．这样，我们很自然地联想到，要确定空间中的点的位置，就需要用到三个数．例如，要确定飞机在某一时刻的位置 P，不但要知道飞机到达地面某一处（这需要用两个数来表示）的上空，还需要知道飞机离地面的高度，因此需要三个数才能确定飞机在某一时刻的位置．于是我们通过平面坐标系 xOy 的原点 O 添加一根和该坐标平面垂直的数轴 Oz，那么点 P 的高度就可以用坐标 z 来表示，而点 P 的位置就可以用三个有序数 x、y 和 z 来确定，如图 5-1 所示，这三个数叫做 P 的坐标，记作 $P(x,y,z)$，其中 x 叫做横坐标，y 叫做纵坐标，z 叫做竖坐标．数轴 Ox、Oy 和 Oz 依次叫做横轴、纵轴和竖轴（z 轴），数轴的正向如图 5-2 所示，O 点叫做坐标原点．以上建立起来的坐标系叫做**空间直角坐标系**．

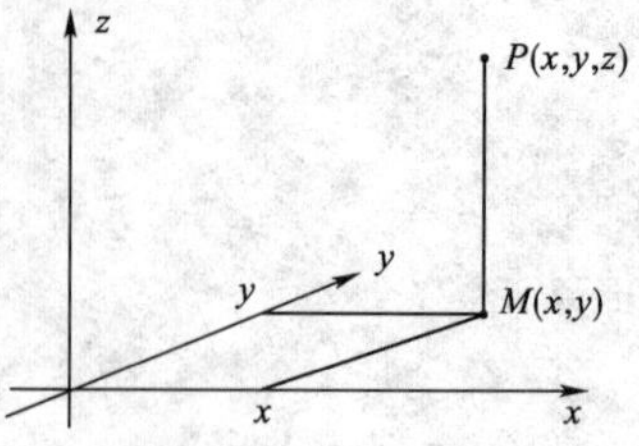

图 5-1

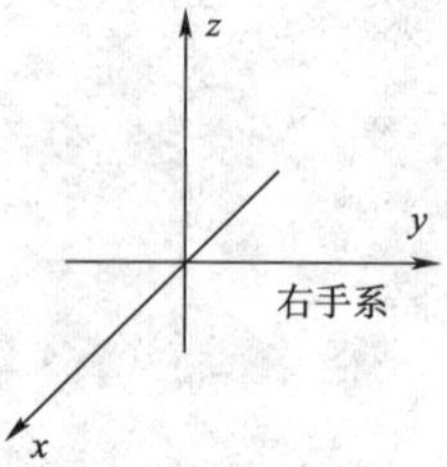

图 5-2

在这三个坐标轴中，每两个坐标轴所决定的平面 xOy、yOz 和 xOz 叫做**坐标平面**，三个坐标平面中的任意两个是互相垂直的，且三个坐标轴的方向关系由右手系确定. 所谓右手系是指，伸出你的右手，将大拇指、食指、中指表示为两两垂直的形态，令它们依次表示 x、y、z 轴. 三个坐标平面把整个空间分成八个部分，每一个部分称为一个卦限. 我们把 xOy 平面的第一、二、三、四象限的上部分空间依次叫做第一、二、三、四卦限；四个象限的下部分空间依次叫做第五、六、七、八卦限，如图 5-3 所示.

建立了空间直角坐标系以后，空间中的点 P 和作为坐标的三个有序数 x、y、z 之间就建立了一一对应的关系.

平面直角坐标系相关知识我们在中学已经学过. 下面由两个例子分析平面直角坐标系和空间直角坐标系的关系.

例 1 怎样由平面上的圆周曲线，得到空间上的圆柱曲面.

我们知道，$x^2+y^2=1$ 在平面上是一个圆周曲线，将圆周曲线向上拉伸，这样就形成了一个空间上的圆柱曲面，如图 5-4 所示. 在空间直角坐标系中，方程 $x^2+y^2=1$ 表示空间柱面，而不是平面中的一个圆.

例 2 怎样由空间曲面得到平面曲线.

假设有一个半径为 5 的球，这是一个空间曲面，以球心为原点构造一个空间直角坐标系. 用 $z=0$ 平面，即 xOy 平面，截球面得到一个平面上的圆，半径为 5；用 $z=3$ 为平面截球面得到一个平面上的圆，半径为 4；用 $z=4$ 平面截球面得到一个平面上的圆，半径为 3；……，(图 5-5).

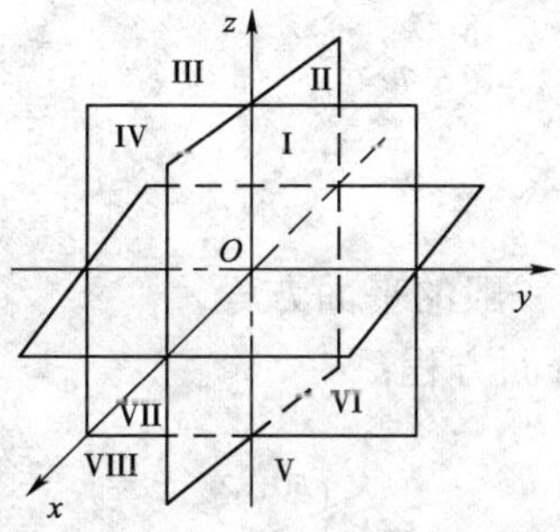

图 5-3

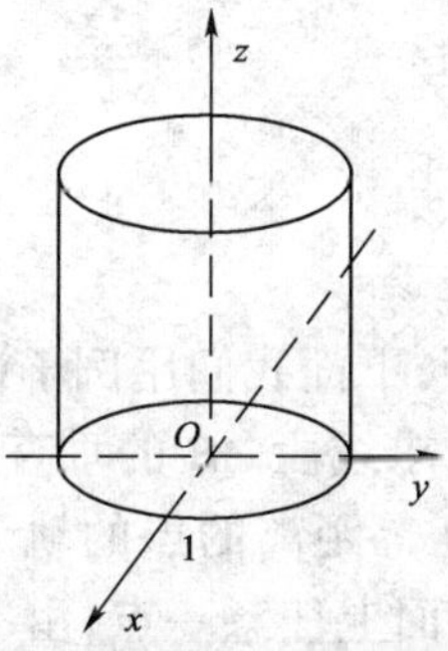

图 5-4

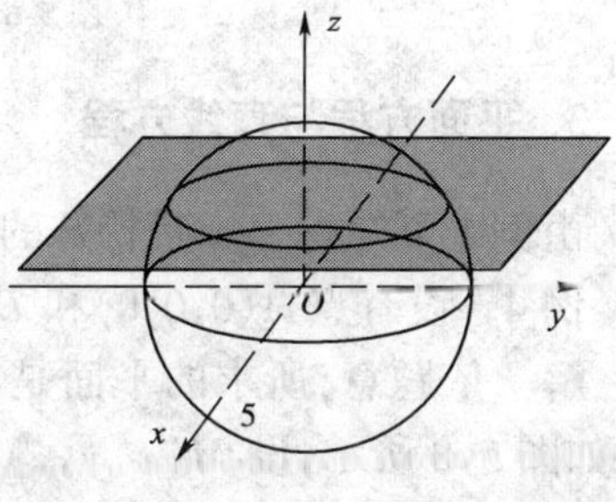

图 5-5

用“平行截面法”是研究空间曲面的一个重要方法，可以将空间曲面问题化为平面问题去分析、去认识，从而化难为易. “用已知认识未知”是学习数学和其他学科的重要方法.

2. 空间两点间的距离

建立了空间直角坐标系，就可以用坐标来计算空间任意两点间的距离.

设 $M_1(x_1,y_1,z_1)$ 和 $M_2(x_2,y_2,z_2)$ 为空间两点. 过点各作三个分别垂直于三条坐标轴的平面，这六个平面围成一个以 M_1M_2 为对角线的长方体(图 5-6).

由勾股定理得 $M_1M_2=\sqrt{M_1S^2+SM_2^2}$

注意到 $M_1S^2=PQ^2=PR^2+PQ^2$

其中：$PR=x_2-x_1$，$PQ=y_2-y_1$，$SM_2=z_2-z_1$，

因而 $|M_1M_2|\sqrt{(x_2-x_1)^2+(y_2-y_1)^2+(z_2-z_1)^2}$

上式又称为**空间两点间的距离公式**.

例 3 设动点到两点 $M_1(1,1,2)$和 $M_2(1,3,2)$的距离相等,求动点的轨迹方程.

解 设动点为 $M(x,y,z)$,依题意有,$|MM_1|=|MM_2|$,即$\sqrt{(x-1)^2+(y-1)^2+(z-2)^2}=\sqrt{(x-1)^2+(y-3)^2+(z-2)^2}$

两边平方、化简得 $y=2$.

这就是所求的方程,它代表的是一个平面(图 5-7).

一般地:$x=a$ 表示平行于 yOz 坐标面的平面,与 yOz 坐标面的距离为$|a|$.

$y=b$ 表示平行于 xOz 坐标面的平面,且与 xOz 坐标面的距离为$|b|$.

$z=c$ 表示平行于 xOy 坐标面的平面,且与 xOy 坐标面的距离为$|c|$.

而 $x=0,y=0,z=0$ 分别表示 yOz,xOz,xOy 三个坐标平面.

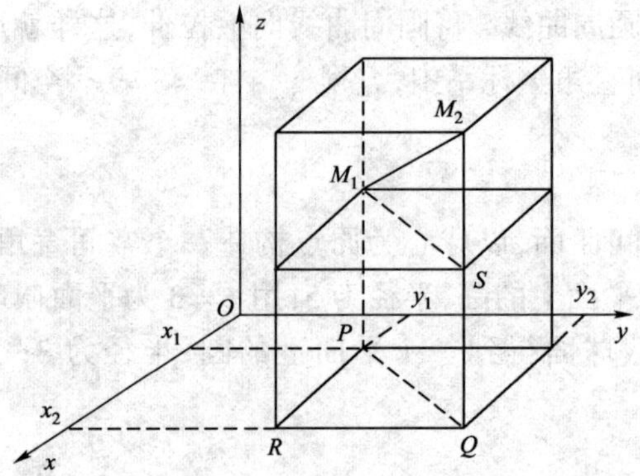

图 5-6

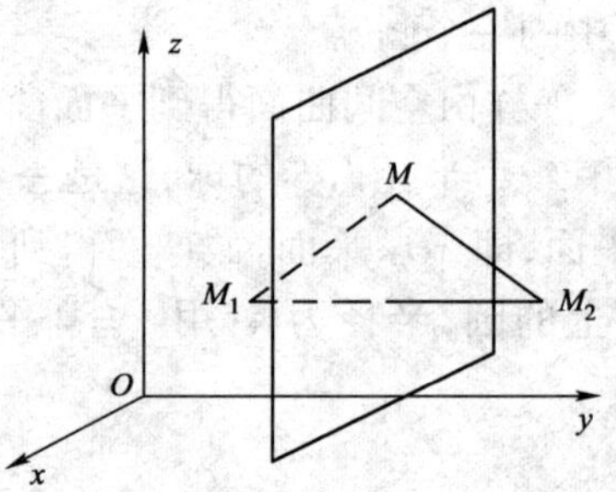

图 5-7

3. 平面方程与直线方程

由例 1 可知,$x=a$ 是特殊的平面方程,下面我们用例子讨论一般的平面方程.

例 4 设有点 $A(0,0,0)$和 $B(1,1,2)$,求线段 AB 的垂直平分面方程.

解 依题意,所求的平面是与 A 和 B 等距离的点的轨迹,如图 5-8 所示,设 $M(x,y,z)$为所求平面上任意一点,由于$|AM|=|BM|$,所以$\sqrt{(x-0)^2+(y-0)^2+(z-0)^2}=\sqrt{(x-1)^2+(y-1)^2+(z-2)^2}$,等式两边平方,化简得所求的平面方程为

$$x+y+2z-3=0$$

这是一个三元一次方程.

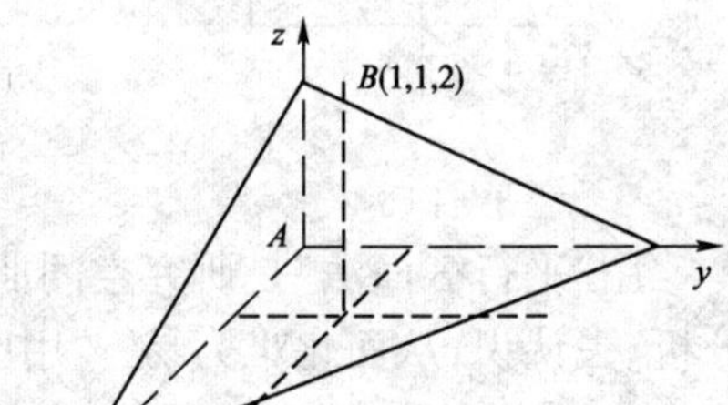

图 5-8

一般地,在空间直角坐标系中,任意一个三元一次方程

$Ax+By+Cz+D=0$,(其中 A、B、C 不同时为零)

都表示一个**平面方程**;反过来,任意一个平面的方程都是一个三元一次方程.

直线可看作两平面的交线.

设两相交的平面为

$\pi_1:A_1x+B_1y+C_1z+D_1=0$,

$\pi_2:A_2x+B_2y+C_2z+D_2=0$.

则空间直线为：

$$L:\begin{cases}A_1x+B_1y+C_1z+D_1=0,\\A_2x+B_2y+C_2z+D_2=0.\end{cases}$$

上式称为空间直线的一般方程.

例如，z 轴所在的直线方程为：$\begin{cases}x=0,\\y=0.\end{cases}$

4. 曲面方程与曲线方程

与平面解析几何中把平面曲线当作动点轨迹一样，在空间解析几何中，任何曲面都可以看作点的轨迹.在这样的意义下，如果曲面 S 与三元方程

$$F(x,y,z)=0$$

有如下关系：

(1) 曲面 S 上任一点的坐标都满足该三元方程.

(2) 不在曲面 S 上的点的坐标都不满足该三元方程.

那么，这个方程就叫做**曲面 S 的方程**，而曲面 S 叫做这个**方程的图形**(图 5-9).

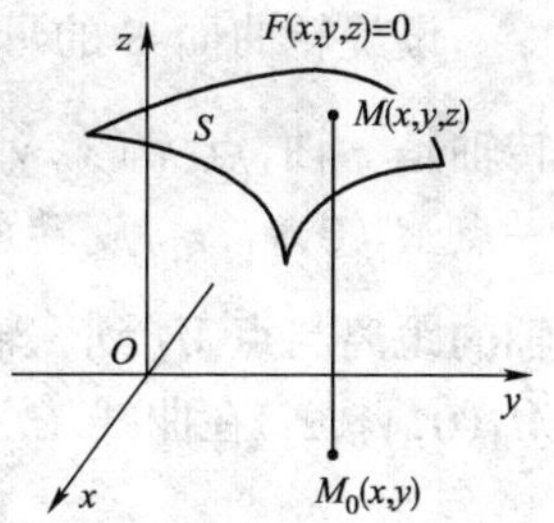

图 5-9

空间曲线可看作两曲面的交线.

故空间曲线可用两相交的曲面方程组表示为：

$$\Gamma:\begin{cases}F_1(x,y,z)=0,\\F_2(x,y,z)=0.\end{cases}$$

上式称为**空间曲线的一般方程**.

空间平面、直线可看作空间曲面、曲线的特殊情况.

下面介绍几种常见的曲面的方程：

1)球面

例 5 建立球心为点 $M_0(x_0,y_0,z_0)$、半径为 R 的球面方程.

解 设 $M(x,y,z)$是球面上的任意一点(图 5-10)，那么

$$|M_0M|=R$$

即$\sqrt{(x-x_0)^2+(y-y_0)^2+(z-z_0)^2}=R$，

整理得

$$(x-x_0)^2+(y-y_0)^2+(z-z_0)^2=R^2.$$

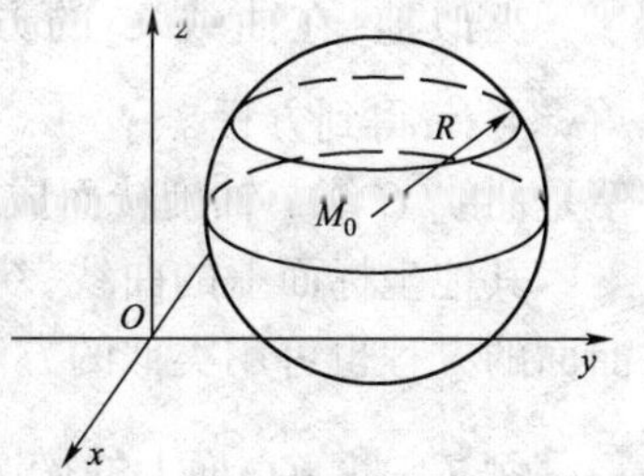

图 5-10

这就是球面上的点的坐标所满足的方程.而不在球面上的点的坐标都不满足这个方程.所以$(x-x_0)^2+(y-y_0)^2+(z-z_0)^2=R^2$ 就是球心为点 $M_0(x_0,y_0,z_0)$、半径为 R 的球面方程.

特殊地，球心在原点，那么 $x_0=y_0=z_0=0$，这时球面的方程为 $x^2+y^2+z^2=R^2$.

2)柱面

平行于定直线(如 z 轴)并沿定曲线 M 移动的直线 L 形成的轨迹叫做柱面，定曲线 M 叫**做柱面的准线**，动直线 L 叫做**柱面的母线**.

例 6 求作方程 $x^2+y^2=R^2$ 的图形.

解 方程 $x^2+y^2=R^2$ 在 xOy 平面上表示一个圆，但在空间直角坐标系中，它不含 z，这就

意味着 z 可以任意取值,只要 x 与 y 能满足 $x^2+y^2=R^2$ 就行了.因此,这个方程所表示的曲面,可以看成由平行于 z 轴的直线沿 xOy 平面上圆 $x^2+y^2=R^2$ 的移动而形成的圆柱面(图 5-11).

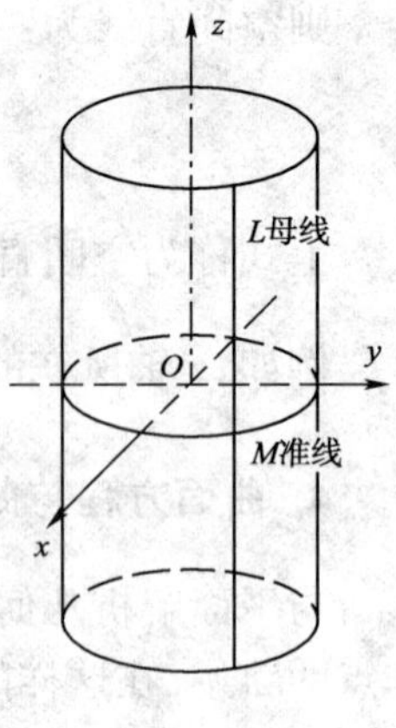

图 5-11

一般地,满足方程 $F(x,y)=0$ 的图形是母线平行于 z 轴的柱面;满足方程 $F(y,z)=0$ 的图形是母线平行于 x 轴的柱面;满足方程 $F(x,z)=0$ 的图形是母线平行于 y 轴的柱面.

例如,方程 $\frac{x^2}{a^2}-\frac{y^2}{b^2}=1$ 表示双曲柱面(图 5-12).

3)旋转曲面

以一条平面曲线 C 绕其平面上的一条定直线 L 旋转一周所成的曲面叫做**旋转曲面**。曲线 C 叫旋转曲面的**母线**,定直线叫叫旋转曲面的**轴**(或称旋转轴)。

我们主要讨论母线是坐标平面上的平面曲线,旋转轴是该坐标面上的一条坐标轴的旋转曲面。

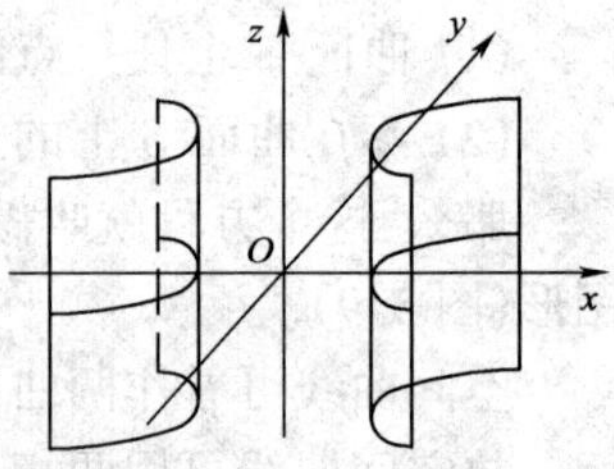

图 5-12

设旋转曲面 S 的母线是 yOz 面上的平面曲线 C:$\begin{cases}f(x,z)=0\\x=0\end{cases}$旋转轴是 z 轴,点 $M(x,y,z)$是曲面 S 上任意一点,它是由曲线 C 上一点 $M_1(0,y_1,z_1)$旋转面来的(图 5-13)。显然,$z=z_1$,又点 M 到 z 轴的距离与点 M_1 到 z 轴的距离相等,即有$\sqrt{x^2+y^2}=|y_1|$。由于点 $M_1(0,y_1,z_1)$在曲线 C 上,故

$$f(y_1,z_1)=0$$

所以,点 $M(x,y,z)$的坐标满足方程 $f(\pm\sqrt{x^2+y^2},z)=0$.

显然,不在曲面 S 上的点的坐标不会满足式(3),因此式(3)就是以曲线 C 为母线,z 轴为旋转轴的曲面 S 的方程。

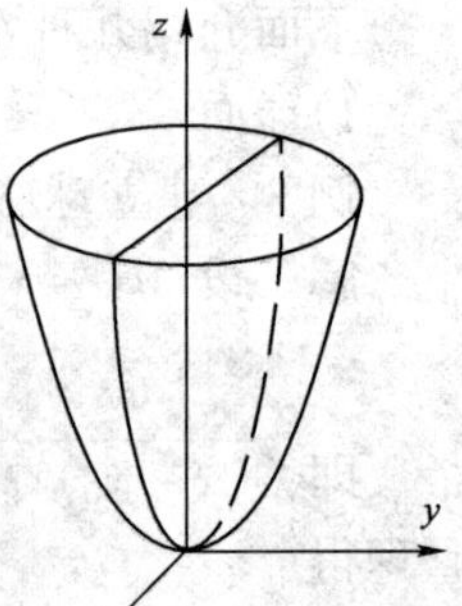

图 5-13

类似地,在曲线 C 的方程中,变量 y 保持不变,将变量 z 换成 $\pm\sqrt{x^2+z^2}$,得到方程 $f(y,\pm\sqrt{x^2+z^2})=0$
便是曲线 C 绕 y 轴旋转而成的曲面的方程。

其他坐标面上的曲线,绕该坐标面上的一条坐标轴旋转而成的旋转曲面的方程也可用类似的方法得到。

例 7 将 xOz 面上的椭圆$\frac{x^2}{a^2}+\frac{z^2}{b^2}=1$ 分别绕 z 轴和 x 轴旋转,求所形成的旋转曲面方程。

解 绕 z 轴旋转而成的旋转曲面方程为$\frac{x^2+y^2}{a^2}+\frac{z^2}{b^2}=1$

即$\frac{x^2}{a^2}+\frac{y^2}{a^2+}\frac{z^2}{b^2}=1$

绕 x 轴旋转而成的旋转曲面方程为:

$$\frac{x^2}{a^2}+\frac{y^2+z^2}{b^2}=1$$

即$\frac{x^2}{a^2}+\frac{y^2}{b^2}+\frac{z^2}{b^2}=1$

例 8 求 yOz 面上的抛物线 $y^2=2pz(p>0)$绕 z 轴旋转所形成的旋转抛物面的方程。

解 方程 $y^2=2pz$ 中的 z 不变,y 换成 $\pm\sqrt{x^2+y^2}$,便得到旋转抛物面的方程为

$$x^2+y^2=2pz$$

要讨论方程 $F(x,y,z)=0$ 所表示的空间曲面,一般可用“**平行截面法**”,即用一系列平行平面去截曲面,求得一系列的交线,对这些交线进行分析,就可看出曲面的轮廓.

习题 5.1

1. 设三点坐标分别为:$A(1,2,3)$,$B(1,2,-3)$,$C(-1,-2,3)$.

(1)在空间直角坐标系上画出各点的坐标;

(2)求 AC 的距离;

(3)求到点 A,B 等距离的点的轨迹方程.

2. 下面有 4 个方程,4 个图形,4 个曲面的名称,请指出与方程对应的图形和名称.

方程:(1)$z=x^2$;(2)$z=x^2+y^2$;(3)$z^2+y^2=4$;(4)$\frac{x^2}{9}+\frac{y^2}{16}+\frac{z^2}{4}=1$.

图形分别如图 5-14a)、图 5-14b)、图 5-14c)、图 5-14d)所示。

3. 在 yOz 坐标平面中的直线 $z=y$ 绕 z 轴旋转一周,求旋转曲面的方程.

4. 已知球面方程为 $2x^2+2y^2+2z^2-z=0$,求它的球心坐标和半径。

5. 求 yOz 面上的曲线 $2y^2+z=1$ 绕 z 轴旋转一周所形成的曲面方程。

6. 求 zOx 面上的抛物线 $z=x^2+1$ 绕 z 轴旋转一周所形成的旋转曲面方程。

7. 求 xOy 面上的直线 $x+y=1$ 绕 y 轴旋转一周所形成的旋转曲面方程。

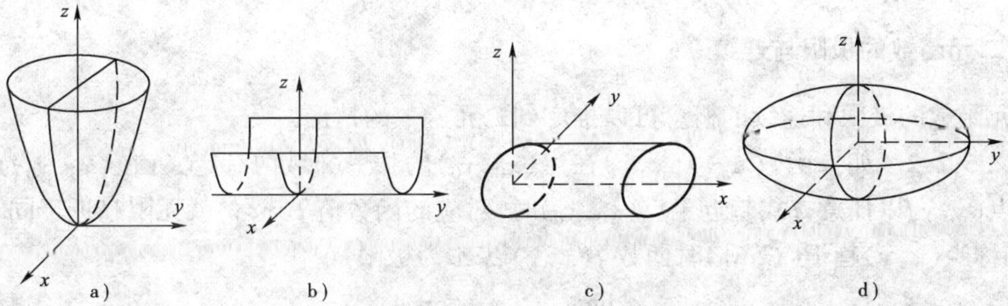

图 5-14 曲面名称

a)椭球面;b)圆柱面;c)旋转抛物面;d)抛物柱面

第二节 二元函数及其极限

1. 二元函数定义

在实际问题中,经常会遇到多个变量之间的依赖关系.

例如:圆柱体的体积 V 和它的底半径 r、高 h 之间具有关系:

$$v=\pi r^2h$$

这是一个以 r,h 为自变量，V 为因变量的二元函数.

定义 5.2.1 设有 3 个变量 x,y 和 z，如果当变量 x,y 在它们的变化范围 D 中任意取一对值时，变量 z 依照一定的对应规律，有唯一确定的值与之对应，则称 z 是变量 x,y 的**二元函数**，记为 $z=f(x,y)$. 变量 x,y 称为自变量；z 为函数；x,y 的变化范围 D 称为函数 z 的**定义域**.

二元函数 $z=f(x,y)$ 一般表示空间中的一个曲面，这一曲面是由点 $(x,y,f(x,y))$，$(x,y)\in D$ 组成的点集，这一曲面称为 $z=f(x,y)$ 的图形（图 5-15）.

例 求函数 $z=\sqrt{1-x^2-y^2}$ 的定义域.

解 函数的自变量 x,y 应满足 $1-x^2-y^2\geqslant 0$，

于是定义域是 $x^2+y^2\leqslant 1$.

即函数的定义域 $D=\{(x,y)\mid x^2+y^2\leqslant 1\}$，可用图 5-16 中带阴影的图形区域（连同圆周）表示.

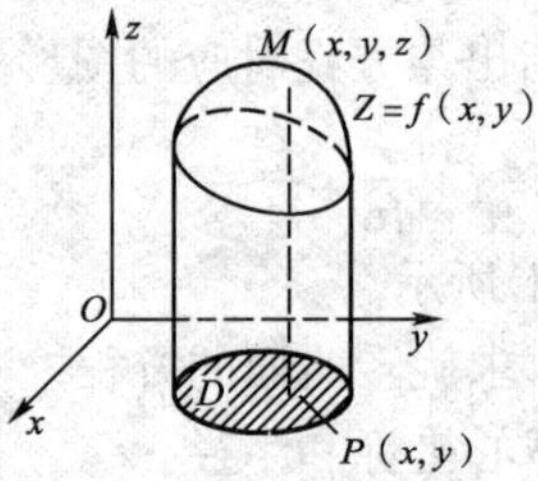

图 5-15

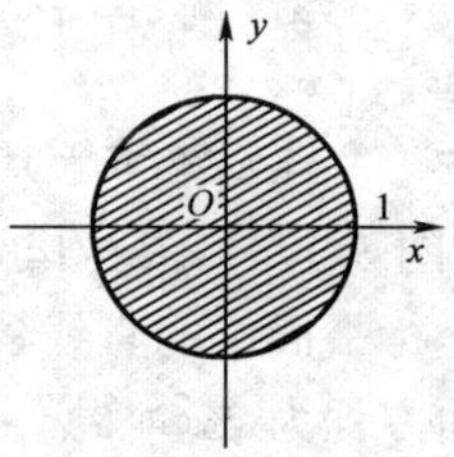

图 5-16

一元函数的定义域是数轴上的点集，一般为直线区间，其图形通常表示平面上的一条曲线. 而二元函数的定义域在几何上往往是一个平面区域，其图形通常表示空间的一个曲面.

2. 二元函数的极限与连续

一元函数的极限和连续的概念可以推广到二元函数的情形.

定义 5.2.2 如果函数 $z=f(x,y)$ 在点 (x_0,y_0) 的某一邻域内有定义（在 (x_0,y_0) 点可除外），当点 (x,y) 以任意方式趋近于点 (x_0,y_0) 时，对应的函数值 $f(x,y)$ 就无限趋近于同一个常数 A，则称当 (x,y) 趋于 (x_0,y_0) 时函数 $f(x,y)$ 以 A 为**极限**. 记作

$$\lim_{(x,y)\to(x_0,y_0)} f(x,y)=A\ .$$

当点 (x,y) 以任意方式无限趋于 (x_0,y_0)，是指平面上的点 (x,y) 以任何路径无限趋近 (x_0,y_0). 这比一元函数极限概念中 x 趋于 x_0 要复杂得多. 这里不作讨论.

定义 5.2.3 设函数 $z=f(x,y)$ 在点 (x_0,y_0) 的某一邻域内有定义，并且

$$\lim_{(x,y)\to(x_0,y_0)} f(x,y)=f(x_0,y_0),$$

则称函数 $f(x,y)$ 在点 (x_0,y_0) 处**连续**，否则称函数 $f(x,y)$ 在点 (x_0,y_0) 处**间断**. 点 (x_0,y_0) 称为该函数的**间断点**. 如果函数 $z=f(x,y)$ 在平面区域 D 内的每一点都连续，则称该函数在**区域 D 内连续**.

二元函数的连续性概念与一元函数类似，并且具有类似的性质：

(1)在区域 D 内连续的二元函数的图形是空间中的一个连续曲面；

(2)二元连续函数经过有限次的四则运算后仍为二元连续函数；

(3)定义在有界闭区域 D 上的连续函数 $f(x,y)$ 一定可以在 D 上取得最大值和最小值.

第三节　偏　导　数

1. 偏导数定义与计算

定义 5.3.1　若二元函数 $z=f(x,y)$ 在点 (x_0,y_0) 的某一邻域内有定义,且只有自变量 x 变化,而自变量 y 固定(即看作常量),这时,$z=f(x,y)$ 就成了一元函数,这个函数对于 x 的导数,就称之为二元函数 $f(x,y)$ 在点 (x_0,y_0) 处**对 x 的偏导数**.记作

$$f_x'(x_0,y_0),\text{或}\frac{\partial f(x_0,y_0)}{\partial x},\text{或}\frac{\partial z}{\partial x}\bigg|_{\substack{x=x_0\\y=y_0}},\text{或 } z'_x\bigg|_{\substack{x=x_0\\y=y_0}}.$$

类似地,有 $f(x,y)$ **对 y 的偏导数**,记作

$$f_y'(x_0,y_0),\text{或}\frac{\partial f(x_0,y_0)}{\partial y},\text{或}\frac{\partial z}{\partial y}\bigg|_{\substack{x=x_0\\y=y_0}},\text{或 } z'_y\bigg|_{\substack{x=x_0\\y=y_0}}.$$

如果函数 $z=f(x,y)$ 在平面区域 D 内的每一点 (x,y) 处都存在对 x(或 y)的偏导数,则称函数 $f(x,y)$ 在 D 内存在对 x(或 y)的**偏导函数**,记作

$$f_x'(x,y),\text{或}\frac{\partial f(x,y)}{\partial x},\text{或}\frac{\partial z}{\partial x},\text{或 } z_x',$$

$$f_y'(x,y),\text{或}\frac{\partial f(x,y)}{\partial y},\text{或}\frac{\partial z}{\partial y},\text{或 } z_y'.$$

求偏导数的方法与一元函数求导法类似.求 $z=f(x,y)$ 对于自变量 x(或 y)的偏导数时,只需将另一自变量 y(或 x)看作常数,直接利用一元函数求导公式和四则运算法则计算.求 $\frac{\partial z}{\partial x}$ 时,把 y 看作常数,而对 x 求导数;求 $\frac{\partial z}{\partial y}$ 时,把 x 看作常数,而对 y 求导数.

注意,$f_x'(x,y)$ 和 $f_x'(x_0,y_0)$ 的区别,$f_x'(x,y)$ 表示函数,而 $f_x'(x_0,y_0)$ 表示函数值.

显然,偏导数的概念可推广到二元以上的函数情形.

例 1　设 $f(x,y)=x^3-2x^2y+3y^4$

求　　$f_x'(x,y),f_y'(x,y),f_x'(1,1)$ 和 $f_y'(1,-1)$.

解　$f_x'(x,y)=(x^3-2x^2y+3y^4)'_x=3x^2-4xy$(把 y 看作常量),

$f_y'(x,y)=(x^3-2x^2y+3y^4)'_y=-2x^2+12y^3$(把 x 看作常量),

$f_x'(1,1)=3\times1^2-4\times1\times1=-1,$

$f_y'(1,-1)=-2\times1^2+12\times(-1)^3=-14.$

例 2　设 $z=(x^2+y^2)\ln(x^2+y^2)$,求 $\frac{\partial z}{\partial x},\frac{\partial z}{\partial y}$.

解
$$\begin{aligned}\frac{\partial z}{\partial x}&=(x^2+y^2)_x'\ln(x^2+y^2)+(x^2+y^2)[\ln(x^2+y^2)]_x'\\&=2x\ln(x^2+y^2)+(x^2+y^2)\cdot\frac{1}{(x^2+y^2)}\cdot(x^2+y^2)_x'\\&=2x\ln(x^2+y^2)+2x=2x[1+\ln(x^2+y^2)].\end{aligned}$$

类似可得

$$\frac{\partial z}{\partial y}=2y\ln(x^2+y^2)+(x^2+y^2)\cdot\frac{2y}{(x^2+y^2)}$$
$$=2y[1+\ln(x^2+y^2)].$$

例 3 求函数 $z=\frac{x^2y^2}{x-y}$在点(2,1)处在偏导数.

解 把 y 看成常数,对 x 求导,得

$$\frac{\partial z}{\partial x}=\frac{2xy^2(x-y)-x^2y^2}{(x-y)^2}=\frac{x^2y^2-2xy^3}{(x-y)^2},$$

所以$\left.\frac{\partial z}{\partial x}\right|_{\substack{x=2\\y=1}}=\frac{2^2\times1^2-2\times2\times1^3}{(2-1)^2}=0$

把 x 看成常数,对 y 求导,得

$$\frac{\partial z}{\partial y}=\frac{2x^2y(x-y)-(-1)x^2y^2}{(x-y)^2}=2\frac{x^3y-x^2y^2}{(x-y)^2},$$

所以 $$\left.\frac{\partial z}{\partial y}\right|_{\substack{x=2\\y=1}}=\frac{2\times2^3\times1-2^2\times1^2}{(2-1)^2}=12$$

2. 二阶偏导数定义与计算

由上面的例子可以看出:函数 $z=f(x,y)$对于 x 或 y 的偏导数仍是 x,y 的二元函数.

定义 5.3.2 如果$\frac{\partial z}{\partial x},\frac{\partial z}{\partial y}$对自变量 x 或 y 的偏导数也存在,则对偏导数的偏导数称为 $f(x,y)$的二阶偏导数,记为

$$\frac{\partial^2 z}{\partial x^2}=\frac{\partial}{\partial x}\left(\frac{\partial z}{\partial x}\right),\frac{\partial^2 z}{\partial x\partial y}=\frac{\partial}{\partial y}\left(\frac{\partial z}{\partial x}\right),\frac{\partial^2 z}{\partial y^2}=\frac{\partial}{\partial y}\left(\frac{\partial z}{\partial y}\right),\frac{\partial^2 z}{\partial y\partial x}=\frac{\partial}{\partial x}\left(\frac{\partial z}{\partial y}\right).$$

或简记为 $z''_{xx},z''_{xy},z''_{yy},z''_{yx}$或$f''_{xx},f''_{xy},f''_{yy},f''_{yx}$.

例 4 求函数 $z=x^3y^2-3xy^2-xy+1$ 的二阶偏导数.

解 $\frac{\partial z}{\partial x}=3x^2y^2-3y^2-y,\frac{\partial z}{\partial y}=2x^3y-6xy-x$

$$\frac{\partial^2 z}{\partial x^2}=6xy^2,\frac{\partial^2 z}{\partial x\partial y}=6x^2y-6y-1$$

$$\frac{\partial^2 z}{\partial y\partial x}=6x^2y-6y-1,\frac{\partial^2 z}{\partial y^2}=2x^3-6x.$$

例 5 设 $z=\arctan\frac{y}{x}$,求$\frac{\partial^2 z}{\partial x^2},\frac{\partial^2 z}{\partial x\partial y},\frac{\partial^2 z}{\partial y\partial x},\frac{\partial^2 z}{\partial y^2}$.

解 $\frac{\partial z}{\partial x}=\frac{1}{1+\left(\frac{y}{x}\right)^2}\cdot\left(\frac{y}{x}\right)'_x=\frac{1}{1+\left(\frac{y}{x}\right)^2}\cdot\left(-\frac{y}{x^2}\right)=\frac{-y}{x^2+y^2};$

$$\frac{\partial z}{\partial y}=\frac{1}{1+\left(\frac{y}{x}\right)^2}\cdot\frac{1}{x}=\frac{x}{x^2+y^2};$$

$$\frac{\partial^2 z}{\partial x^2}=\frac{2xy}{(x^2+y^2)^2};\frac{\partial^2 z}{\partial y^2}=\frac{-2xy}{(x^2+y^2)^2}.$$

$$\frac{\partial^2 z}{\partial x\partial y}=\left(\frac{-y}{x^2+y^2}\right)'_y=-\frac{(x^2+y^2)-2y^2}{(x^2+y^2)^2}=\frac{y^2-x^2}{(x^2+y^2)^2};$$

$$\frac{\partial^2 z}{\partial y\partial x}=\left(\frac{x}{x^2+y^2}\right)'_x=\frac{(x^2+y^2)-x\cdot2x}{(x^2+y^2)^2}=\frac{y^2-x^2}{(x^2+y^2)^2}.$$

例 4 和例 5 中的两个二阶混合偏导数$\frac{\partial^2 z}{\partial x\partial y}$及$\frac{\partial^2 z}{\partial y\partial x}$相等.

一般地,如果函数 $z=f(x,y)$区间 D 内的两个二阶混合偏导数$\frac{\partial^2 z}{\partial x\partial y}$及$\frac{\partial^2 z}{\partial y\partial x}$连续,则$\frac{\partial^2 z}{\partial x\partial y}=\frac{\partial^2 z}{\partial y\partial x}$.

习题 5.3

1. 求 $z=\sqrt{x-y}$的定义域.
2. 求 $z=\sqrt{x^2+y^2-1}+\ln(9-x^2-y^2)$的定义域.
3. 设 $z=x^2+y^2-3xy^3$,求在点(1,2)处的偏导数$\frac{\partial z}{\partial x}$与$\frac{\partial z}{\partial y}$的值.
4. 设 $z=\sin xy$,求 z'_x 与 z'_y.
5. 在满足气态方程 $PV=RT$(R 是常数)的条件下,验证热力学公式:

$$\frac{\partial P}{\partial V}\cdot\frac{\partial V}{\partial T}\cdot\frac{\partial T}{\partial P}=-1$$

6. 设 $f(x,y)=\ln\left(x+\frac{y}{2x}\right)$,求 $f'_x(1,0)$.
7. 设 $f(x,y)=x+y-\sqrt{x^2+y^2}$,求 $f'_x(3,4)$.
8. 设 $z=e^{-\left(\frac{1}{x}+\frac{1}{y}\right)}$,求证:$x^2\frac{\partial z}{\partial x}+y^2\frac{\partial z}{\partial y}=2z$.
9. 设 $z=\ln\sqrt{(x-a)^2+(y-b)^2}$ (a,b 为常数),求证:$\frac{\partial^2 z}{\partial x^2}+\frac{\partial^2 z}{\partial y^2}=0$.
10. 设 $z=e^x(\cos y+x\sin y)$,求$\left.\frac{\partial^2 z}{\partial x^2}\right|_{\substack{x=0\\ y=\frac{\pi}{2}}}$,$\left.\frac{\partial^2 z}{\partial x\partial y}\right|_{\substack{x=0\\ y=\frac{\pi}{2}}}$.
11. 设 $z=ye^x+xe^y$,求$\frac{\partial^2 z}{\partial x^2}$,$\frac{\partial^2 z}{\partial y\partial x}$,$\frac{\partial^2 z}{\partial x\partial y}$,$\frac{\partial^2 z}{\partial y^2}$.
12. 求函数 $z=e^{-x}\cos y$ 的二阶偏导数.

第四节 全 微 分

在一元函数微分学中,函数 $y=f(x)$的微分 $dy=f('x)dx$,并且当自变量 x 的改变量$|\Delta x|$很小时,函数相应的改变量 $\Delta y\approx dy$,二元函数也有类似的结论,先看一个例子.

例 1 矩形铁片放在太阳下晒,求“热胀”后面积的增加量(图 5-17).

解 设矩形的边长分别为 x,y.则矩形面积 $S=xy$.

图 5-17

如果边长 x,y 分别取得改变量$\Delta x,\Delta y$,则面积 S 的全增量:

$\Delta S=(x+\Delta x)(y+\Delta y)-xy=y\Delta x+x\Delta y+\Delta x\cdot\Delta y$.

当$|\Delta x|$与$|\Delta y|$很小时,$\Delta S\approx y\Delta x+x\Delta y$.

注意到式中 $y=S'_x$,$x=S'_y$,所以增量

$\Delta S\approx S'_x dx+S'_y dy$,

算式 $S'_x dx+S'_y dy$ 称为函数的**全微分**.

即 $ds\approx S'_x dx+S'_y dy$.

定义 5.4 若函数 $z=f(x,y)$ 在点 (x,y) 的某一邻域内有连续偏导数 $f_x'(x,y)$ 和 $f_y'(x,y)$，则称算式 $f_x'(x,y)\mathrm{d}x+f_x'(x,y)\mathrm{d}y$ 为函数 $z=f(x,y)$ 在点 (x,y) 处的全微分. 记作 $\mathrm{d}z$ 或 $\mathrm{d}f(x,y)$，即 $\mathrm{d}z=f_x'(x,y)\mathrm{d}x+f_x'(x,y)\mathrm{d}y$

由于全微分 $\mathrm{d}z$ 可以近似地表示全增量 Δz，于是

$$\Delta z=f(x+\Delta x,y+\Delta y)-f(x,y)\approx f_x'(x,y)\mathrm{d}x+f_x'(x,y)\mathrm{d}y,$$

或 $$f(x+\Delta x,y+\Delta y)\approx f(x,y)+f_x'(x,y)\mathrm{d}x+f_x'(x,y)\mathrm{d}y.$$

这一结论在近似计算中有一定的应用.

例 2 设 $z=e^{xy}$，求(1) $\mathrm{d}z$；(2)当 $x=1,y=1;\Delta x=0.01,\Delta y=0.01$ 时，求 $\mathrm{d}z$ 的值.

解 (1) $\dfrac{\partial z}{\partial x}=ye^{xy},\dfrac{\partial z}{\partial y}=xe^{xy}$，

所以 $\mathrm{d}z=\dfrac{\partial z}{\partial x}\mathrm{d}x+\dfrac{\partial z}{\partial y}\mathrm{d}y=e^{xy}(y\mathrm{d}x+x\mathrm{d}y)$.

(2)当 $x=1,y=1;\Delta x=0.01,\Delta y=0.02$ 时，

$$\mathrm{d}z=e(1\times0.01+1\times0.02)=0.03e\approx0.082.$$

例 3 求函数 $u=x^3+\sin\dfrac{y}{2}+e^{xy}$ 的全微分.

解 因 $\dfrac{\partial u}{\partial x}=3x^2+ye^{xy},\dfrac{\partial u}{\partial y}=\dfrac{1}{2}\cos\dfrac{y}{2}+xe^{xy}$，

则 $\mathrm{d}u=\dfrac{\partial u}{\partial x}\mathrm{d}x+\dfrac{\partial u}{\partial y}\mathrm{d}y=(3x^2+ye^{xy})\mathrm{d}x+(\dfrac{1}{2}\cos\dfrac{y}{2}+xe^{xy})\mathrm{d}y.$

例 4 计算 $2.02^{0.96}$ 的近似值.

解 设 $f(x,y)=x^y$，只需计算 $f(2.02,0.96)$

由 $$\frac{\partial f}{\partial x}=yx^{y-1},\frac{\partial f}{\partial y}=x^y\ln x$$

有 $$\mathrm{d}f=yx^{y-1}\mathrm{d}x+x^y\ln x\mathrm{d}y$$

当 $x=2,y=1;\Delta x=0.02,\Delta y=-0.04$ 时，

$$\mathrm{d}f=1\times2^{1-1}\times0.02+2\times\ln2\times(-0.04)=0.02-0.08\ln2,$$

于是，由公式 $f(x+\Delta x,y+\Delta y)\approx f(x,y)+f'_x(x,y)\mathrm{d}x+f'_y(x,y)\mathrm{d}y$

有 $$\begin{aligned}2.02^{0.96}&=f(2.02,0.96)\approx f(2,1)+f'_x(2,1)\mathrm{d}x+f'_y(2,1)\mathrm{d}y\\&=2+(0.02-0.08\ln2)\approx1.964\end{aligned}$$

例 5 当正圆锥体变形时，它的底面半径由 30cm 增大到 30.1cm，高由 60cm 减小到59.5 cm，求正圆锥体体积变化的近似值.

解 正圆锥体的体积为 $V=\dfrac{1}{3}\pi r^2h$

由于 $$\mathrm{d}V=\frac{\partial V}{\partial r}\Delta r+\frac{\partial V}{\partial h}\Delta h=\frac{2}{3}\pi rh\Delta r+\frac{1}{3}\pi r^2\Delta h$$

由公式 $\Delta z\approx f_x'(x,y)\Delta x+f_y'(x,y)\Delta y$

有 $$\Delta V\approx\frac{2}{3}\pi rh\Delta r+\frac{1}{3}\pi r^2\Delta h$$

把 $r=30,\Delta r=0.1,h=60,\Delta h=-0.5$ 代入上式，得到正圆锥体体积的变化的近似值

$$\Delta V\approx\frac{2}{3}\pi\times30\times60\times0.1+\frac{1}{3}\pi\times30^2\times(-0.5)=-30\pi(\mathrm{cm}^3)$$

所以正圆锥体的体积约减小了 $30\pi\,\mathrm{cm}^3$.

习题 5.4

1. 填空题

(1)设 $z=\sqrt{\frac{x}{y}}$,则 $dz=$ ____________;

(2)设 $f(x,y)=x^3y^3$,则 $df\Big|_{\substack{x=1\\y=-2}}=$ ____________;

(3)设 $z=xy,x=1,y=2,\Delta x=0.1,\Delta y=0.2$,则 $\Delta z=$ ____________,$dz=$ ____________.

2. 求 $z=\ln(x^2+y^2)$的全微分.

3. 求 $z=e^x\sin(x+y)$的全微分.

4. 求函数 $z=2x^2+3y^2$ 当 $x=10,y=8,\Delta x=0.2,\Delta y=0.3$ 时的全微分和全增量.

5. 求函数 $z=e^{y(x^2+y^2)}$当 $x=1,y=1,\Delta x=0.2,\Delta y=0.1$ 时的全微分.

6. 设有一圆柱体,它经变形后,底面半径 r 由 2cm 增加到 2.05cm,高 h 由 10cm 减少到9.8 cm,求这个圆柱体体积变化的近似值.

7. 计算$(1.04)^{2.02}$的近似值.

第五节　二元函数偏导数的应用

1. 二元函数的极值

在一元函数中,利用函数的导数讨论了函数的极值与最值问题,类似地利用偏导数可分析二元函数的极值和最大(最小)值.

定义 5.5　设函数 $z=f(x,y)$在点(x_0,y_0)的某一邻域内有定义,如果对邻域内的任意异于(x_0,y_0)的点(x,y),总有 $f(x,y)<f(x_0,y_0)$,则称 $f(x_0,y_0)$是函数 $f(x,y)$的**极大值**;如果总有 $f(x,y)>f(x_0,y_0)$,则称 $f(x_0,y_0)$是函数 $f(x,y)$的**极小值**.

例 1　通过图像观察下述函数在原点(0,0)是否取得极值.

(1)$z=x^2+y^2$,图形如图 5-18 所示;

(2)$z=-\sqrt{x^2+y^2}$,图形如图 5-19 所示;

(3)$z=-x^2+y^2$,图形如图 5-20 所示.

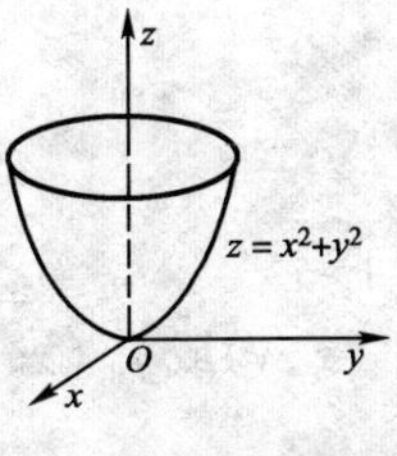

图 5-18

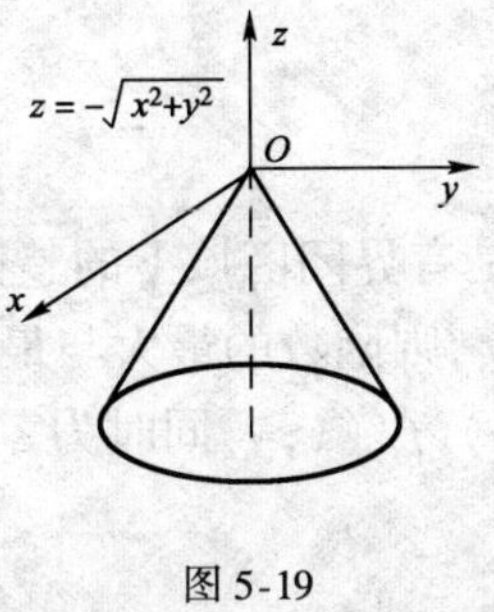

图 5-19

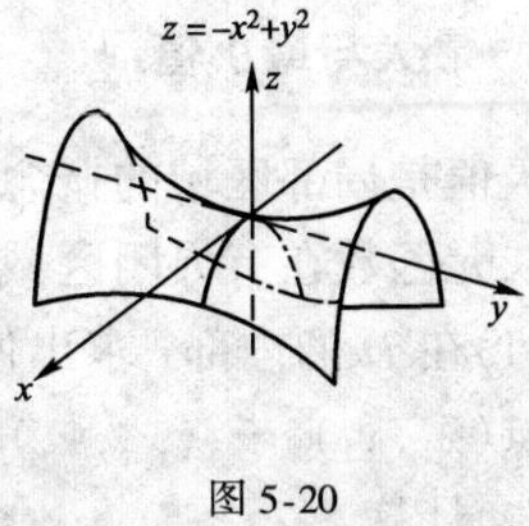

图 5-20

解　由它们的几何图形可知:

(1)$z=x^2+y^2$ 是开口向上的旋转抛物面,在(0,0)取得极小值;

(2) $z=-\sqrt{x^2+y^2}$是开口向下的锥面,在(0,0)取得极大值;

(3) $z=-x^2+y^2$ 是双曲抛物面(也称马鞍面),在(0,0)不取得极值.

例 2 求 $f(x,y)=\sqrt{4-x^2-y^2}$的极值.

解 $z=f(x,y)$在点(0,0)的某邻域内,

对任意的点$(x,y)\neq(0,0)$,有

$$f(x,y)=\sqrt{4-x^2-y^2}<\sqrt{4}=2=f(0,0)$$

所以,函数 $f(x,y)$在(0,0)处有极大值 $f(0,0)=2$.

这一结论的几何意义是上半球面的顶点.

当函数比较简单时,可以利用定义直接判断.对于一般的二元函数极值问题,则可以利用下述定理进行计算.这些定理是一元函数极值理论的推广.

定理 5.6(极值存在的充分条件) 如果函数 $z=f(x,y)$在点(x_0,y_0)的某一邻域内有二阶连续偏导数,且 $f_x'(x_0,y_0)=0$, $f_y'(x_0,y_0)=0$,此时称点(x_0,y_0)为**驻点**.记

$A=f_{xx}''(x_0,y_0)$, $B=f_{xy}''(x_0,y_0)$, $C=f_{yy}''(x_0,y_0)$,则

(1)当 $B^2-AC<0$,且 $A<0$ 时,则 $f(x_0,y_0)$是极大值;

(2)当 $B^2-AC<0$,且 $A>0$ 时,则 $f(x_0,y_0)$是极小值;

(3)当 $B^2-AC>0$ 时,则 $f(x_0,y_0)$不取得极值;

(4)当 $B^2-AC=0$ 时,不能判定 $f(x_0,y_0)$是否为极值.

注意:此定理是充分条件,而偏导不存在的点也可能是极值点(如例 1 中第(2)小题).

例 3 求函数 $f(x,y)=x^3-y^3+3x^2+3y^2-9x$ 的极值.

解 先求偏导数,并解方程组找驻点,

$$\begin{cases}f_x'=3x^2+6x-9=3(x-1)(x+3)=0,\\ f_y'=-3y^2+6y=-3y(y-2)=0.\end{cases}$$

求出全部驻点为(1,0),(1,2),(-3,0),(-3,2),再求二阶偏导数 $A=f''_{xx}=6x+6$, $B=f''_{xy}=0$, $C=f''_{yy}=-6y+6$.

在点(1,0)处, $B^2-AC=0-12\times6=-72<0$, $A=12>0$ 函数取得极小值 $f(1,0)=-5$;

在点(1,2)处, $B^2-AC=0-12\times(-6)=72>0$, 函数不取得极值;

在点(-3,0)处, $B^2-AC=0-(-12)\times6=72>0$,函数不取得极值;

在点(-3,2)处, $B^2-AC=0-(-12)\times(-6)=-72<0$, $A=-12<0$, 函数取得极大值 $f(-3,2)=31$.

2. 最大与最小值

极值是局部区域的概念,而最值是有界闭区域上的整体的概念.

二元函数在有界闭区域 D 上连续,则函数的最大与最小值求法如下:

(1)在 D 的内部, 求出使 $f_x'(x,y)$, $f_y'(x,y)$同时为零的点及使 $f_x'(x,y)$或 $f_y'(x,y)$不存在的点$(x_1,y_1),\cdots,(x_n,y_n)$;

(2)计算 $f(x_1,y_1),\cdots,f(x_n,y_n)$;

(3)求出 $f(x,y)$在 D 的边界上的最值;

(4)比较上述函数值的大小,最大者便是函数在 D 上的最大值;最小者便是函数在 D 上的

最小值.

例 4 某厂要用铁板做成一个体积为 2m^3 的有盖长方体水箱，当长、宽、高各取怎样的尺寸时，才能用料最省？

解 设有盖长方体水箱的长、宽、高分别为 x,y,z

据已知条件有：
$$x\cdot y\cdot z=2,z=\frac{2}{xy},$$

设用料为 A，则 $A=2(xy+xz+yz)$，得

$$A=2(xy+x\frac{2}{xy}+y\frac{2}{xy})=2(xy+\frac{2}{y}+\frac{2}{x}).$$

$$令\begin{cases}A'_x=2(y-\dfrac{2}{x^2})=0,\\ A'_y=2(x-\dfrac{2}{y^2})=0.\end{cases}$$

解方程组得唯一驻点 $x=y=\sqrt[3]{2}$.

根据问题的实际背景，水箱所用材料面积的最小值一定存在，并在开区域 $D:x>0,y>0$ 内取得，又函数在 D 内只有唯一的驻点，因此，可断定当 $x=y=\sqrt[3]{2}$时，取得最小值.

故当水箱的长、宽、高分别为$\sqrt[3]{2}$时所用材料最省，此时的最小表面积为 $6(\sqrt[3]{2})^2$.

一般地，当实际应用问题只有唯一的驻点，我们即可由实际问题的背景判断是最大或最小值.

习题 5.5

1. 求函数 $z=x^3+y^3-3xy$ 的极值.
2. 求函数 $z=x^3+3xy^2-15x-12y$ 的极值.
3. 验证函数 $z=y^2-x^2$ 在(0,0)处无极值点.
4. 求函数 $z=(x-1)^2+(y-4)^2$ 的极值.
5. 求函数 $f(x,y)=(6x-x^2)(4y-y^2)$的极值.
6. 设某工厂生产甲、乙两种产品，其销售价格分别为 $P_1=12$(单位:万元)，$P_2=18$(单位:万元)，总成本 C 是两种产品的产量 x 和 y(单位:百台)的函数 $C(x,y)=2x^2+xy+2y^2$，问当两种产品的产量为多少时，可获最大利润，最大利润是多少？

第六节 二重积分及其应用

1. 二重积分的定义

在学习一元函数定积分时，我们了解到定积分的主要思想是对所求问题的整体进行分割，将所求量细分为部分量，求各部分量的近似值，累积各部分量的近似值得整体近似值，取极限得整体的精确值. 二重积分是定积分的推广，也是运用“分割，求近似值，累积和，取极限”的思想.

例 1 根据图 5-21，求以曲面 $z=f(x,y)$为曲顶，以 D 为底的曲顶柱体的体积 V.

解 (1)细分曲顶柱体：如图 5-21，将区域 D 细分为 n 个面积分别为 $\Delta\sigma_1,\Delta\sigma_2,\cdots,\Delta\sigma_n$ 的小区域，相应的曲顶柱体被细分为 n 个小曲顶柱体，它们的体积分别记为 $\Delta V_1,\Delta V_2,\cdots,\Delta V_n$.

(2)求各小曲顶柱体体积 ΔV_i 的近似值：在每个 $\Delta\sigma_i$ 中任取一点 (x_i, y_i)，以 $f(x_i, y_i)$为高、$\Delta\sigma_i$ 为底的平顶柱体的体积作相应的小曲顶柱体体积的近似值，即 $\Delta V_i = f(x_i, y_i)\Delta\sigma_i \qquad (i=1,2,\cdots,n)$.

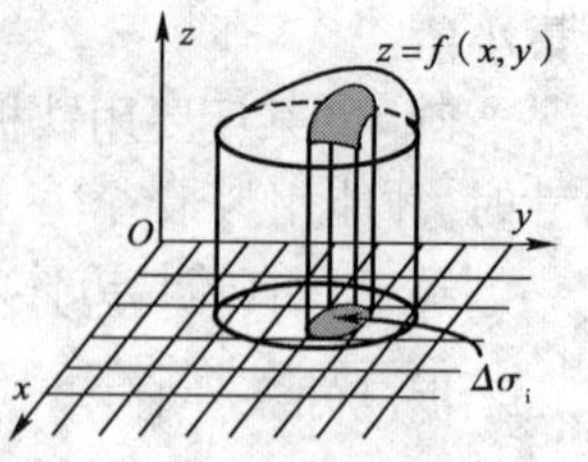

图 5-21

(3)求曲顶柱体体积 V 的近似值：$V = \sum\limits_{i=1}^{n}\Delta V_i \approx \sum\limits_{i=1}^{n} f(x_i, y_i)\Delta\sigma_i$.

(4)取极限，得 V 的精确值：$V = \lim\limits_{\Delta\sigma\to 0}\sum\limits_{i=1}^{n} f(x_i, y_i)\Delta\sigma_i$.

例 1 经历了将所求量细分、局部近似代替、整体近似代替，进而通过取极限求得其精确值 4 个步骤，并得到了一个结构特殊的和式的极限. 若抛开例子的实际意义，则我们解决问题的方法及所得的结论可归结为：已知区域 D 上的函数 $f(x,y)$，将区域 D 细分为 n 个小区域，然后在每个小区域上作“函数值与小区域面积的乘积”，将这些乘积“累加”后取极限，得到了一个“特殊和式”的极限，这一特殊和式的极限，称为函数 $f(x,y)$在区域 D 上的二重积分.

定义 5.6 设 $f(x,y)$是有界闭区域 D 上的有界函数，将区域 D 任意分割成 n 个小闭区域 $\Delta\sigma_1, \Delta\sigma_2, \cdots, \Delta\sigma_n$ 其中 $\Delta\sigma_i$ 表示第 i 个小闭区域，也表示它的面积. 在每个 $\Delta\sigma_i$ 上任取一点 (x_i, y_i)，作乘积 $f(x_i, y_i)\Delta\sigma_i (i=1,2,\cdots,n)$，得和式 $\sum\limits_{i=1}^{n} f(x_i, y_i)\Delta\sigma_i$，若极限 $\lim\limits_{\Delta\sigma\to 0}\sum\limits_{i=1}^{n} f(x_i, y_i)\Delta\sigma_i$ 存在. 则此极限值称为函数 $f(x,y)$在区域 D 上的**二重积分**，记为：$\iint\limits_D f(x,y)\mathrm{d}\sigma$ 或 $\iint\limits_D f(x,y)\mathrm{d}x\mathrm{d}y$

即 $\iint\limits_D f(x,y)\mathrm{d}\sigma = \lim\limits_{\Delta\sigma\to 0}\sum\limits_{i=1}^{n} f(x_i, y_i)\Delta\sigma_i$

其中 $\iint$ 是二重积分号，$f(x,y)$称为**被积函数**，$f(x,y)\mathrm{d}\sigma$ 称为**被积表达式**，x 与 y 称为**积分变量**，D 称为**积分区域**.

2. 二重积分的几何意义

由例 1 可知，二重积分 $\iint\limits_D f(x,y)\mathrm{d}\sigma$ 在几何上表示以区域 D 为底、曲面 $z=f(x,y)$为顶的曲顶柱体的体积. 即

$$V = \iint\limits_D f(x,y)\mathrm{d}\sigma$$

3. 二重积分的运算性质

性质 1 被积函数的常数因子可以提到二重积分号的外面，即

$$\iint\limits_D Kf(x,y)\mathrm{d}\sigma = \iint\limits_D Kf(x,y)\mathrm{d}\sigma$$

性质 2 函数的和(或差)的二重积分等于各个函数的二重积分的和(或差)，即

$$\iint\limits_D [f(x,y) \pm g(x,y)]\mathrm{d}\sigma = \iint\limits_D f(x,y)\mathrm{d}\sigma \pm \iint\limits_D g(x,y)\mathrm{d}\sigma$$

性质 3 如果闭区域 D 被曲线分为两个闭区域 D_1、D_2，则 D 上的二重积分等于闭区域

D_1、D_2 上的二重积分之和，即

$$\iint\limits_D [f(x,y) \pm g(x,y)]\mathrm{d}\sigma = \iint\limits_{D_1} f(x,y)\mathrm{d}\sigma \pm \iint\limits_{D_2} g(x,y)\mathrm{d}\sigma.$$

性质 2 和性质 3 可以推广到 n 个的情形.

4. 二重积分的计算

二重积分的计算方法是把重积分转化为定积分来求，即把二重积分化为“先对 x 后对 y”或“先对 y 后对 x”的二次定积分来求. 具体先对哪个变量积分，视积分区域 D 而定，归纳如下：

(1)区域 D 由直线 $x=a$、$x=b$ 及曲线 $y=\varphi_1(x)$、$y=\varphi_2(x)$所围成(图 5-22)，即 $D=\{(x,y)\mid a\leqslant x\leqslant b, \varphi_1(x)\leqslant y\leqslant \varphi_2(x)\}$，则“先对 y 后对 x”求积分：

$$\iint\limits_D f(x,y)\mathrm{d}x\mathrm{d}y = \int_a^b\left[\int_{\varphi_1(x)}^{\varphi_2(x)} f(x,y)\mathrm{d}y\right]\mathrm{d}x.$$

习惯上，可去掉方括号把 $\mathrm{d}x$ 写在前，记为

$$\iint\limits_D f(x,y)\mathrm{d}x\mathrm{d}y = \int_a^b \mathrm{d}x\int_{\varphi_1(x)}^{\varphi_2(x)} f(x,y)\mathrm{d}y$$

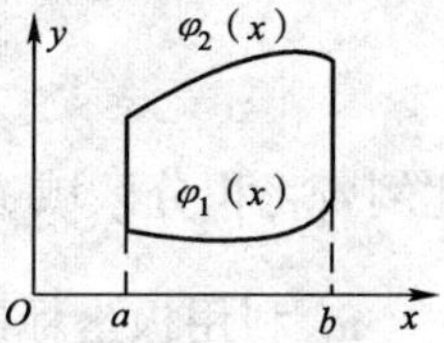

图 5-22

(2)区域 D 是由直线 $y=c$、$y=d$ 及曲线 $x=\Psi_1(y)$、$x=\Psi_2(y)$所围成(图 5-23)，即 $D=\{(x,y)\mid \Psi_1(y)\leqslant x\leqslant \Psi_2(y), c\leqslant y\leqslant d\}$，则“先对 x 后对 y”求积分：

$$\iint\limits_D f(x,y)\mathrm{d}x\mathrm{d}y = \int_c^d\left[\int_{\Psi_1(y)}^{\Psi_2(y)} f(x,y)\mathrm{d}x\right]\mathrm{d}y = \int_c^d \mathrm{d}y\int_{\Psi_1(y)}^{\Psi_2(y)} f(x,y)\mathrm{d}x$$

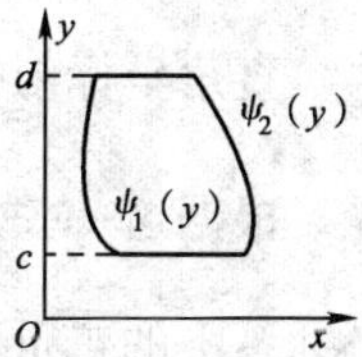

图 5-23

(3)如果区域 D 不是以上两种情形(即有 $a\leqslant x\leqslant b$，或 $c\leqslant y\leqslant d$ 之一)，可将 D 分割，使各部分符合以上两种情形后计算.

例 2 计算 $\iint\limits_D\left(1-\frac{x}{4}-\frac{y}{3}\right)\mathrm{d}\sigma$，其中 D 是矩形区域：$-2\leqslant x\leqslant 2$，$-1\leqslant y\leqslant 1$.

解 因为 $D=\{(x,y)\mid -2\leqslant x\leqslant 2, -1\leqslant y\leqslant 1\}$，所以既可“先对 x 后对 y”积、也可“先对 y 后对 x”积. 此处选择先对 y 积分.

$$\iint\limits_D\left(1-\frac{x}{4}-\frac{y}{3}\right)\mathrm{d}\sigma = \int_{-2}^2\mathrm{d}x\int_{-1}^1\left(1-\frac{x}{4}-\frac{y}{3}\right)\mathrm{d}y$$

$$=\int_{-2}^2\left[y-\frac{xy}{4}-\frac{y^2}{6}\right]_{-1}^1\mathrm{d}x = \int_{-2}^2\left(2-\frac{x}{2}\right)\mathrm{d}x = \left[2x-\frac{x^2}{4}\right]_{-2}^2 = 8$$

例 3 计算二重积分 $\iint\limits_D xy^2\mathrm{d}x\mathrm{d}y$，其中区域 D 由 $x=0$，$x=1$ 和 $y=x^2$，$y=x$ 围成.

解 如图 5-24，积分区域 $D=\{(x,y)\mid 0\leqslant x\leqslant 1, x^2\leqslant y\leqslant x\}$，于是先对 y 后对 x 积分.

$$\iint\limits_D xy^2\mathrm{d}x\mathrm{d}y = \int_0^1\mathrm{d}x\int_{x^2}^x xy^2\mathrm{d}y = \int_0^1\left[\frac{xy^3}{3}\right]_{x^2}^x\mathrm{d}x$$

$$=\int_0^1\frac{x^4-x^7}{3}\mathrm{d}x = \frac{1}{3}\left[\frac{x^5}{5}-\frac{x^8}{8}\right]_0^1 = \frac{1}{3}\left(\frac{1}{5}-\frac{1}{8}\right) = \frac{1}{40}$$

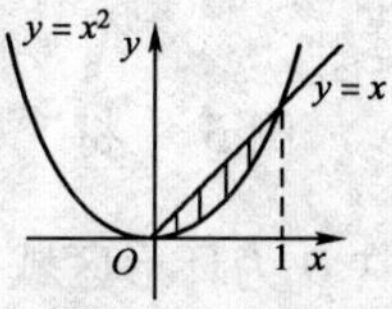

图 5-24

例 4 计算 $\iint\limits_D xy\mathrm{d}\sigma$，其中 D 是由抛物线 $y^2=x$ 和直线 $y=x-2$ 所围成的闭区域.

解 如图 5-25，解方程组 $\begin{cases}y^2=x\\y=x-2\end{cases}$，得两曲线交点 $(1,-1)$ 和 $(4,2)$，

因此积分区域 $D=\{(x,y)\mid y^2\leqslant x\leqslant y+2,-1\leqslant y\leqslant 2\}$，

先对 x 积分

$$\iint\limits_D xy\mathrm{d}\sigma=\int_{-1}^{2}\mathrm{d}y\int_{y^2}^{x+2}xy\mathrm{d}x=\int_{-1}^{2}\left[\frac{x^2y}{2}\right]_{y^2}^{y+2}\mathrm{d}y$$

$$=\frac{1}{2}\int_{-1}^{2}y[(y+2)^2-y^4]\mathrm{d}y$$

$$=\frac{1}{2}\left[\frac{y^4}{4}+\frac{4}{3}y^3+2y^2-\frac{y^6}{6}\right]_{-1}^{2}=5\frac{5}{8}.$$

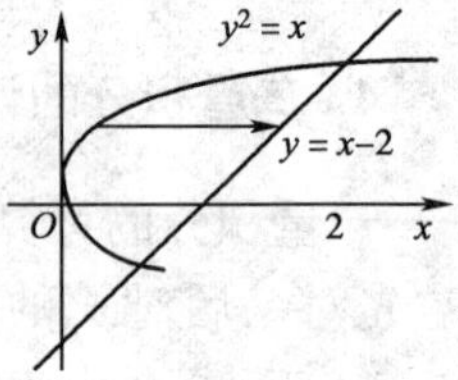

图 5-25

此例若将积分区域 D 适当进行分割后，也可先对 y 积分.

5. 利用极坐标把二重积分化为两次定积分

有些二重积分利用极坐标计算比较方便.

在极坐标系中，平面内的点可用极坐标表示(图 5-26)，如 $M,(r,\theta)$. 平面曲线可用极坐标方程 $r=r(\theta)$ 表示.

直角坐标与极坐标之间具有关系 $\begin{cases}x=r\cos\theta\\y=r\sin\theta\end{cases}$.

根据这一关系，可将直角坐标系下的二重积分 $\iint\limits_D(x,y)\mathrm{d}\sigma$ 化为极坐标系下的二重积分来求.

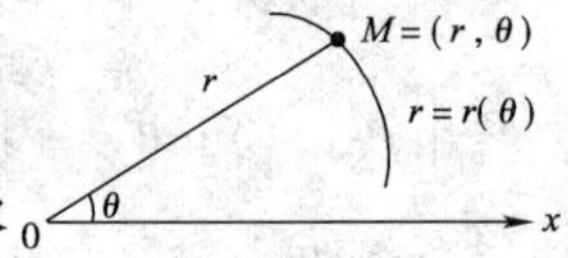

图 5-26

即 $\iint\limits_D(x,y)\mathrm{d}\sigma=\iint\limits_D f(r\cos\theta,r\sin\theta)r\mathrm{d}r\mathrm{d}\theta$

极坐标系下二重积分的计算方法是将二重积分化为“先对 r 后对 θ”的二次定积分来求. 下面就积分区域 D 的两种情况，说明如何将极坐标系下的二重积分化为二次积分.

(1)极点 θ 在区域 D 之外，D 由 $\theta=\alpha,\theta=\beta,r=r_1(\theta)$ 和 $r=r_2(\theta)$ 围成(图 5-27)，

即 $D=\{(r,\theta)\mid\alpha\leqslant\theta\leqslant\beta,r_1(\theta)\leqslant r\leqslant r_2(\theta)\}$ 时，计算式为

$$\iint\limits_D f(r\cos\theta,r\sin\theta)r\mathrm{d}r\mathrm{d}\theta=\int_\alpha^\beta\mathrm{d}\theta\int_{r_1(\theta)}^{r_2(\theta)}f(r\cos\theta,r\sin\theta)r\mathrm{d}r$$

(2)极点 θ 在区域 D 之内. 区域由 $r=r(\theta)$ 所围成(图 5-28)，即：

$D=\{(r,\theta)\mid 0\leqslant\theta\leqslant 2\pi,0\leqslant r\leqslant r(\theta)\}$ 时，计算式为

$$\iint\limits_D f(r\cos\theta,r\sin\theta)r\mathrm{d}r\mathrm{d}\theta=\int_0^{2\pi}\mathrm{d}\theta\int_0^{r(\theta)}f(r\cos\theta,r\sin\theta)r\mathrm{d}r$$

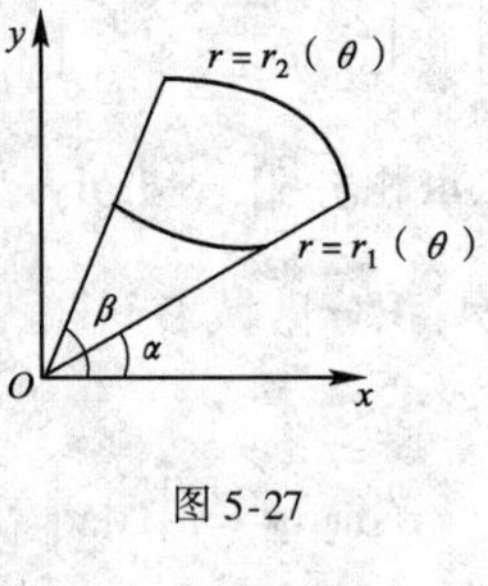

图 5-27

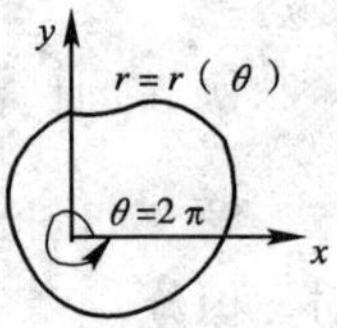

图 5-28

例 5 将二重积分 $\iint\limits_D f(x,y)\mathrm{d}\sigma$ 化为二次积分，其中 D 为环形区域：$1\leqslant x^2+y^2\leqslant 4$.

解 如图 5-29 所示，极点 θ 在区域 D 之外，$D=\{(r,\theta)\mid 0\leqslant\theta\leqslant 2\pi,1\leqslant r\leqslant 2\}$.

于是 $\iint\limits_D f(x,y)\mathrm{d}\sigma = \int_0^{2\pi}\mathrm{d}\theta\int_1^2 f(r\cos\theta, r\sin\theta)r\mathrm{d}r$.

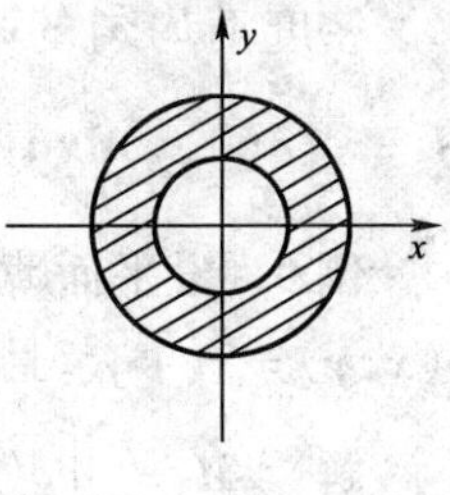

图 5-29

例 6 计算 $\iint\limits_D e^{-x^2-y^2}d\sigma$ 其中 D 为圆 $r=a$ 围成的平面区域.

解 如图 5-30 所示，极点 θ 在区域 D 内. $D=\{(r,\theta)\mid 0\leqslant\theta\leqslant 2\pi, 0\leqslant r\leqslant a\}$.

于是

$$\begin{aligned}\iint\limits_D e^{-x^2-y^2}\mathrm{d}\sigma &= \iint\limits_D e^{-r^2}r\mathrm{d}r\mathrm{d}\theta \\ &= \int_0^{2\pi}\mathrm{d}\theta\int_0^a e^{-r^2}r\mathrm{d}r = \int_0^{2\pi} -\frac{1}{2}\left[e^{-r^2}\right]_0^a\mathrm{d}\theta \\ &= \int_0^{2\pi}\frac{1}{2}(1-e^{-a^2})\mathrm{d}\theta = \pi(1-e^{-a^2}).\end{aligned}$$

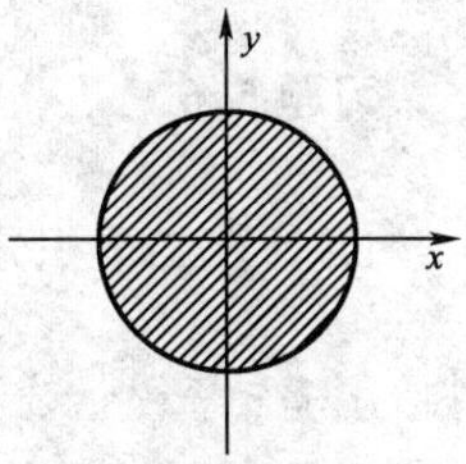

图 5-30

6. 二重积分的简单应用

(1)计算面积：xOy 平面区域 D 的面积 $A=\iint\limits_D\mathrm{d}x\mathrm{d}y$.

例 7 求 xOy 平面上由曲线 $y=x^2$ 与 $y=4x-x^2$ 所围成的区域 D 的面积.

解 如图 5-31，$D=\{(x,y)\mid 0\leqslant x\leqslant 2, x^2\leqslant y\leqslant 4x-x^2\}$，

所以 $A=\iint\limits_D\mathrm{d}x\mathrm{d}y=\int_0^2\left[\int_{x^2}^{4x-x^2}\mathrm{d}y\right]\mathrm{d}x$

$$=\int_0^2[4x-2x^2]\mathrm{d}x=\left(2x^2-\frac{2}{3}x^3\right)\Big|_0^2=\frac{8}{3}.$$

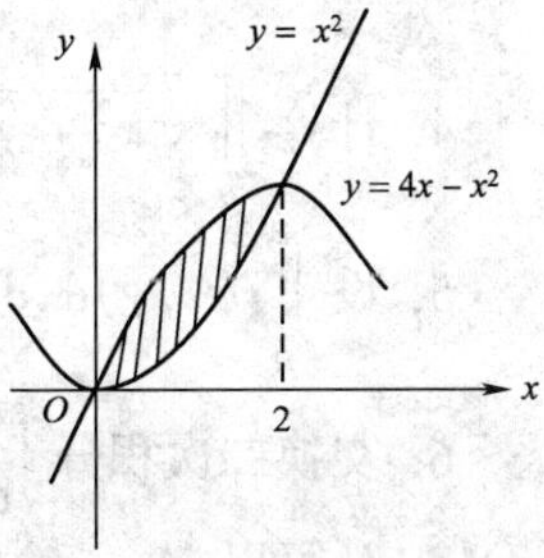

图 5-31

(2)计算体积

以 D 为底，曲面 $z=f(x,y)$ 为曲顶的曲顶柱体的体积 $V=\iint\limits_D f(x,y)\mathrm{d}x\mathrm{d}y$.

例 8 求由曲面 $z=x^2+y^2$ 与平面 $z=5$ 所围成的立体 Ω 的体积.

解 如图 5-32，由方程组 $\begin{cases}z=x^2+y^2\\ z=5\end{cases}$ 解得立体 Ω 在 xOy 平面上的投影 $D: x^2+y^2=5$.

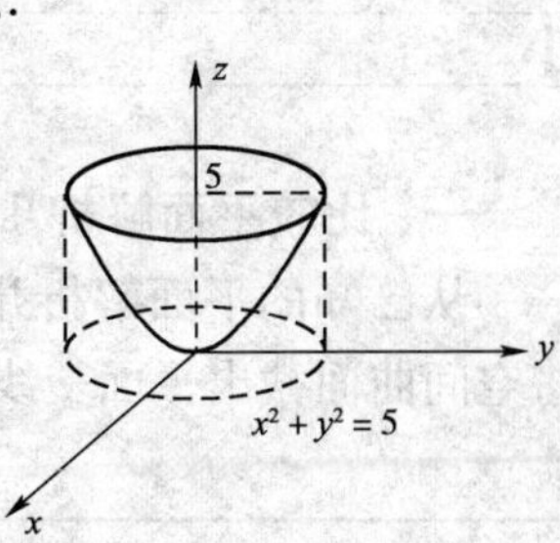

图 5-32

所以 $V=\pi(\sqrt{5})^2\cdot 5-\iint\limits_D(x^2+y^2)\mathrm{d}x\mathrm{d}y$

$$=25\pi-\iint\limits_D(x^2+y^2)\mathrm{d}x\mathrm{d}y$$

$$=25\pi-\iint\limits_D r^2\cdot r\mathrm{d}r\mathrm{d}\theta=25\pi-\int_0^{2\pi}\left[\int_0^{\sqrt{5}}r^3\mathrm{d}r\right]\mathrm{d}\theta=25\pi-\frac{25}{4}\int_0^{2\pi}\mathrm{d}\theta=\frac{25}{2}\pi.$$

(3)求非均匀平面薄片的质量

密度不均匀的平面薄片，若其密度为 $\rho(x,y)$，在平面 xOy 上占有区域 D，则其质量 $M=\iint\limits_D \rho(x,y)\mathrm{d}x\mathrm{d}y$.

例 9 设平面薄板（图 5-33）所占 xOy 平面区域 D 为：$0\leqslant x^2+y^2\leqslant 4, x\geqslant 0, y\geqslant 0$，其密度为 $\rho(x,y)=x^2+y^2$，且 $\rho(x,y)>0$，求平面薄板的质量 M.

解 $M=\iint\limits_D \rho(x,y)\mathrm{d}x\mathrm{d}y=\iint\limits_D (x^2+y^2)\mathrm{d}x\mathrm{d}y$

$$=\iint\limits_D r^2\cdot r\mathrm{d}r\mathrm{d}\theta=\int_0^{\frac{\pi}{2}}\left[\int_0^2 r^3\mathrm{d}r\right]\mathrm{d}\theta=4\int_0^{\frac{\pi}{2}}\mathrm{d}\theta=2\pi$$

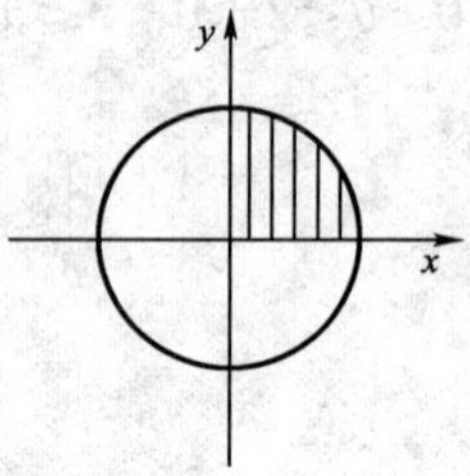

图 5-33

习题 5.6

1. 计算二重积分：$\iint\limits_D (x^2+y^2)\mathrm{d}\sigma$，其中 $D=\{(x,\ y)\mid |x|\leqslant 1, |y|\leqslant 1\}$；

2. 计算二重积分：$\iint\limits_D (3x+2y)\mathrm{d}\sigma$，其中 D 是由两坐标轴及直线 $x+y=2$ 所围成的闭区域；

3. 计算二重积分：$\iint\limits_D (x^3+3x^2y+y^2)\mathrm{d}\sigma$，其中 $D=\{(x,\ y)\mid 0\leqslant x\leqslant 1, 0\leqslant y\leqslant 1\}$；

4. 计算 $\iint\limits_D \sqrt{x^2+y^2}\mathrm{d}\sigma$，其中 D：$x^2+y^2=2y, y\geqslant 0$ 围成.

5. 设 $\iint\limits_D f(x,y)\mathrm{d}x\mathrm{d}y=\int_1^2\mathrm{d}y\int_y^2 f(x,y)\mathrm{d}x$，画出积分区域 D.

6. 交换二次积分 $\int_0^2\mathrm{d}x\int_x^2 f(x,y)\mathrm{d}y$ 的积分顺序.

7. 计算以 $z=xy$ 为曲顶，以 D 为底的曲顶柱体的体积. 其中 D 是由直线 $y=1, x=2$ 及 $y=x$ 所围成的闭区域.

小 结

一、比较平面解析几何与空间解析几何的异同.

从已知的平面解析几何的知识去认识新的空间解析几何的知识，例如，“平行截面法”是将空间曲面截出平面交线，用一个个平行交线集合去认识空间曲面. 举例比较，如表 5-1 所示。

表 5-1

比较项	平面解析几何	空间解析几何
点	$M(x,y)$	$p(x,y,z)$
两点间的距离	$\sqrt{(x_2-x_1)^2+(y_2-y_1)^2}$	$\sqrt{(x_2-x_1)^2+(y_2-y_1)^2+(z_2-z_1)^2}$
平面方程	—	$Ax+By+Cz+D=0$

比较项	平面解析几何	空间解析几何
直线方程	$Ax+By+C=0$	两平面的交线 $\begin{cases}A_1x+B_1y+C_1z+D_1=0\\A_2x+B_2y+C_2z+D_2=0\end{cases}$
一般曲面方程	—	$F(x,y,z)=0$
一般曲线方程	$F(x,y)=0$	两曲面的交线 $\Gamma:\begin{cases}F_1(x,y,z)=0\\F_2(x,y,z)=0\end{cases}$
$x^2+y^2=R^2$	圆曲线	圆柱面
$x^2+y^2+z^2=R^2$	—	球面
$\frac{x^2}{a^2}-\frac{y^2}{b^2}=1$	双曲线	双曲柱面
将 yOz 平面上的一条曲线 $f(y,z)=0$ 绕 z 轴旋转一周,就得到一个旋转曲面,方程为 $f(\pm\sqrt{x^2+y^2},z)=0$		

二、学习二元函数要和一元函数作比较

一元函数的定义域是数轴上的点集,一般为直线区间,其图形通常表示平面上的一条曲线;而二元函数的定义域在几何上往往是一个平面区域,其图形通常表示空间的一个曲面. 求定义域是使 $z=f(x,y)$有意义的范围.

三、二元函数的偏导数及其求法

关键是一个“偏”字,所谓偏,是偏向一个变量求导,另一个变量视为常数,其求法如同一元函数求导. 二阶混合偏导数$\frac{\partial^2 z}{\partial x\partial y}$及$\frac{\partial^2 z}{\partial y\partial x}$相等.

四、二元函数的全微分

$$dz=f_x'(x,y)\mathrm{d}x+f_y'(x,y)\mathrm{d}y$$

故先求偏导,再求微分.

五、求二元函数 $z=f(x,y)$的极值

求解步骤:

(1)由$\begin{cases}f_x'(x,y)=0\\f_y'(x,y)=0\end{cases}$,求解得到所有的驻点.

(2)对于每一驻点(x_0,y_0),计算 $z=f(x,y)$的二阶偏导数在该点的值:

$$A=f_{xx}''(x_0,y_0),B=f_{xy}''(x_0,y_0),C=f_{yy}''(x_0,y_0)$$

(3)判断(x_0,y_0)是否为极值点:利用极值的充分条件,有

当 $B^2-AC<0$ 时,(x_0,y_0)是极值点. 且 $A<0$ 时,函数有极大值 $f(x_0,y_0)$;当 $A>0$ 时,函数有极小值 $f(x_0,y_0)$.

当 $B^2-AC>0$ 时,(x_0,y_0)不是极值点.

当 $B^2-AC=0$ 时,不能确定(x_0,y_0)是否为极值点.

当只有唯一的驻点时,我们即可由实际问题的背景判断是最大或最小值.

六、二重积分的计算

(1)掌握直角坐标系下二重积分的计算,即将二重积分化为二次积分.

$$\iint_D f(x,y)\mathrm{d}x\mathrm{d}y = \int_a^b \mathrm{d}x\int_{\varphi_1(x)}^{\varphi_2(x)} f(x,y)\mathrm{d}y$$

或

$$\iint_D f(x,y)\mathrm{d}x\mathrm{d}y = \int_c^d \mathrm{d}y\int_{\varphi_1(y)}^{\varphi_2(y)} f(x,y)\mathrm{d}x$$

为了简化计算应选择合理的积分次序.

(2)利用极坐标计算二重积分:

$$\iint_D f(x,y)\mathrm{d}x\mathrm{d}y = \iint_D f(r\cos\theta, r\sin\theta)r\mathrm{d}r\mathrm{d}\theta.$$

测试题

一、填空题

(1)在空间直角坐标系中,点 $A(1,-2,3)$在________卦限?

(2)写出球心在点(6,2,3)半径为 2 的球面方程________.

(3)在 xOz 坐标平面中的直线 $z=x$ 绕 z 轴旋转一周,求旋转曲面的方程________.

(4)二元函数的定义域在几何上是________.

(5)在区域 D 内连续的二元函数的图像是空间中的一个________.

(6)二元函数 $f(x,y)=\ln(x-y)$的定义域是________.

(7)设 $z=\ln(xy)$,则 $\mathrm{d}z$ ________.

(8)设二元函数 $z=xy^2+x^3y$,则$\dfrac{\partial^2 z}{\partial x\partial y}=$.

(9)设 $z=\ln(x^2+y^2)$,则$\left.\dfrac{\partial^z}{\partial x}\right|_{x=1,y=1}=$________.

二、选择题

(1)空间直角坐标系中与坐标平面 xOy 距离为 $m(m>0)$的平面方程是(　　).

A. $x=\pm m$　　B. $y=\pm m$　　C. $z=\pm m$　　D. $xy=\pm m$

(2)方程 $z=\sqrt{x^2+y^2}$的图形是(　　).

A.球面　　B. 旋转抛物面　　C. 圆锥面　　D. 圆柱面

(3)$z=x^2-2y$,则$\dfrac{\partial z}{\partial x}=$________.

A. $2x-2y$　　B. $2x$　　C. $-2y$　　D. -2

(4)设 $z=f(x,y)=x^4+y^4-x^2-2xy-y^2$,由$\begin{cases} f_x(x,y)=4x^3-2x-2y=0, \\ f_y(x,y)=4y^3-2x-2y=0. \end{cases}$

解得其驻点为 $M_0(0,0)$、$M_1(1,1)$、$M_2(-1,1)$,则________.

A. $f(M_0)$是函数 $f(x,y)$的极小值

B. $f(M_1)$与 $f(M_2)$都是函数 $f(x,y)$的极小值

C. $f(M_0)$是函数 $f(x,y)$的极大值

D. $f(M_1)$与 $f(M_2)$都是函数 $f(x,y)$的极大值

三、综合题

(1)在 x 轴上求点 C,使 C 与点 $A(-4,1,7)$ 和 $B(3,5,-2)$ 等距离.

(2)将 xOy 平面上的双曲线 $4x^2-9y^2=36$ 绕 x 轴旋转一周,求所生成的旋转曲面的方程.

(3)指出方程和图形(图 5-34)的对应关系

A. $x-1=0$;　　B. $x+y-1=0$;　　C. $x+y+z-1=0$.

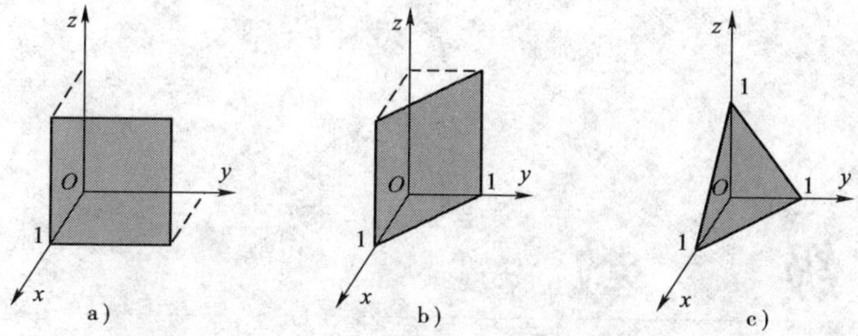

图 5-34

(4)求证以 $M_1(4,3,1)$、$M_2(7,1,2)$、$M_3(5,2,3)$ 三点为顶点的三角形是一个等腰三角形.

(5)求函数 $z=xy+\dfrac{x}{y}$ 的全微分.

(6)求函数 $z=\sin(xy)+\cos^2(xy)$ 的一阶偏导数.

(7)求函数 $z=\ln(x+y^2)$ 的一阶和二阶偏导数.

(8)求函数的 $z=x^4+y^2-4x^2y^2$ 的 $\dfrac{\partial z}{\partial x},\dfrac{\partial^2 z}{\partial x^2},\dfrac{\partial^2 z}{\partial x\partial y}$.

(9)求函数 $f(x,y)=4(x-y)-x^2-y^2$ 的极值.

(10)画出积分区域,并计算下列二重积分:

$\iint\limits_D x\sqrt{y}\,\mathrm{d}\sigma$,其中 D 是由两条抛物线 $y=\sqrt{x}$, $y=x^2$ 所围成的闭区域;

(11)计算二重积分:

$\iint\limits_D x\cos(x+y)\,\mathrm{d}\sigma$,其中 D 是顶点分别为 $(0,0)$, $(\pi,0)$,和 (π,π) 的三角形闭区域.

(12) 求由平面 $x=0$, $y=0$, $x+y=1$ 所围成的柱体被平面 $z=0$ 及抛物面 $z=9-x^2-y^2$ 截得的立体的体积.

(13)某工厂生产两种型号的机床,其产量分别为 x 台和 y 台,成本函数为 $c(x,y)=x^2+2y^2-xy$(万元),若市场调查分析,共需两种机床 8 台,求如何安排生产,总成本最少?最小成本为多少?

第六章 级 数

级数是表示函数、研究函数性质及进行数值计算的一种工具，在数学学习和其他学科中有广泛的应用．本章先介绍常数项级数，然后讨论函数项级数及应用．

第一节 常数项级数

1．级数的基本概念

设给定一个无穷数列 $u_1, u_2, u_3, \cdots, u_n, \cdots$，，则和式 $u_1 + u_2 + \cdots + u_n + \cdots$ 称为无穷**级数**，简称**级数**，记作 $\sum_{n=1}^{\infty} u_n$，即 $\sum_{n=1}^{\infty} u_n = u_1 + u_2 + \cdots + u_n + \cdots$，

其中 u_n 称为级数的第 n 项，也称通项，若 u_n 是常数，则级数 $\sum_{n=1}^{\infty} u_n$ 称为**常数项级数**；若 u_n 是函数，则级数 $\sum_{n=1}^{\infty} u_n$ 称为**函数项级数**．

如级数 $\sum_{n=1}^{\infty} \frac{1}{2^n} = \frac{1}{2} + \frac{1}{2^2} + \cdots + \frac{1}{2^n} + \cdots$ 是常数项级数，而级数 $\sum_{n=0}^{\infty} x^n = 1 + x + \cdots + x^n + \cdots$ 是函数项级数．

级数是无穷数列所有项的和．先看一个例子．

例 1 计算级数 $\sum_{n=1}^{\infty} \frac{1}{2^n}$．

解 因为级数前 n 项和 $s_n = \frac{1}{2} + \frac{1}{2^2} + \cdots + \frac{1}{2^n} = \dfrac{\frac{1}{2}\left(1 - \frac{1}{2^n}\right)}{1 - \frac{1}{2}} = 1 - \frac{1}{2^n}$，

所以 $\sum_{n=1}^{\infty} \frac{1}{2^n} = \lim_{n \to \infty} s_n = \lim_{n \to \infty}\left[1 - \frac{1}{2^n}\right] = 1$．

定义 6.1 对于级数 $\sum_{n=1}^{\infty} u_n$,设其前 n 项的和为 $s_n = u_1 + u_2 + \cdots + u_n$,若当 $n \to \infty$ 时,s_n 有极限 S,即 $\lim_{n \to \infty} s_n = S$,则称级数 $\sum_{n=1}^{\infty} u_n$ 是**收敛**的,并称 S 是级数 $\sum_{n=1}^{\infty} u_n$ 的**和**,即 $\sum_{n=1}^{\infty} u_n = S$.若 $\lim_{n \to \infty} s_n$ 不存在,则称级数 $\sum_{n=1}^{\infty} u_n$ 是**发散**的.

例 2 判别下列级数是否收敛,若收敛,试求其和.

(1) $\sum_{n=1}^{\infty} \frac{1}{n(n+1)}$; (2) $\sum_{n=1}^{\infty} n$.

解 (1)因为

$$s_n = \frac{1}{1.2} + \frac{1}{2.3} + \frac{1}{3.4} + \cdots + \frac{1}{n(n+1)}$$
$$= \left(1 - \frac{1}{2}\right) + \left(\frac{1}{2} - \frac{1}{3}\right) + \left(\frac{1}{3} - \frac{1}{4}\right) + \cdots + \left(\frac{1}{n} - \frac{1}{n+1}\right)$$
$$= 1 - \frac{1}{n+1}$$

所以 $\lim_{n \to \infty} s_n = \lim_{n \to \infty}\left(1 - \frac{1}{n+1}\right) = 1$.

因此,级数 $\sum_{n=1}^{\infty} \frac{1}{n(n+1)}$ 收敛,且 $\sum_{n=1}^{\infty} \frac{1}{n(n+1)} = 1$.

(2)因为 $s_n = 1 + 2 + 3 + \cdots + n = \frac{n}{2}(1+n)$.

所以 $\lim_{n \to \infty} s_n = \lim_{n \to \infty} \frac{n(1+n)}{2} = \infty$.

因此,级数 $\sum_{n-1}^{\infty} n$ 发散.

例 3 讨论等比级数 $\sum_{n=1}^{\infty} ax^{n-1}$ 的敛散性,其中 $a \neq 0$.

解 当 $x \neq \pm 1$ 时,$s_n = a + ax + ax^2 + \cdots + ax^{n-1} = \frac{a(1-x^n)}{1-x}$.

(1)当 $|x| < 1$ 时,$\lim_{n \to \infty} s_n = \lim_{n \to \infty} \frac{a(1-x^n)}{1-x} = \frac{a}{1-x}$.

所以级数 $\sum_{n=1}^{\infty} ax^{n-1}$ 收敛,且 $\sum_{n=1}^{\infty} ax^{n-1} = \frac{a}{1-x}$.

(2)当 $|x| > 1$ 时,$\lim_{n \to \infty} s_n$ 不存在,此时级数 $\sum_{n=1}^{\infty} ax^{n-1}$ 发散.

当 $x = \pm 1$ 时,$\lim_{n \to \infty} s_n$ 不存在,此时级数 $\sum_{n=1}^{\infty} ax^{n-1}$ 发散.

综上所述,等比级数

$$\sum_{n=1}^{\infty} ax^{n-1} \begin{cases} = \frac{a}{1-x}, \text{当} |x| < 1 \text{时}, \\ \text{发散}, \text{当} |x| \geqslant 1 \text{时}. \end{cases} \tag{6-1}$$

此结论可在以后判别等比级数的敛散性时直接使用.

另一个常用的级数 $\sum_{n=1}^{\infty} \frac{1}{n^p}$ 称为“p – 级数”,其敛散性为:

$$\sum_{n=1}^{\infty} \frac{1}{n^p} \begin{cases} \text{收敛}, \text{当} p > 1 \text{时}, \\ \text{发散}, \text{当} p \leqslant 1 \text{时}. \end{cases} \tag{6-2}$$

通过级数收敛的定义去判定级数的敛散性，要先求出级数的前 n 项和 s_n，这需要一定的技巧，对于一般的级数，要求出前 n 项和 s_n 并不容易，为能找出一些较为简便有效的判定方法，下面先介绍级数的一些运算性质.

2．级数的基本性质

根据级数敛散性的定义，可知级数有如下基本性质：

性质 1 若级数 $\sum_{n=1}^{\infty} u_n$ 收敛，其和为 S，则对任一常数 c，级数 $\sum_{n=1}^{\infty} cu_n$ 也收敛，且其和为 cS.

性质 2 若级数 $\sum_{n=1}^{\infty} u_n$ 和 $\sum_{n=1}^{\infty} v_n$ 都收敛，其和分别为 S_1 和 S_2，则级数 $\sum_{n=1}^{\infty}(u_n \pm v_n)$ 也收敛，且其和为 $S_1 \pm S_2$.

例 4 判别级数 $\sum_{n=1}^{\infty} \frac{1+(-1)^n}{3^n}$ 是否收敛？若收敛求其和.

解 因为 $\sum_{n=1}^{\infty} \frac{1}{3^n}$ 是公比 $x = \frac{1}{3}$ 的等比级数，

所以该级数收敛，且 $\sum_{n=1}^{\infty} \frac{1}{3^n} = \frac{\frac{1}{3}}{1-\frac{1}{3}} = \frac{1}{2}$.

又因为 $\sum_{n=1}^{\infty} \frac{(-1)^n}{3^n}$ 是公比 $x = -\frac{1}{3}$ 的等比级数，

所以该级数收敛，且 $\sum_{n=1}^{\infty} \frac{(-1)^n}{3^n} = \frac{-\frac{1}{3}}{1-\left(-\frac{1}{3}\right)} = -\frac{1}{4}$.

因此，级数 $\sum_{n=1}^{\infty} \frac{1+(-1)^n}{3^n} = \sum_{n=1}^{\infty}\left[\frac{1}{3^n}+\frac{(-1)^n}{3^n}\right]$ 收敛，

且 $\sum_{n=1}^{\infty} \frac{1+(-1)^n}{3^n} = \sum_{n=1}^{\infty} \frac{1}{3^n} + \sum_{n=1}^{\infty} \frac{(-1)^n}{3^n} = \frac{1}{2} - \frac{1}{4} = -\frac{3}{4}$.

性质 3 一个级数增加或减少有限项，不改变级数的敛散性.

3．级数收敛的必要条件

定理 若级数 $\sum_{n=1}^{\infty} u_n$ 收敛，则 $\lim_{n\to\infty} u_n = 0$.

根据这个定理可知，对于级数 $\sum_{n=1}^{\infty} u_n$，若当 $n \to \infty$ 时其通项 u_n 的极限不为0，则级数 $\sum_{n=1}^{\infty} u_n$ 发散.

如级数 $\sum_{n=1}^{\infty} 2^n$，因为 $\lim_{n\to\infty} u_n = \lim_{n\to\infty} 2^n \neq 0$，所以级数 $\sum_{n=1}^{\infty} 2^n$ 发散.

但要注意，$\lim_{n\to\infty} u_n = 0$ 只是级数 $\sum_{n=1}^{\infty} u_n$ 收敛的必要条件，并不是充分条件.

如级数 $\sum_{n=1}^{\infty} \frac{1}{n}$ 中，$\lim_{n\to\infty} u_n = \lim_{n\to\infty} \frac{1}{n} = 0$，但级数 $\sum_{n=1}^{\infty} \frac{1}{n}$ 发散.

习题 6.1

1. 填空题:

(1)级数$\frac{1}{2}+\frac{1}{6}+\frac{1}{12}+\frac{1}{20}+\frac{1}{30}+\cdots$的通项 $u_n=$________,前 n 项和$S_n=$________,和 $S=$________.

(2)对于级数 $\sum_{n=1}^{\infty}u_n$,若$\lim_{n\to\infty}u_n\neq 0$,则级数________,若级数收敛,则$\lim_{n\to\infty}u_n=$________.

2. 判别下列级数的敛散性:

(1)$\frac{1}{1.6}+\frac{1}{6.11}+\cdots+\frac{1}{(5n-4)(5n+1)}+\cdots$;

(2)$\left(\frac{1}{2}+\frac{1}{3}\right)+\left(\frac{1}{2^2}+\frac{1}{3^2}\right)+\cdots+\left(\frac{1}{2^n}+\frac{1}{3^n}\right)+\cdots$.

第二节　常数项级数审敛法

1. 正项级数的审敛法

若常数项级数 $\sum_{n=1}^{\infty}u_n$ 中的每一项$u_n\geqslant 0(n=1,2,3,\cdots)$,则级数$\sum_{n=1}^{\infty}u_n$称为**正项级数**.如级数$\sum_{n=1}^{\infty}\frac{1}{2^n}$的每一项都是正数,因此它是一个正项级数.对于正项级数,有如下审敛法.

定理 6.2.1(比较审敛法)

设$\sum_{n=1}^{\infty}u_n$和$\sum_{n=1}^{\infty}v_n$是两个正项级数,且满足 $u_n\leqslant v_n(n=1,2,3,\cdots)$,则

(1)若级数 $\sum_{n=1}^{\infty}v_n$ 收敛,则级数$\sum_{n=1}^{\infty}u_n$ 也收敛;

(2)若级数 $\sum_{n=1}^{\infty}u_n$ 发散,则级数$\sum_{n=1}^{\infty}v_n$ 也发散.

例 1　判别级数 $\sum_{n=1}^{\infty}\frac{1}{n^2+2}$ 的敛散性.

解　因为　$u_n=\frac{1}{n^2+2}<\frac{1}{n^2}=v_n$,由(6-2)知,

级数 $\sum_{n=1}^{\infty}\frac{1}{n^2}$ 收敛,所以级数$\sum_{n=1}^{\infty}\frac{1}{n^2+2}$ 收敛.

例 2　判别级数 $\sum_{n=1}^{\infty}\frac{1}{n2^n}$ 的敛散性.

解　因为　$u_n=\frac{1}{n2^n}<\frac{1}{2^n}=v_n$,

而级数 $\sum_{n=1}^{\infty}\frac{1}{2^n}$ 收敛,所以级数$\sum_{n=1}^{\infty}\frac{1}{n2^n}$ 收敛.

例 3　判别级 数$\sum_{n=1}^{\infty}\frac{1}{\sqrt{n^2+n}}$ 的敛散性.

解 因为 $u_n=\frac{1}{\sqrt{n^2+n}}\geqslant\frac{1}{\sqrt{2n^2}}=\frac{1}{\sqrt{2}n}=v_n$,由(6-2)知:

级数 $\sum\limits_{n=1}^{\infty}\frac{1}{\sqrt{2}n}$ 发散,所以级数 $\sum\limits_{n=1}^{\infty}\frac{1}{\sqrt{n^2+n}}$ 发散.

定理 6.2.2(比值审敛法) 设级数 $\sum\limits_{n=1}^{\infty}u_n$ 是正项级数,且 $\lim\limits_{n\to\infty}\frac{u_{n+1}}{u_n}=\rho$,则

(1)当 $\rho<1$ 时,级数收敛;

(2)当 $\rho>1$(或 $\lim\limits_{n\to\infty}\frac{u_{n+1}}{u_n}=\infty$)时,级数发散;

(3)当 $\rho=1$ 时,级数可能收敛也可能发散.

例 4 判别下列级数的敛散性.

(1) $\sum\limits_{n=1}^{\infty}\frac{3^{n-1}}{n!2^n}$;　　(2) $\sum\limits_{n=1}^{\infty}\frac{2^n}{n}$.

解 (1)因为 $\lim\limits_{n\to\infty}\frac{u_{n+1}}{u_n}=\lim\limits_{n\to\infty}\frac{\frac{3^n}{(n+1)!\cdot 2^{n+1}}}{\frac{3^{n-1}}{n!\cdot 2^n}}=\lim\limits_{n\to\infty}\frac{3}{2(n+1)}=0<1$,

所以级数 $\sum\limits_{n=1}^{\infty}\frac{3^{n-1}}{n!\cdot 2^n}$ 收敛.

(2)因为 $\lim\limits_{n\to\infty}\frac{u_{n+1}}{u_n}=\lim\limits_{n\to\infty}\frac{\frac{2^{n+1}}{(n+1)}}{\frac{2^n}{n}}=\lim\limits_{n\to\infty}\frac{2n}{n+1}=2>1$,

所以级数 $\sum\limits_{n=1}^{\infty}\frac{2^n}{n}$ 发散.

2. 交错级数的审敛法

形如 $\sum\limits_{n=1}^{\infty}(-1)^n u_n$,其中 $u_n\geqslant 0$ 的级数称为**交错级数**.

如级数 $\sum\limits_{n=1}^{\infty}(-1)^n\frac{1}{n}$ 的项正负相间,因此它是一个交错级数.

对于交错级数,有如下审敛法.

定理 6.2.3 若交错级数 $\sum\limits_{n=1}^{\infty}(-1)^n u_n(u_n\geqslant 0,n=1,2,3\cdots)$ 满足条件:

(1) $u_n\geqslant u_{n+1}$;

(2) $\lim\limits_{n\to\infty}u_n=0$. 则级数 $\sum\limits_{n=1}^{\infty}(-1)^n u_n$ 收敛.

例 5 判别级数 $\sum\limits_{n=1}^{\infty}(-1)^n\frac{1}{\sqrt{n}}$ 的敛散性.

解 因为 $u_n=\frac{1}{\sqrt{n}}>\frac{1}{\sqrt{n+1}}=u_{n+1}$,且 $\lim\limits_{n\to\infty}u_n=\lim\limits_{n\to\infty}\frac{1}{\sqrt{n}}=0$,

所以级数 $\sum\limits_{n=1}^{\infty}(-1)^n\frac{1}{\sqrt{n}}$ 收敛.

3. 任意项级数收敛的充分条件

对于任意项级数 $\sum\limits_{n=1}^{\infty} u_n$，其敛散性比较复杂，这里只给出任意项级数收敛的一个充分条件.

定理 6.2.4 若级数 $\sum\limits_{n=1}^{\infty} |u_n|$ 收敛，则级数 $\sum\limits_{n=1}^{\infty} u_n$ 也收敛.

例 6 判别级数 $\sum\limits_{n=1}^{\infty} \frac{\cos n}{n^3}$ 的敛散性.

解 因为 $\left|\frac{\cos n}{n^3}\right| \leqslant \frac{1}{n^3}$，而级数 $\sum\limits_{n=1}^{\infty} \frac{1}{n^3}$ 收敛，所以级数 $\sum\limits_{n=1}^{\infty} \left|\frac{\cos n}{n^3}\right|$ 收敛，

故级数 $\sum\limits_{n=1}^{\infty} \frac{\cos n}{n^3}$ 收敛.

定义 6.2 若级数 $\sum\limits_{n=1}^{\infty} |u_n|$ 收敛，则称级数 $\sum\limits_{n=1}^{\infty} u_n$ **绝对收敛**；若级数 $\sum\limits_{n=1}^{\infty} u_n$ 收敛而级数 $\sum\limits_{n=1}^{\infty} |u_n|$ 发散，则称级数 $\sum\limits_{n=1}^{\infty} u_n$ **条件收敛**.

例如，级数 $\sum\limits_{n=1}^{\infty} \frac{\cos n}{n^3}$ 绝对收敛，级数 $\sum\limits_{n=1}^{\infty} (-1)^n \frac{1}{\sqrt{n}}$ 条件收敛.

习题 6.2

1. 用比较审敛法判别下列级数的敛散性：

(1) $1 + \frac{1}{3} + \frac{1}{5} + \cdots + \frac{1}{2n-1} + \cdots$；

(2) $\frac{1}{2.5} + \frac{1}{3.6} + \cdots + \frac{1}{(n+1)(n+4)} + \cdots$；

(3) $\sum\limits_{n=1}^{\infty} \frac{\sin\alpha}{n^2}$.

2. 用比值审敛法判别下列级数的敛散性：

(1) $\frac{3}{1.2} + \frac{3^2}{2.2^2} + \frac{3^3}{3.2^3} + \cdots + \frac{3^n}{n \cdot 2^n} + \cdots$；

(2) $\sum\limits_{n=1}^{\infty} \frac{n^2}{3^n}$.

3. 判别下列级数的敛散性：

(1) $\sum\limits_{n=1}^{\infty} n\left(\frac{3}{4}\right)^n$；

(2) $\sum\limits_{n=1}^{\infty} \frac{n^4}{n!}$；

(3) $\sum\limits_{n=1}^{\infty} \frac{n+1}{n(n+2)}$；

(4) $\sum\limits_{n=1}^{\infty} 2^n \sin\frac{\pi}{3^n}$；

(5) $\sqrt{2} + \sqrt{\frac{3}{2}} + \cdots + \sqrt{\frac{n+1}{n}} + \cdots$.

第三节　幂　级　数

定义 6.3 形如

$$a_0 + a_1 x + a_2 x^2 + \cdots + a_n x^n + \cdots$$

的级数称为**幂级数**. 其中 $a_0, a_1, a_2, \cdots, a_n, \cdots$ 为常数,称为**幂级数的系数**.

如级数 $1 + x + x^2 + \cdots + x^n + \cdots$,

$$1 + x + \frac{1}{2!}x^2 + \cdots + \frac{1}{n!}x^n + \cdots$$

都是幂级数.

1. 幂级数的收敛性

对于任一数值 x_0,代入幂级数 $\sum_{n=0}^{\infty} a_n x^n$ 得常数项级数

$$a_0 + a_1 x_0 + a_2 x_0^2 + \cdots + a_n x_0^n + \cdots.$$

这级数可能收敛,也可能发散,如果级数收敛,则称 x_0 为幂级数 $\sum_{n=0}^{\infty} a_n x^n$ 的一个**收敛点**;如果发散,则称 x_0 为幂级数 $\sum_{n=0}^{\infty} a_n x^n$ 的一个**发散点**.一个幂级数的所有收敛点所构成的集合称为该幂级数的**收敛域**.

由式(6-1)知,幂级数 $1 + x + x^2 + \cdots + x^n + \cdots \begin{cases} = \dfrac{1}{1-x}, & -1 < x < 1, \\ \text{发散}, & |x| \geqslant 1. \end{cases}$

所以区间$(-1,1)$内的每一点 x_0 都是幂级数 $\sum_{n=0}^{\infty} x^n$ 的收敛点,幂级数 $\sum_{n=0}^{\infty} x^n$ 的收敛域为$(-1,1)$.

对于一般的幂级数 $\sum_{n=0}^{\infty} a_n x^n$,记 $\rho = \lim_{n\to\infty}\left|\frac{a_{n+1}}{a_n}\right|$,下面根据比值判别法讨论它在点 x_0 处的敛散性.将 x_0 代入幂级数,得常数项级数 $\sum_{n=0}^{\infty} a_n x_0^n$.对于这一常数项级数,由

$$\lim_{n\to\infty}\left|\frac{u_{n+1}}{u_n}\right| = \lim_{n\to\infty}\left|\frac{a_{n+1}x_0^{\ n+1}}{a_n x_0^n}\right| = \lim_{n\to\infty}\left|\frac{a_{n+1}}{a_n}\right| \cdot |x_0| = \rho|x_0|$$

可知:当 $\lim_{n\to\infty}\left|\frac{u_{n+1}}{u_n}\right| = \rho|x_0| < 1$,即 $|x_0| < \frac{1}{\rho}$ 时,级数 $\sum_{n=0}^{\infty} a_n x_0^n$ 收敛,此时 x_0 是幂级数 $\sum_{n=0}^{\infty} a_n x^n$ 的收敛点,幂级数在区间$\left(-\frac{1}{\rho},\frac{1}{\rho}\right)$内收敛;当 $\lim_{n\to\infty}\left|\frac{u_{n+1}}{u_n}\right| = \rho|x_0| > 1$ 时,即 $|x_0| > \frac{1}{\rho}$ 时,级数 $\sum_{n=0}^{\infty} a_n x_0^n$ 发散,此时 x_0 是幂级数 $\sum_{n=0}^{\infty} a_n x^n$ 的发散点;当 $\lim_{n\to\infty}\left|\frac{u_{n+1}}{u_n}\right| = \rho|x_0| = 1$ 时,即 $|x_0| = \frac{1}{\rho}$ 时,级数 $\sum_{n=0}^{\infty} a_n x_0^n$ 敛散性不确定,需另行判定.所以幂级数 $\sum_{n=0}^{\infty} a_n x^n$ 的收敛域可能为 $\left(-\frac{1}{\rho},\frac{1}{\rho}\right)$,$\left[-\frac{1}{\rho},\frac{1}{\rho}\right]$,$\left(-\frac{1}{\rho},\frac{1}{\rho}\right]$,$\left[-\frac{1}{\rho},\frac{1}{\rho}\right)$.数值$\frac{1}{\rho}$ 称为幂级数的**收敛半径**,常记为 R.

定理 6.3 对于幂级数 $\sum_{n=0}^{\infty} a_n x^n$,记 $\rho = \lim_{n\to\infty}\left|\frac{a_{n+1}}{a_n}\right|$,则当 $|x| < \frac{1}{\rho}$(若 $\rho = 0$,则$\frac{1}{\rho}$ 为$+\infty$)时,幂级数收敛;当 $|x| > \frac{1}{\rho}$ 时,幂级数发散.

例 1 求幂级数 $\sum_{n=1}^{\infty}\frac{2^n}{n}x^n$ 的收敛半径与收敛域.

解 因为 $\rho=\lim_{n\to\infty}\left|\frac{a_{n+1}}{a_n}\right|=\lim_{n\to\infty}\frac{\frac{2^{n+1}}{n+1}}{\frac{2^n}{n}}=\lim_{n\to\infty}\frac{2n}{n+1}=2$,

所以,幂级数 $\sum_{n=1}^{\infty}\frac{2^n}{n}x^n$ 的收敛半径 $R=\frac{1}{\rho}=\frac{1}{2}$,且在区间$\left(-\frac{1}{2},\frac{1}{2}\right)$内收敛.

当 $x=-\frac{1}{2}$ 时,幂级数$\sum_{n=1}^{\infty}\frac{2^n}{n}x^n=\sum_{n=1}^{\infty}\frac{(-1)^n}{n}$是收敛的交错级数;

当 $x=\frac{1}{2}$ 时,幂级数$\sum_{n=1}^{\infty}\frac{2^n}{n}x^n=\sum_{n=1}^{\infty}\frac{1}{n}$ 发散.

因此,幂级数 $\sum_{n=1}^{\infty}\frac{2^n}{n}x^n$ 的收敛域为$\left[-\frac{1}{2},\frac{1}{2}\right)$.

例 2 求幂级数 $\sum_{n=0}^{\infty}\frac{1}{n!}x^n$ 的收敛半径与收敛域.

解 因为 $\rho=\lim_{n\to\infty}\left|\frac{a_{n+1}}{a_n}\right|=\lim_{n\to\infty}\frac{\frac{1}{(n+1)!}}{\frac{1}{n!}}=\lim_{n\to\infty}\frac{1}{n+1}=0$

所以,幂级数 $\sum_{n=1}^{\infty}\frac{2^n}{n}x^n$ 的收敛半径 $R=\frac{1}{\rho}=+\infty$,收敛域为$(-\infty,\infty)$.

例 3 求幂级数 $\sum_{n=0}^{\infty}n!\,x^n$ 的收敛半径与收敛域.

解 因为 $\rho=\lim_{n\to\infty}\left|\frac{a_{n+1}}{a_n}\right|=\lim_{n\to\infty}\frac{(n+1)!}{n!}=\lim_{n\to\infty}(n+1)=\infty$

所以,幂级数 $\sum_{n=1}^{\infty}\frac{2^n}{n}x^n$ 的收敛半径 $R=\frac{1}{\rho}=0$,收敛域只有一个点 $x=0$.

2. 幂级数的和函数

设幂级数 $\sum_{n=0}^{\infty}a_nx^n$ 的收敛域为I,则对任意 $x\in I$,都有一个和数 S 与其对应,所以 S 是x 的函数,记为 $S(x)$,称为幂级数的**和函数**,它的定义域是幂级数的收敛域 I,即

$$S(x)=\sum_{n=0}^{\infty}a_nx^n,\ x\in I.$$

例如,幂级数 $1+x+x_2+\cdots+x_n+\cdots$的收敛域 $I=(-1,1)$,

其和函数 $S(x)=1+x+x_2+\cdots+x_n+\cdots=\frac{1}{1-x},x\in I$.

习题 6.3

1. 求下列幂级数的收敛半径:

(1) $\sum_{n=0}^{\infty}\frac{x^n}{2^n}$; (2) $\sum_{n=0}^{\infty}\frac{n+1}{n}x^n$; (3) $\sum_{n=2}^{\infty}\frac{x^n}{n(n-1)}$;

(4) $\frac{x}{2}+\frac{x^2}{2\cdot 4}+\frac{x^3}{2\cdot 4\cdot 6}+\cdots+\frac{x^n}{2\cdot 4\cdots(2n)}+\cdots$.

2. 求下列幂级数的收敛域：

(1) $\sum_{n=1}^{\infty}\frac{x_n}{n2^n}$；　　(2) $\sum_{n=1}^{\infty}\frac{3^n}{n^2+1}x^n$；　　(3) $\sum_{n=1}^{\infty}\frac{(x-5)^n}{\sqrt{n}}$.

第四节　函数的幂级数展开

1. 麦克劳林级数

前面的讨论中，我们看到：当 $-1<x<1$ 时，幂级数 $1+x+x^2+\cdots+x^n+\cdots=\frac{1}{1-x}$.

这表明区间 $(-1,1)$ 上的函数 $f(x)=\frac{1}{1-x}=1+x+x^2+\cdots+x^n+\cdots$. 即函数 $f(x)=\frac{1}{1-x}$ 在区间 $(-1,1)$ 上可展开用幂级数 $\sum_{n=0}^{\infty}x^n$ 表示.

一般地，对于给定的函数 $f(x)$，如果能找到一个幂级数 $\sum_{n=0}^{\infty}a_nx^n$，使它收敛于 $f(x)$，即 $f(x)=\sum_{n=0}^{\infty}a_nx^n=a_0+a_1x+a_2x^2+\cdots+a_nx^n+\cdots, x\in(-R,R)$，则称 $\sum_{n=0}^{\infty}a_nx^n$ 为函数 $f(x)$ 的**幂级数展开式**.

定理 6.4.1　若函数 $f(x)$ 在点 $x=0$ 有任意阶导数，则 $f(x)$ 在某个区间 $(-R,R)$ 内可展开为幂级数 $\sum_{n=0}^{\infty}a_nx^n$，其中 $a_n=\frac{f^{(n)}(0)}{n!}$，且 $R=\frac{1}{\rho}=\lim_{n\to\infty}\left|\frac{a_n}{a_{n+1}}\right|$，即

$$f(x)=f(0)+\frac{f'(0)}{1!}x+\frac{f''(0)}{2!}x^2+\cdots+\frac{f^{(n)}(0)}{n!}x^n+\cdots,\quad x\in(-R,R)$$

这一展开式称为函数 $f(x)$ 的**麦克劳林展开式**，展开式右边的幂级数 $\sum_{n=0}^{\infty}\frac{f^{(n)}(0)}{n!}x^n$ 称为函数 $f(x)$ 的**麦克劳林级数**.

2. 函数的幂级数展开

根据定理 6.4.1，若函数 $f(x)$ 在点 $x=0$ 有任意阶导数，则将它展开成幂级数时，可按下列步骤进行：

(1)求出函数 $f(x)$ 的各阶导数 $f'(x),f''(x),\cdots,f^{(n)}(x),\cdots$；

(2)求出函数 $f(x)$ 及其各阶导数在点 $x=0$ 处的值 $f(0),f'(0),f''(0),\cdots,f^{(n)}(0),\cdots$；

(3)写出函数幂级数展开式 $f(x)=f(0)+\frac{f'(0)}{1!}x+\frac{f''(0)}{2!}x^2+\cdots+\frac{f^{(n)}(0)}{n!}x^n+\cdots$，并求出其收敛半径 R 及收敛域.

例 1　将函数 $f(x)=e^x$ 展开成幂级数.

解　因为　$f^{(n)}(x)=e^x, n=1,2,\cdots$，

所以　$f(0)=f'(0)=f''(0)=\cdots=f^{(n)}(0)=\cdots=1$.

因此　$f(x)=e^x=f(0)+\frac{f'(0)}{1!}x+\frac{f''(0)}{2!}x^2+\cdots+\frac{f^{(n)}(0)}{n!}x^n+\cdots$

$$=1+\frac{1}{1!}x+\frac{1}{2!}x^2+\cdots+\frac{1}{n!}x^n+\cdots,$$

且 $R=\lim\limits_{n\to\infty}\left|\dfrac{a_n}{a_{n+1}}\right|=\lim\limits_{n\to\infty}\dfrac{\frac{1}{n!}}{\frac{1}{(n+1)!}}=\lim\limits_{n\to\infty}(n+1)=\infty$，收敛域为$(-\infty,+\infty)$.

从这一例子看到，按定理 6.4.1 求函数 $f(x)$ 的幂级数展开式，要计算 $f(x)$ 的各阶导数，运算量大. 许多时候，我们可利用已知的幂级数，通过代换的方法求函数的幂级数展开式.

例 2 求下列函数的幂级数展开式.

(1)e^{-x}；(2)$\dfrac{1}{1+x^2}$.

解 (1)因为 $f(x)=e^x=1+\dfrac{1}{1!}x+\dfrac{1}{2!}x^2+\cdots+\dfrac{1}{n!}x^n+\cdots,\qquad -\infty<x<+\infty$.

所以
$$e^{-x}=f(-x)=1+\frac{1}{1!}(-x)+\frac{1}{2!}(-x)^2+\cdots+\frac{1}{n!}(-x)^n+\cdots$$
$$=1-\frac{x}{1!}+\frac{x^2}{2!}+\cdots+(-1)^n\frac{x^n}{n!}+\cdots,\qquad -\infty<x<+\infty.$$

(2)因为 $f(x)=\dfrac{1}{1-x}=1+x+x^2+\cdots+x^n+\cdots,\qquad -1<x<1$,

所以
$$\frac{1}{1+x^2}=f(-x^2)=1+(-x^2)+(-x^2)^2+\cdots+(-x^2)^n+\cdots$$
$$=1-x^2+x^4-\cdots+(-1)^nx^{2n}-\cdots,\qquad -1<x<1.$$

以下是几个常用的幂级数展开式：

$$\frac{1}{1-x}=1+x+x^2+\cdots+x^n+\cdots,\qquad -1<x<1.$$

$$\frac{1}{1+x}=1-x+x^2-\cdots+(-1)^nx^n-\cdots,\qquad -1<x<1.$$

$$e^x=1+\frac{1}{1!}x+\frac{1}{2!}x^2+\cdots+\frac{1}{n!}x^n+\cdots,\qquad -\infty<x<+\infty.$$

$$\sin x=x-\frac{x^3}{3!}+\frac{x^5}{5!}-\cdots+(-1)^{n-1}\frac{x^{2n-1}}{(2n-1)!}+\cdots,\qquad -\infty<x<+\infty.$$

$$\cos x=1-\frac{x^2}{2!}+\frac{x^4}{4!}-\cdots+(-1)^n\frac{x^{2n}}{(2n)!}+\cdots,\qquad -\infty<x<+\infty.$$

$$\ln(1+x)=x-\frac{x^2}{2}+\frac{x^3}{3}-\cdots+(-1)^n\frac{x^{n+1}}{n+1}+\cdots,\qquad -1<x\leqslant 1.$$

例 3 求函数 $y=\dfrac{1}{x}$ 的幂级数展开式.

解 因为 $f(x)=\dfrac{1}{1+x}=1-x+x^2-\cdots+(-1)^nx^n-\cdots,\qquad -1<x<1$.

所以
$$\frac{1}{x}=\frac{1}{3+(x-3)}=\frac{1}{3}\cdot\frac{1}{1+\frac{x-3}{3}}=\frac{1}{3}\cdot f\left(\frac{x-3}{3}\right)$$
$$=\frac{1}{3}\left[1-\frac{x-3}{3}+\left(\frac{x-3}{3}\right)^2-\cdots+(-1)^n\left(\frac{x-3}{3}\right)^n-\cdots\right]$$
$$=\frac{1}{3}\sum_{n=0}^{\infty}(-1)^n\frac{(x-3)^n}{3^n},\qquad 0<x<6.$$

注：$\dfrac{1}{x}$ 还可以变形为 $\dfrac{1}{n+(x-n)}$（这里 n 取整数）.

3. 幂级数在近似计算中的应用举例

函数的幂级数展开式被广泛应用于近似计算.

例 4 试用 e^x 的幂级数展开式的前8项计算 e 的近似值.

解 因为 $e^x = 1 + \frac{1}{1!}x + \frac{1}{2!}x^2 + \cdots + \frac{1}{n!}x^n + \cdots$

所以 $e = 1 + \frac{1}{1!} + \frac{1}{2!} + \cdots + \frac{1}{n!} + \cdots$

因此 $e \approx 1 + \frac{1}{1!} + \frac{1}{2!} + \cdots + \frac{1}{7!} \approx 2.7183.$

习题 6.4

1. 将下列函数展开成 x 的幂级数:

(1) $\frac{1}{x-2}$; (2) $\sin\frac{x}{2}$; (3) $x^2 e^{-x^2}$.

2. 设函数 $f(x) = e^{2x}$,(1)将函数 $f(x)$ 展开成幂级数;(2)利用(1)的结果求 $\sum\limits_{n=0}^{\infty}\frac{2n}{n!}$ 的和.

3. 将函数 $f(x) = \frac{1}{3-x}$ 展开成 $x+1$ 的幂级数.

小 结

一、级数及敛散性

1. 级数:$\sum\limits_{n=1}^{\infty} u_n = u_1 + u_2 + \cdots + u_n + \cdots$.

2. 级数收敛性:设 $s_n = u_1 + u_2 + \cdots + u_n$,

若 $\lim\limits_{n\to\infty} s_n = S$,则级数 $\sum\limits_{n=1}^{\infty} u_n$ 收敛且 $\sum\limits_{n=1}^{\infty} u_n = S$.

若 $\lim\limits_{n\to\infty} s_n$ 不存在,则级数 $\sum\limits_{n=1}^{\infty} u_n$ 发散.

3. 级数敛散性判定:

(1) $\lim\limits_{n\to\infty} s_n = S$,则级数 $\sum\limits_{n=1}^{\infty} u_n$ 收敛;$\lim\limits_{n\to\infty} s_n$ 不存在,级数 $\sum\limits_{n=1}^{\infty} u_n$ 发散.

(2) $\lim\limits_{n\to\infty} u_n \neq 0$,级数 $\sum\limits_{n=1}^{\infty} u_n$ 发散.

(3)比较判别法:正项级数 $\sum\limits_{n=1}^{\infty} u_n$ 与 $\sum\limits_{n=1}^{\infty} v_n$ 满足 $u_n \leqslant v_n (n = 1,2,3,\cdots)$,则若级数 $\sum\limits_{n=1}^{\infty} v_n$ 收敛,级数 $\sum\limits_{n=1}^{\infty} u_n$ 也收敛;若级数 $\sum\limits_{n=1}^{\infty} u_n$ 发散,级数 $\sum\limits_{n=1}^{\infty} v_n$ 也发散.

(4)比值判别法:正项级数 $\sum\limits_{n=1}^{\infty} u_n$. 设 $\lim\limits_{n\to\infty}\frac{u_{n+1}}{u_n} = \rho$,则当 $\rho < 1$ 时,级数收敛;当 $\rho > 1$(或 $\lim\limits_{n\to\infty}\frac{u_{n+1}}{u_n} = \infty$)时,级数发散.

(5)交错级数 $\sum_{n=1}^{\infty}(-1)^n u_n(u_n \geqslant 0, n = 1,2,3\cdots)$ 满足条件：$u_n \geqslant u_{n+1}$ 且 $\lim_{n\to\infty} u_n = 0$，则级数 $\sum_{n=1}^{\infty}(-1)^n u_n$ 收敛.

4．几个常用级数及其敛散性：

(1)等比级数 $\sum_{n=1}^{\infty} ax^{n-1}\begin{cases} = \dfrac{a}{1-x}, 当 |x| < 1 时, \\ 发散, 当 |x| \geqslant 1 时. \end{cases}$

(2)“p - 级数”$\sum_{n=1}^{\infty}\dfrac{1}{n^p}\begin{cases} 收敛, 当 p > 1 时, \\ 发散, 当 p \leqslant 1 时. \end{cases}$

二、幂级数

1．幂级数：$\sum_{n=0}^{\infty} ax^n = a_0 + a_1 x + a_2 x^2 + \cdots + a_n x^n + \cdots$

2．幂级数收敛半径：$R = \dfrac{1}{\rho} = \lim_{n\to\infty}\left|\dfrac{a_n}{a_{n+1}}\right|$.

3．函数的幂级数展开：$f(x) = f(0) + \dfrac{f'(0)}{1!}x + \dfrac{f''(0)}{2!}x^2 + \cdots + \dfrac{f^{(n)}(0)}{n!}x^n + \cdots, x \in I$.

4．几个常用的幂级数：

$$\frac{1}{1-x} = 1 + x + x^2 + \cdots + x^n + \cdots, \qquad -1 < x < 1.$$

$$\frac{1}{1+x} = 1 - x + x^2 - \cdots + (-1)^n x^n - \cdots, \qquad -1 < x < 1.$$

$$e^x = 1 + \frac{1}{1!}x + \frac{1}{2!}x^2 + \cdots + \frac{1}{n!}x^n + \cdots, \qquad -\infty < x < +\infty.$$

$$\sin x = x - \frac{x^3}{3!} + \frac{x^5}{5!} - \cdots + (-1)^{n-1}\frac{x^{2n-1}}{(2n-1)!} + \cdots, \qquad -\infty < x < +\infty.$$

$$\cos x = 1 - \frac{x^2}{2!} + \frac{x^4}{4!} - \cdots + (-1)^n\frac{x^{2n}}{(2n)!} + \cdots, \qquad -\infty < x < +\infty.$$

$$\ln(1+x) = x - \frac{x^2}{2} + \frac{x^3}{3} - \cdots + (-1)^n\frac{x^{n+1}}{n+1} + \cdots, \qquad -1 < x \leqslant 1.$$

测 试 题

一、选择题

(1)等比级数 $\sum_{n=0}^{\infty}\left(\dfrac{1}{2}\right)^n$ 的和为________.

A.4　　B.3　　C.2　　D.1

(2)设常数 $k \neq 0$，则级数 $\sum_{n=1}^{\infty}(-1)^n\dfrac{k}{n^2}$ 为________.

A.条件收敛　　B.绝对收敛　　C.发散　　D.收敛性与 k 有关

(3)下列级数中，发散的是________.

A. $\sum_{n=1}^{\infty}\dfrac{\sqrt{n}}{n^2+1}$　　B. $\sum_{n=1}^{\infty}\dfrac{\sqrt{n^2+2}}{n^2+1}$　　C. $\sum_{n=1}^{\infty}(-1)^n\dfrac{1}{n}$　　D. $\sum_{n=1}^{\infty}\dfrac{n^2+1}{n^4+3n^2}$

(4)对于正项级数 $\sum_{n=1}^{\infty} u_n$，下列命题成立的是________.

A.若 $\lim\limits_{n\to\infty}\frac{u_{n+1}}{u_n}=\rho<1$ 则级数 $\sum_{n=1}^{\infty} u_n$ 收敛

B.若 $\lim\limits_{n\to\infty}\frac{u_n}{u_{n+1}}=\rho\leqslant 1$，则级数 $\sum_{n=1}^{\infty} u_n$ 收敛

C.若 $\lim\limits_{n\to\infty}\frac{u_{n+1}}{u_n}=\rho\leqslant 1$，则级数 $\sum_{n=1}^{\infty} u_n$ 收敛

D.若 $\lim\limits_{n\to\infty}\frac{u_n}{u_{n+1}}=\rho<1$，则级数 $\sum_{n=1}^{\infty} u_n$ 收敛

二、填空题

(1)函数 $f(x)=x^2e^{2x}$ 展开成 x 的幂级数为________.

(2)级数 $\frac{2}{1}-\frac{3}{2}+\frac{4}{3}-\frac{5}{4}+\cdots$ 的通项 $u_n=$________

(3)级数 $\sum_{n=1}^{\infty}\frac{nx^n}{3^n}$ 的收敛半径是________；收敛区间为________.

三、判别下列各级数的敛散性

(1) $\frac{2}{1.3}+\frac{2^2}{3.3^2}+\frac{2^3}{5.3^2}+\frac{2^4}{7.3^4}+\cdots$；

(2) $\sum_{n=1}^{\infty}\frac{1}{n\sqrt{n+1}}$；

(3) $\sum_{n=1}^{\infty}2^n\sin\frac{\pi}{3^n}$；

(4) $1-\frac{1}{2!}+\frac{1}{3!}-\frac{1}{4!}+\cdots$.

四、求下列幂级数的收敛半径与区间

(1) $x-\frac{x^2}{2}+\frac{x^3}{3}-\frac{x^4}{4}+\cdots$；

(2) $\sum_{n=0}^{\infty}\frac{x^n}{(2n)!}$；

(3) $\sum_{n=0}^{\infty}\frac{(x-2)^n}{n^2}$.

五、将下列函数展开成 x 的幂级数，并求收敛区间

(1) $f(x)=x^3e^{-x}$；

(2) $f(x)=\cos^2 x$；

(3) $f(x)=\frac{1}{3-x}$.

六、将下列函数 $f(x)=\frac{1}{4-x}$ 展开成 $x-2$ 的幂级数，并求收敛区间

第七章　线性代数初步

在线性代数中,线性方程组是一个基础部分,也是一个重要部分.研究线性方程组首先需要行列式、矩阵这两个重要工具.因此本章主要介绍行列式、矩阵及其运算,线性方程组的解法.

第一节　*n* 阶行列式

1. 二阶行列式

用消元法解二元线性方程组:

$$\begin{cases} a_{11}x_1 + a_{12}x_2 = b_1 & (1) \\ a_{21}x_1 + a_{22}x_2 = b_2 & (2) \end{cases}$$

由式(1) × a_{22} − 式(2) × a_{12},得　　$(a_{11}a_{22} - a_{21}a_{12})x_1 = b_1a_{22} - b_2a_{12}$

由式(2) × a_{11} − 式(1) × a_{21},得　　$(a_{11}a_{22} - a_{21}a_{12})x_2 = a_{11}b_2 - a_{21}b_1$

如果$(a_{11}a_{22} - a_{21}a_{12}) \neq 0$,则方程组的解为

$$\begin{cases} x_1 = \dfrac{b_1a_{22} - b_2a_{12}}{a_{11}a_{22} - a_{21}a_{12}} \\ x_2 = \dfrac{a_{11}b_2 - a_{21}b_1}{a_{11}a_{22} - a_{21}a_{12}} \end{cases} \tag{3}$$

在式(3)中,两个分母都是 $a_{11}a_{22} - a_{21}a_{12}$,是由方程组的 4 个系数确定的,把这 4 个数按它们在方程组中的位置,排成二行二列(横排称行,竖排称列)的数表

$$\begin{matrix} a_{11} & a_{12} \\ a_{21} & a_{22} \end{matrix} \tag{4}$$

表达式 $a_{11}a_{22} - a_{21}a_{12}$称为由数表(4)所确定的二阶行列式,并记作

$$\begin{vmatrix} a_{11} & a_{12} \\ a_{21} & a_{22} \end{vmatrix}$$

即，
$$\begin{vmatrix} a_{11} & a_{12} \\ a_{21} & a_{22} \end{vmatrix} = a_{11}a_{12} - a_{12}a_{21} \tag{5}$$

数 a_{ij} 叫做二阶行列式第 i 行，第 j 列的元素，行列式(5)的右端，称为二阶行列式的展开式．

二阶行列式的展开法如下：

$$\begin{vmatrix} a_{11} & a_{12} \\ a_{21} & a_{22} \end{vmatrix}$$

实对角线(叫做主对角线)上两数之积取正号，虚对角线上两数之积取负号，然后相加就是行列式的展开式．

利用二阶行列式的概念，式(3)中 x_1, x_2 的分子也可写成二阶行列式，即

$$b_1a_{22} - a_{12}b_2 = \begin{vmatrix} b_1 & a_{12} \\ b_2 & a_{22} \end{vmatrix},\quad a_{11}b_2 - b_1a_{21} = \begin{vmatrix} a_{11} & b_1 \\ a_{21} & b_2 \end{vmatrix}$$

若记
$$D = \begin{vmatrix} a_{11} & a_{12} \\ a_{21} & a_{22} \end{vmatrix}, D_1 = \begin{vmatrix} b_1 & a_{12} \\ b_2 & a_{22} \end{vmatrix}, D_2 = \begin{vmatrix} a_{11} & b_1 \\ a_{21} & b_2 \end{vmatrix}$$

那么式(3)可写成
$$x_1 = \frac{D_1}{D} = \frac{\begin{vmatrix} b_1 & a_{12} \\ b_2 & a_{22} \end{vmatrix}}{\begin{vmatrix} a_{11} & a_{12} \\ a_{21} & a_{22} \end{vmatrix}}, x_2 = \frac{D_2}{D} = \frac{\begin{vmatrix} a_{11} & b_1 \\ a_{21} & b_2 \end{vmatrix}}{\begin{vmatrix} a_{11} & a_{12} \\ a_{21} & a_{22} \end{vmatrix}} \quad (D \neq 0)$$

可以看出，行列式 D 是由方程组中未知数的系数按原来的顺序排成，叫做方程组的系数行列式．行列式 D_1 是由方程组中右边常数项 b_1, b_2 分别代替行列式 D 中 x_1 的系数而得到，行列式 D_2 是由 b_1, b_2 分别代替行列式 D 中 x_2 的系数而得到．

例 1 计算下列行列式．

(1) $\begin{vmatrix} 2 & -8 \\ 5 & 6 \end{vmatrix}$；　　(2) $\begin{vmatrix} \sin\alpha & -\cos\alpha \\ \cos\alpha & \sin\alpha \end{vmatrix}$．

解 (1) $\begin{vmatrix} 2 & -8 \\ 5 & 6 \end{vmatrix} = 2 \times 6 - 5 \times (-8) = 52$．

(2) $\begin{vmatrix} \sin\alpha & -\cos\alpha \\ \cos\alpha & \sin\alpha \end{vmatrix} = \sin^2\alpha + \cos^2\alpha = 1$．

例 2 解方程组
$$\begin{cases} 3x - 2y - 3 = 0 \\ x + 3y + 1 = 0 \end{cases}.$$

解 先将方程组化成一般形式

$$\begin{cases} 3x - 2y = 3 \\ x + 3y = -1 \end{cases}$$

$$D=\begin{vmatrix}3 & -2\\1 & 3\end{vmatrix}=3\times3-1\times(-2)=11\neq0$$

$$D_1=\begin{vmatrix}3 & -2\\-1 & 3\end{vmatrix}=7,\qquad D_2=\begin{vmatrix}3 & 3\\1 & -1\end{vmatrix}=-6$$

于是方程组的解为：$x=\dfrac{D_1}{D}=\dfrac{7}{11}$，$y=\dfrac{D_2}{D}=\dfrac{-6}{11}=-\dfrac{6}{11}$.

2．三阶行列式

定义 7.1.1 设有 3^2 个数排成三行三列的数表

$$\begin{matrix}a_{11} & a_{12} & a_{13}\\a_{21} & a_{22} & a_{23}\\a_{31} & a_{32} & a_{33}\end{matrix}\tag{6}$$

记

$$\begin{vmatrix}a_{11} & a_{12} & a_{13}\\a_{21} & a_{22} & a_{23}\\a_{31} & a_{32} & a_{33}\end{vmatrix}=a_{11}a_{22}a_{33}+a_{12}a_{23}a_{31}+a_{13}a_{21}a_{32}-a_{11}a_{23}a_{32}-a_{12}a_{21}a_{33}-a_{13}a_{22}a_{31}\tag{7}$$

式(7)称为由数表(6)所确定的三阶行列式，式(7)的右端称为三阶行列式的展开式，展开式共 3! 项.

三阶行列式的展开的对角线法则如图 7-1 所示：

实线上 3 数之积取正号，虚线上 3 数之积取负号，然后相加就是行列式的展开式，这种展开法则叫做对角线法则.

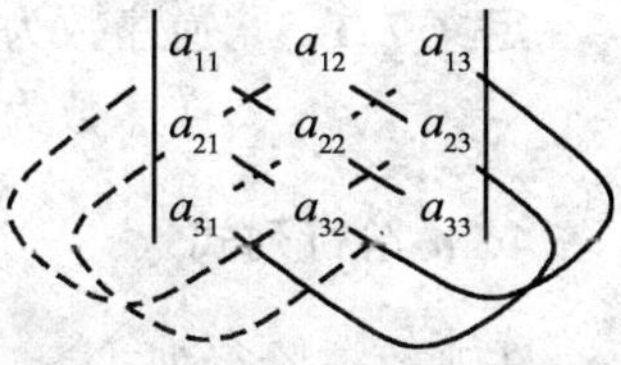

图 7-1

例 3 计算三阶行列式

$$D=\begin{vmatrix}1 & 3 & -1\\0 & 1 & 2\\-2 & 5 & 4\end{vmatrix}$$

解 按对角线法则有：

$$D=1\times1\times4+0\times5\times(-1)+(-2)\times3\times2-1\times5\times2-0\times3\times4$$
$$-(-2)\times1\times(-1)=4+0-12-10-0-2=-20.$$

例 4 求解方程

$$\begin{vmatrix}1 & 1 & 1\\2 & 3 & x\\4 & 9 & x^2\end{vmatrix}=0.$$

解 方程左端的三阶行列式

$$D=3x^2+4x+18-9x-2x^2-12=x^2-5x+6$$

由 $x^2-5x+6=0$ 解得 $x=2$ 或 $x=3$.

对角线法则只适用于二阶三阶行列式，为研究四阶行列式及更高阶行列式，先介绍排列及其逆序数的知识，然后引出 n 阶行列式的概念.

3．排列及其逆序数

定义 7.1.2 由数码 $1,2,\cdots,n$ 以任意顺序组成的一个有序数组称为一个 ***n* 级排列**，或称

为 n 元排列.

例如 1234,2341,4321…都是由数码 1,2,3,4 组成的 4 级排列.

23415,32514…都是由数码 1,2,3,4,5 组成的 5 级排列.

对于 3 个数码:1,2,3 所有的三级排列有:123,231,321,132,213,312 共 3! 个,而 n 级排列的总数为:$n(n-1)(n-2)\cdots 2\cdot 1=n!$

定义 7.1.3 在一个排列 $p_1\cdots p_t\cdots p_s\cdots p_n$ 中,如果有较大的数 p_t 排在较小的数 p_s 的前面 $(p_s<p_t)$,就说这个排列有一个**逆序**.

例如:231 有逆序: 1 的前面有 2 和 3,所以产生了两个逆序.

定义 7.1.4 在一个排列 $p_1p_2\cdots p_n$ 中,逆序的总数称为这个排列的**逆序数**,记为 $N(p_1p_2\cdots p_n)$.

例如:$N(231)=2$.

例 5 求排列32514的逆序数.

解 在排列 32514 中:

排在 2 的前面有 3 比它大,所以产生了一个逆序.

排在 5 的前面没有比它大的数,所以逆序为 0.

排在 1 的前面有 3,2,5 都比它大,所以产生了 3 个逆序.

排在 4 的前面有 5 比它大,所以产生了一个逆序.

于是 $N(32514)=1+0+3+1=5$.

定义 7.1.5 逆序数为奇数的排列称为奇排列.

逆序数为偶数的排列称为偶排列.

4. *n* 阶行列式

先观察三阶行列式

$$\begin{vmatrix} a_{11} & a_{12} & a_{13} \\ a_{21} & a_{22} & a_{23} \\ a_{31} & a_{32} & a_{33} \end{vmatrix} = a_{11}a_{22}a_{33}+a_{12}a_{23}a_{31}+a_{13}a_{21}a_{32}-a_{11}a_{23}a_{32}-a_{12}a_{21}a_{33}-a_{13}a_{22}a_{31}$$

其中:a_{ij}表示在行列式中位于第 i 行第 j 列上的元素.

其特点是:

(1)三阶行列式有 3! 项;

(2)它们的每一项都是行列式中不同行不同列的元素的乘积;

(3)正负各占一半,每一项 $a_{1p_1}a_{2p_2}a_{3p_3}$的行标是按自然数 1,2,3 的顺序排列,而列标排成 $p_1p_2p_3$.它是 1,2,3 三个数的某个排列,若 $p_1p_2p_3$ 为偶排列,则取正号;若 $p_1p_2p_3$ 为奇排列,则取负号.

所以三阶行列式可以写成

$$\begin{vmatrix} a_{11} & a_{12} & a_{13} \\ a_{21} & a_{22} & a_{23} \\ a_{31} & a_{32} & a_{33} \end{vmatrix} = \sum(-1)^{N(p_1p_2p_3)}a_{1p_1}a_{2p_2}a_{3p_3}$$

其中 $N(p_1p_2p_3)$为排列 $p_1p_2p_3$ 的逆序数.$\sum$表示对 1,2,3 三个数的所有排列 $p_1p_2p_3$ 取和.

由此可以把行列式推广到一般的情况.

定义 7.1.6 设有 n^2 个数排成 n 行 n 列的数表

$$\begin{matrix} a_{11} & a_{12} & \cdots & a_{1n} \\ a_{21} & a_{22} & \cdots & a_{2n} \\ \cdots & \cdots & & \cdots \\ a_{n1} & a_{n2} & \cdots & a_{nn} \end{matrix} \tag{8}$$

记

$$\begin{vmatrix} a_{11} & a_{12} & \cdots & a_{1n} \\ a_{21} & a_{22} & \cdots & a_{2n} \\ \cdots & \cdots & & \cdots \\ a_{n1} & a_{n2} & \cdots & a_{nn} \end{vmatrix} = \sum (-1)^{N(p_1 p_2 \cdots p_n)} a_{1p_1} a_{2p_2} \cdots a_{np_n}. \tag{9}$$

式(9)称为由数表(8)所确定的 n 阶行列式, n 阶行列式表示 $n!$ 项的代数和,这些项是一切可能取自不同行不同列的个元素的乘积,各项的符号是:当列标的排列为偶排列则取正号,若为奇排列则取负号.

例 6 计算对角行列式

$$D = \begin{vmatrix} a_{11} & 0 & \cdots & 0 & 0 \\ 0 & a_{22} & \cdots & 0 & 0 \\ \cdots & \cdots & \cdots & \cdots & \cdots \\ 0 & 0 & \cdots & 0 & a_{nn} \end{vmatrix}.$$

解 根据定义,显然 $D = a_{11} a_{22} \cdots a_{nn}$.

例 7 计算上三角行列式

$$D = \begin{vmatrix} a_{11} & a_{12} & a_{13} & \cdots & a_{1n} \\ 0 & a_{22} & a_{23} & \cdots & a_{2n} \\ 0 & 0 & a_{33} & \cdots & a_{3n} \\ \cdots & \cdots & \cdots & \cdots & \cdots \\ 0 & 0 & 0 & \cdots & a_{nn} \end{vmatrix}.$$

解 根据定义,显然 $D = a_{11} a_{22} \cdots a_{nn}$.

习题 7.1

1. 利用对角线法则计算下列三阶行列式

(1) $\begin{vmatrix} 2 & 0 & 1 \\ 1 & -4 & -1 \\ -1 & 8 & 3 \end{vmatrix}$; (2) $\begin{vmatrix} 3 & 4 & -5 \\ 11 & 6 & -1 \\ 2 & 3 & 6 \end{vmatrix}$;

(3) $\begin{vmatrix} 4 & 2 & 3 \\ 0 & 3 & 2 \\ 0 & 0 & 3 \end{vmatrix}$; (4) $\begin{vmatrix} a & b & c \\ b & c & a \\ c & a & b \end{vmatrix}$;

(5) $\begin{vmatrix} 1 & 1 & 1 \\ a & b & c \\ a^2 & b^2 & c^2 \end{vmatrix}$; (6) $\begin{vmatrix} x & y & x+y \\ y & x+y & x \\ x+y & x & y \end{vmatrix}$.

2. 求下列排列的逆序数

(1)1234；　　(2)4132；　　(3)3421；

(4)2413；　　(5)3712456；　　(6)$n(n-1)\cdots 2\cdot 1$.

3. 证明 $\begin{vmatrix} a^2 & ab & b^2 \\ 2a & a+b & 2b \\ 1 & 1 & 1 \end{vmatrix} = (a-b)^3$.

4. 解方程

(1) $\begin{vmatrix} x^2 & 4 & -9 \\ x & 2 & 3 \\ 1 & 1 & 1 \end{vmatrix} = 0$；　　(2) $\begin{vmatrix} x-1 & -2 & -3 \\ -2 & x-1 & -3 \\ -3 & -3 & x-6 \end{vmatrix} = 0$.

第二节　行列式的基本性质

上节已经阐明了行列式的定义，接着要进行行列式的计算. 根据行列式的定义，当然也可以计算行列式，但这样计算很麻烦. 这节我们不加证明地引入行列式的基本性质，引用这些性质，可以简化行列式的计算. 在介绍行列式的性质之前，先给出 n 阶转置行列式的概念.

定义 7.2.1　如果把行列式

$$D = \begin{vmatrix} a_{11} & a_{12} & \cdots & a_{1n} \\ a_{21} & a_{22} & \cdots & a_{2n} \\ \cdots & \cdots & \cdots & \cdots \\ a_{n1} & a_{n2} & \cdots & a_{nn} \end{vmatrix}$$

中的行与列按原来的顺序互换，得到的新行列式

$$D^{\mathrm{T}} = \begin{vmatrix} a_{11} & a_{21} & \cdots & a_{n1} \\ a_{12} & a_{22} & \cdots & a_{n2} \\ \cdots & \cdots & \cdots & \cdots \\ a_{1n} & a_{2n} & \cdots & a_{nn} \end{vmatrix}$$

称为 D 的转置行列式.

1. 行列式的基本性质

性质 1　行列式与它的转置行列式相等.

例如　$D = \begin{vmatrix} 1 & 2 & 3 \\ 4 & 5 & 6 \\ 2 & 1 & 3 \end{vmatrix} = -9$，则　$D^{\mathrm{T}} = \begin{vmatrix} 1 & 4 & 2 \\ 2 & 5 & 1 \\ 3 & 6 & 3 \end{vmatrix} = -9$.

性质 2　互换行列式中两行（两列）的位置，行列式变号.

例如　$D = \begin{vmatrix} 1 & 2 & 3 \\ 4 & 5 & 6 \\ 2 & 1 & 3 \end{vmatrix} = -9$，而　$D_1 = \begin{vmatrix} 4 & 5 & 6 \\ 1 & 2 & 3 \\ 2 & 1 & 3 \end{vmatrix} = 9$.

性质 3　对行列式某一行（列）的元素同乘常数 k，等于常数 k 乘此行列式.

例如 $\begin{vmatrix} a_1 & b_1 & c_1 \\ ka_2 & kb_2 & kc_2 \\ a_3 & b_3 & c_3 \end{vmatrix} = k\begin{vmatrix} a_1 & b_1 & c_1 \\ a_2 & b_2 & c_2 \\ a_3 & b_3 & c_3 \end{vmatrix}$.

推论 1 行列式的某一行(列)有公因子可以把公因子提到行列式外面.

推论 2 如果行列式某一行(列)的所有元素都是零,那么行列式等于零.

性质 4 如果行列式有两行(两列)对应元素相同,则行列式为零.

例如 $\begin{vmatrix} a_1 & a_2 & a_3 \\ b_1 & b_2 & b_3 \\ a_1 & a_2 & a_3 \end{vmatrix} = a_1b_2a_3 + a_2b_3a_1 + a_3b_1a_2 - a_1b_3a_2 - a_2b_1a_3 - a_3b_2a_1 = 0$.

推论 3 行列式中如果两行(列)对应元素成比例,那么行列式的值为零.

性质 5 如果行列式中某一行(列)的各元素均为两数和,则行列式可表示为两个行列式之和.

例如 $D = \begin{vmatrix} 1 & 2 & 3 \\ 4 & 5 & 6 \\ 4 & 2 & 6 \end{vmatrix} = \begin{vmatrix} 1 & 2 & 3 \\ 4 & 5 & 6 \\ 2+2 & 1+1 & 3+3 \end{vmatrix} = \begin{vmatrix} 1 & 2 & 3 \\ 4 & 5 & 6 \\ 2 & 1 & 3 \end{vmatrix} + \begin{vmatrix} 1 & 2 & 3 \\ 4 & 5 & 6 \\ 2 & 1 & 3 \end{vmatrix} = 18$.

性质 6 把行列式的某一行(列)的各元素乘以同一个数后加到另一行(列)对应的元素中去,行列式的值不变.

例如 $\begin{vmatrix} a_1 & b_1 & c_1 \\ a_2 & b_2 & c_2 \\ a_3 & b_3 & c_3 \end{vmatrix} = \begin{vmatrix} a_1 & b_1 & c_1 \\ a_2+ka_1 & b_2+kb_1 & c_2+kc_1 \\ a_3 & b_3 & c_3 \end{vmatrix}$.

定义 7.2.2 将行列式中第 i 行第 j 列元素 a_{ij} 所在的行和列划去后,余下的元素按原有次序排列成一个新的行列式,称这个行列式为元素 a_{ij} 的余子式,记为 M_{ij};M_{ij} 与 $(-1)^{i+j}$ 的乘积,称为元素 a_{ij} 的代数余子式,记为 A_{ij},即

$$A_{ij} = (-1)^{i+j}M_{ij}.$$

例 1 求行列式 $\begin{vmatrix} 3 & 1 & 5 \\ 0 & 4 & 2 \\ 2 & 3 & -1 \end{vmatrix}$ 中元素 a_{12}, a_{21}, a_{33} 的代数余子式.

解 元素 a_{12} 的代数余子式为:$A_{12} = (-1)^{1+2}\begin{vmatrix} 0 & 2 \\ 2 & -1 \end{vmatrix} = 4$,

元素 a_{21} 的代数余子式为:$A_{21} = (-1)^{2+1}\begin{vmatrix} 1 & 5 \\ 3 & -1 \end{vmatrix} = 16$,

元素 a_{33} 的代数余子式为:$A_{33} = (-1)^{3+3}\begin{vmatrix} 3 & 1 \\ 0 & 4 \end{vmatrix} = 12$.

性质 7 (行列式的展开性质)行列式等于它的任一行(列)的各个元素与其对应的代数余子式的乘积之和,即

$$D = a_{i1}A_{i1} + a_{i2}A_{i2} + \cdots + a_{in}A_{in} \quad (i = 1,2,\cdots,n),$$

或 $$D = a_{1j}A_{1j} + a_{2j}A_{2j} + \cdots + a_{nj}A_{nj} \quad (j = 1,2,\cdots,n).$$

例如

$$\begin{vmatrix} 2 & 1 & 2 \\ -4 & 3 & 1 \\ 2 & 3 & 5 \end{vmatrix} = (-1)^{1+1}2\begin{vmatrix} 3 & 1 \\ 3 & 5 \end{vmatrix} + (-1)^{1+2}1\begin{vmatrix} -4 & 1 \\ 2 & 5 \end{vmatrix} + (-1)^{1+3}2\begin{vmatrix} -4 & 3 \\ 2 & 3 \end{vmatrix} = 10.$$

(按第一行展开)

$$\begin{vmatrix} 2 & 1 & 2 \\ -4 & 3 & 1 \\ 2 & 3 & 5 \end{vmatrix} = (-1)^{1+2}1\begin{vmatrix} -4 & 1 \\ 2 & 5 \end{vmatrix} + (-1)^{2+2}3\begin{vmatrix} 2 & 2 \\ 2 & 5 \end{vmatrix} + (-1)^{3+2}3\begin{vmatrix} 2 & 2 \\ -4 & 1 \end{vmatrix} = 10.$$

(按第二列展开).

2. 行列式的计算

行列式的基本计算方法之一是根据行列式的特点,利用行列式的性质,把它逐步化为上三角形行列式,由前面的结论可知,这时行列式的值就是主对角线上元素的乘积,这种方法称为"化三角形法".

为了书写简便,利用性质时约定:以 r_i 表示第 i 行,c_j 表示第 j 列,且

$r_i \leftrightarrow r_j(c_i \leftrightarrow c_j)$表示 i,j 两行(列)互换;

$kr_i(kc_i)$表示数 k 乘以第 i 行(列);

$r_i + kr_j(c_i + kc_j)$表示第 j 行(列)的所有元素同乘以数 k 后加到第 i 行(列).

例 2 计算四阶行列式

$$D = \begin{vmatrix} 2 & -5 & 1 & 2 \\ -3 & 7 & -1 & 4 \\ 5 & -9 & 2 & 7 \\ 0 & -7 & 1 & 2 \end{vmatrix}.$$

解 利用行列式性质,把 D 化为上三角形行列式

$$D \xlongequal{c_1 \leftrightarrow c_3} -\begin{vmatrix} 1 & -5 & 2 & 2 \\ -1 & 7 & -3 & 4 \\ 2 & -9 & 5 & 7 \\ 1 & -7 & 0 & 2 \end{vmatrix} \xlongequal[r_4 - r_1]{r_2 + r_1,\ r_3 - 2r_1} -\begin{vmatrix} 1 & -5 & 2 & 2 \\ 0 & 2 & -1 & 6 \\ 0 & 1 & 1 & 3 \\ 0 & -2 & -2 & 0 \end{vmatrix}$$

$$\xlongequal{r_2 \leftrightarrow r_3} \begin{vmatrix} 1 & -5 & 2 & 2 \\ 0 & 1 & 1 & 3 \\ 0 & 2 & -1 & 6 \\ 0 & -2 & -2 & 0 \end{vmatrix} \xlongequal[r_4 + 2r_2]{r_3 - 2r_2} \begin{vmatrix} 1 & -5 & 2 & 2 \\ 0 & 1 & 1 & 3 \\ 0 & 0 & -3 & 0 \\ 0 & 0 & 0 & 6 \end{vmatrix} = -18.$$

例 3 计算四阶行列式

$$D = \begin{vmatrix} 3 & 1 & 1 & 1 \\ 1 & 3 & 1 & 1 \\ 1 & 1 & 3 & 1 \\ 1 & 1 & 1 & 3 \end{vmatrix}.$$

解 这个行列式的特点是各列 4 个数之和都是 6,现把 2,3,4 行同时加到第 1 行,提出公因子 6,然后各行减去第 1 行:

$$D \xlongequal{r_1+r_2+r_3+r_4} \begin{vmatrix} 6 & 6 & 6 & 6 \\ 1 & 3 & 1 & 1 \\ 1 & 1 & 3 & 1 \\ 1 & 1 & 1 & 3 \end{vmatrix} = 6\begin{vmatrix} 1 & 1 & 1 & 1 \\ 1 & 3 & 1 & 1 \\ 1 & 1 & 3 & 1 \\ 1 & 1 & 1 & 3 \end{vmatrix} \xlongequal[r_4-r_1]{r_2-r_1,\ r_3-r_1} 6\begin{vmatrix} 1 & 1 & 1 & 1 \\ 0 & 2 & 0 & 0 \\ 0 & 0 & 2 & 0 \\ 0 & 0 & 0 & 2 \end{vmatrix} = 48.$$

计算行列式的另一种基本方法是选择零元素最多的行(列),按这一行(列)展开;也可以先利用性质,把某一行(列)的元素化为仅有一个非零元素,然后再按这一行(列)展开,这种方法称为“降阶法”.

例 4 计算四阶行列式

$$D = \begin{vmatrix} 2 & 1 & 0 & 0 \\ 1 & 2 & 1 & 0 \\ 0 & 1 & 2 & 1 \\ 0 & 0 & 1 & 2 \end{vmatrix}.$$

解 D 中含零较多,可直接按第一列展开.

$$D = 2\times(-1)^{1+1}\begin{vmatrix} 2 & 1 & 0 \\ 1 & 2 & 1 \\ 0 & 1 & 2 \end{vmatrix} + 1\times(-1)^{2+1}\begin{vmatrix} 1 & 0 & 0 \\ 1 & 2 & 1 \\ 0 & 1 & 2 \end{vmatrix} = 8-3=5.$$

例 5 计算四阶行列式

$$D = \begin{vmatrix} 5 & 2 & -6 & -3 \\ -4 & 7 & -2 & 4 \\ -2 & 3 & 4 & 1 \\ 7 & -8 & -10 & -5 \end{vmatrix}$$

解 D 中无含零元素较多的行(列),为了避免分数运算,可选择 1 所在的第 3 行(或第 4 列),利用性质 6 把 1 以外的元素都变为零,然后再按第 3 行(或第 4 列)展开.

$$D \xlongequal[c_3-4c_4]{c_1+2c_4,\ c_2-3c_4} \begin{vmatrix} -1 & 11 & 6 & -3 \\ 4 & -5 & -18 & 4 \\ 0 & 0 & 0 & 1 \\ -3 & 7 & 10 & -5 \end{vmatrix} = (-1)^{3+4}\begin{vmatrix} -1 & 11 & 6 \\ 4 & -5 & -18 \\ -3 & 7 & 10 \end{vmatrix} \xlongequal[r_1-3r_3]{r_2+4r_1}$$

$$-\begin{vmatrix} -1 & 11 & 6 \\ 0 & 39 & 6 \\ 0 & -26 & -8 \end{vmatrix} = -(-1)^{1+1}\begin{vmatrix} 39 & 6 \\ -26 & -8 \end{vmatrix} = 156$$

习题 7.2

1. 写出三阶行列式 $D = \begin{vmatrix} -1 & 3 & 2 \\ 7 & 0 & 6 \\ 11 & 9 & -4 \end{vmatrix}$ 中元素 $a_{21}=7, a_{23}=6$ 的代数余子式,并求其值.

2. 写出四阶行列式 $D = \begin{vmatrix} 5 & -3 & 0 & 1 \\ 0 & -2 & -1 & 0 \\ 1 & 0 & 4 & 7 \\ 0 & 3 & 0 & 2 \end{vmatrix}$ 中元素 $a_{23}=-1, a_{33}=4$ 的代数余子式,并求其值.

3. 计算下列行列式

(1) $\begin{vmatrix} 4 & 1 & 2 & 4 \\ 1 & 2 & 0 & 2 \\ 10 & 5 & 2 & 0 \\ 0 & 1 & 1 & 7 \end{vmatrix}$；　　(2) $\begin{vmatrix} 3 & -7 & 2 & 4 \\ -2 & 5 & 1 & -3 \\ 1 & -5 & -1 & 2 \\ 4 & -6 & 3 & 8 \end{vmatrix}$；

(3) $\begin{vmatrix} -ab & ac & ae \\ bd & -cd & de \\ bf & cf & -ef \end{vmatrix}$；　　(4) $\begin{vmatrix} a & 1 & 0 & 0 \\ -1 & b & 1 & 0 \\ 0 & -1 & c & 1 \\ 0 & 0 & -1 & d \end{vmatrix}$.

4. 解方程：$\begin{vmatrix} 2 & 2 & 4 & 6 \\ 1 & 2-x^2 & 2 & 3 \\ 1 & 3 & 1 & 5 \\ -1 & -3 & -1 & x^2-9 \end{vmatrix}=0.$

5. 证明：(1) $\begin{vmatrix} 1 & a & a^3 \\ 1 & b & b^3 \\ 1 & c & c^3 \end{vmatrix}=(a-b)(b-c)(c-a)(a+b+c)$；

(2) $\begin{vmatrix} c & a & d & b \\ a & c & d & b \\ a & c & b & d \\ c & a & b & d \end{vmatrix}=0.$

第三节　克莱姆法则

现在我们来应用行列式解决线性方程组的问题，在这里只考虑方程个数与未知量的个数相等的情形.至于更一般的情形留到等七节讨论.

n 个未知数 n 个方程的线性方程组的一般形式为：

$$\begin{cases} a_{11}x_1+a_{12}x_2+\cdots a_{1n}x_n=b_1 \\ a_{21}x_1+a_{22}x_2+\cdots a_{2n}x_n=b_2 \\ \cdots\quad\cdots\quad\cdots\quad\cdots \\ a_{n1}x_1+a_{n2}x_2+\cdots a_{nn}x_n=b_n \end{cases}\tag{7-1}$$

克莱姆法则　若线性方程组(7-1)的系数行列式不等于零，即

$$D=\begin{vmatrix} a_{11} & a_{12} & \cdots & a_{1n} \\ a_{21} & a_{22} & \cdots & a_{2n} \\ \cdots & \cdots & \cdots & \cdots \\ a_{n1} & a_{n2} & \cdots & a_{nn} \end{vmatrix}\neq 0$$

则方程组(7-1)有唯一解：

$$x_1=\frac{D_1}{D},x_2=\frac{D_2}{D},\cdots,x_n=\frac{D_n}{D}.$$

其中 $D_j(j=1,2,\cdots,n)$是把系数行列式 D 中第 j 列 $a_{1j},a_{2j},\cdots,a_{nj}$换成方程组(7-1)的常数项 $b_1,b_2,\cdots,b_n$ 而得到的 n 阶行列式.

例 1 解线性方程组:

$$\begin{cases} x_1-x_2+2x_4=-5 \\ 3x_1+2x_2-x_3-2x_4=6 \\ 4x_1+3x_2-x_3-x_4=0 \\ 2x_1-x_3=0 \end{cases}$$

解 因为

$$D=\begin{vmatrix}1&-1&0&2\\3&2&-1&-2\\4&3&-1&-1\\2&0&-1&0\end{vmatrix}\xlongequal{c_1+2c_3}\begin{vmatrix}1&-1&0&2\\1&2&-1&-2\\2&3&-1&-1\\0&0&-1&0\end{vmatrix}=(-1)(-1)^{4+3}\begin{vmatrix}1&-1&2\\1&2&-2\\2&3&-1\end{vmatrix}$$

$$\xlongequal[r_3-2r_1]{r_2-r_1}\begin{vmatrix}1&-1&2\\0&3&-4\\0&5&-5\end{vmatrix}=\begin{vmatrix}3&-4\\5&-5\end{vmatrix}=5\neq0$$

$$D_1=\begin{vmatrix}-5&-1&0&2\\6&2&-1&-2\\0&3&-1&-1\\0&0&-1&0\end{vmatrix}=(-1)(-1)^{4+3}\begin{vmatrix}-5&-1&2\\6&2&-2\\0&3&-1\end{vmatrix}$$

$$\xlongequal{c_2+3c_3}\begin{vmatrix}-5&5&2\\6&-4&-2\\0&0&-1\end{vmatrix}=-\begin{vmatrix}-5&5\\6&-4\end{vmatrix}=10$$

经过计算还可得到

$$D_2=\begin{vmatrix}1&-5&0&2\\3&6&-1&-2\\4&0&-1&-1\\2&0&-1&0\end{vmatrix}=-15$$

$$D_3=\begin{vmatrix}1&-1&-5&2\\3&2&6&-2\\4&3&0&-1\\2&0&0&0\end{vmatrix}=20$$

$$D_4=\begin{vmatrix}1 & -1 & 0 & -5\\3 & 2 & -1 & 6\\4 & 3 & -1 & 0\\2 & 0 & -1 & 0\end{vmatrix}=-25$$

所以方程组的解为

$$x_1=\frac{D_1}{D}=\frac{10}{5}=2,\qquad x_2=\frac{D_2}{D}=\frac{-15}{5}=-3,$$

$$x_3=\frac{D_3}{D}=\frac{20}{5}=4,\qquad x_4=\frac{D_4}{D}=\frac{-25}{5}=-5.$$

在方程组(7-1)中,当常数项 $b_1,b_2,\cdots,b_n$ 全为零时,称为齐次线性方程组,即称方程组

$$\begin{cases}a_{11}x_1+a_{12}x_2+\cdots a_{1n}x_n=0\\a_{21}x_1+a_{22}x_2+\cdots a_{2n}x_n=0\\\quad\cdots\qquad\cdots\qquad\cdots\\a_{n1}x_1+a_{n2}x_2+\cdots a_{nn}x_n=0\end{cases}\tag{7-2}$$

为**齐次线性方程组**。

在实用上,有关力学稳定性问题和振动问题常常遇到这种方程组.

对于齐次线性方程组(7-2),由于行列式 D_j 中第 j 列的元素都是零,所以 $D_j=0(j=1,2,\cdots,n)$,当其系数行列式 $D\neq0$ 时,根据克莱姆法则,方程组(7-2)的唯一解是:

$$x_1=x_2=\cdots=x_n=0$$

全部由零组成的解叫做**零解**.

推论1 如果齐次线性方程组(7-2)的系数行列式 $D\neq0$,则它只有零解.

推论2 齐次线性方程组(7-2)有非零解的必要条件是系数行列式 $D=0$.

例2 解齐次线性方程组

$$\begin{cases}x_1+2x_2+x_3=0\\-2x_1+x_2-x_3=0.\\x_1-4x_2+2x_3=0\end{cases}$$

解 因为系数行列式

$$D=\begin{vmatrix}1 & 2 & 1\\-2 & 1 & -1\\1 & -4 & 2\end{vmatrix}=\begin{vmatrix}1 & 2 & 1\\-1 & 3 & 0\\-1 & -8 & 0\end{vmatrix}=\begin{vmatrix}-1 & 3\\-1 & -8\end{vmatrix}=11\neq0$$

所以,方程组只有零解,即 $x_1=x_2=x_3=0$.

在力学的稳定性问题和振动问题中,方程组(7-2)的系数 a_{ij} 常与一个参数 λ 有关,下面我们通过例子说明如何求出一些 λ 的值,使得方程组(7-2)有非零解.

例3 当 λ 取何值时,齐次线性方程组

$$\begin{cases}(\lambda+3)x_1+14x_2+2x_3=0\\-2x_1+(\lambda-8)x_2-x_3=0\\-2x_1-3x_2+(\lambda-2)x_3=0\end{cases}$$

有非零解?

解 因为方程组的系数行列式

$$D=\begin{vmatrix}\lambda+3 & 14 & 2\\ -2 & \lambda-8 & -1\\ -2 & -3 & \lambda-2\end{vmatrix}=\begin{vmatrix}\lambda-1 & 14 & 2\\ 0 & \lambda-8 & -1\\ 2-2\lambda & -3 & \lambda-2\end{vmatrix}=\begin{vmatrix}\lambda-1 & 14 & 2\\ 0 & \lambda-8 & -1\\ 0 & 25 & \lambda+2\end{vmatrix}$$

$$=(\lambda-1)\begin{vmatrix}\lambda-8 & -1\\ 25 & \lambda+2\end{vmatrix}=(\lambda-1)(\lambda-3)^2$$

由推论 2 知,若所给的齐次线性方程组有非零解,则其系数行列式 $D=0$.即

$$(\lambda-1)(\lambda-3)^2=0$$

所以,当 $\lambda=1$ 或 $\lambda=3$ 时,所给的齐次线性方程组有非零解.

习题 7.3

1. 用克莱姆法则解下列方程组:

(1)
$$\begin{cases}2x_1+3x_2+11x_3+5x_4=2\\ x_1+x_2+5x_3+2x_4=1\\ -x_2-7x_3=-5\\ -2x_3+2x_4=-4\end{cases};$$

(2)
$$\begin{cases}x_1+x_2+x_3+x_4=5\\ x_1+2x_2-x_3+x_4=-2\\ 2x_1+3x_2-x_3-5x_4=-2\\ 3x_1+x_2+2x_3+3x_4=4\end{cases}.$$

2. 问 λ,μ 取何值时, 齐次线性方程组

$$\begin{cases}\lambda x_1+x_2+x_3=0\\ x_1+\mu x_2+x_3=0\\ x_1+2\mu x_2+x_3=0\end{cases}.$$

有非零解?

第四节　矩阵的概念和运算

前面我们学习了用行列式解线性方程组,下面我们再介绍一种解线性方程组的方法,为此我们引入一个新的概念——矩阵.

1. 矩阵的概念

引例:在物资调运中,某类物资有 3 个产地,4 个销地.它的调运情况如 7-1 表所示:

表 7-1

调运吨数 销地 / 产地	Ⅰ	Ⅱ	Ⅲ	Ⅳ
A	0	3	4	7
B	8	2	3	0
C	5	4	0	6

为了研究方便,在数学中常把表中的说明去掉.表中的数据按原来的位置、次序排成一个矩形数表,并用一个括号括起来.

$$\begin{pmatrix} 0 & 3 & 4 & 7 \\ 8 & 2 & 3 & 0 \\ 5 & 4 & 0 & 6 \end{pmatrix}$$

这种矩形的数表在数学上就叫做矩阵,这个矩阵有三行四列,我们把这种矩阵叫做 3×4 矩阵.

一般地,给出以下的定义:

定义 7.4.1 由 $m\times n$ 个数排成的 m 行 n 列的数表

$$\begin{pmatrix} a_{11} & a_{12} & \cdots & a_{1n} \\ a_{21} & a_{22} & \cdots & a_{2n} \\ \cdots & \cdots & \cdots & \cdots \\ a_{m1} & a_{m2} & \cdots & a_{mn} \end{pmatrix}$$

称为 ***m* 行 *n* 列矩阵**,简称为 $m\times n$ **矩阵**.矩阵常用大写字母 $A,B,C,\cdots$表示.例如上述矩阵可以记作 A 或 $A_{m\times n}$,有时也简记为:

$$A=(a_{ij})_{m\times n}$$

其中 a_{ij}称为矩阵 A 第 i 行第 j 列的元素

在以后的讨论中还会经常用到几种特殊的矩阵,下面分别给出它们的名称:

(1)方阵　当 $m=n$ 时,矩阵 A 称为 n 阶方阵.

(2)列阵　当 $n=1$ 时,矩阵 A 只有一列,称为列矩阵.

$$A=\begin{pmatrix} a_{11} \\ a_{21} \\ \vdots \\ a_{m1} \end{pmatrix}.$$

(3)行阵　当 $m=1$ 时,矩阵 A 只有一行,称为行矩阵.

$$A=(a_{11} \quad a_{12} \quad \cdots \quad a_{1n}).$$

(4)零阵　元素都是零的矩阵称为零矩阵,记作 $O_{m\times n}$或 O.

例如

$$O_{3\times5}=\begin{pmatrix} 0 & 0 & 0 & 0 & 0 \\ 0 & 0 & 0 & 0 & 0 \\ 0 & 0 & 0 & 0 & 0 \end{pmatrix}.$$

(5)对角阵　一个 n 阶方阵从左上角到右下角的对角线称为主对角线.如果一个方阵主对角线以外的元素都为零,则这个方阵称为对角方阵,即

$$\begin{pmatrix} a_{11} & 0 & \cdots & 0 \\ 0 & a_{22} & \cdots & 0 \\ \cdots & \cdots & \cdots & \cdots \\ 0 & 0 & \cdots & a_{nn} \end{pmatrix}.$$

(6)单位阵　主对角线上的元素都为 1 的对角方阵称为单位矩阵,记为 I.即

$$I=\begin{pmatrix} 1 & 0 & \cdots & 0 \\ 0 & 1 & \cdots & 0 \\ \cdots & \cdots & \cdots & \cdots \\ 0 & 0 & \cdots & 1 \end{pmatrix}.$$

(7)转置矩阵　把矩阵 A 的行和列按顺序互换，所得到的矩阵称为 A 的转置矩阵，记作 A^{T}. 即

设 $A=\begin{pmatrix} a_{11} & a_{12} & \cdots & a_{1n} \\ a_{21} & a_{22} & \cdots & a_{2n} \\ \cdots & \cdots & \cdots & \cdots \\ a_{m1} & a_{m2} & \cdots & a_{mn} \end{pmatrix}$，则 $A^{\mathrm{T}}=\begin{pmatrix} a_{11} & a_{21} & \cdots & a_{m1} \\ a_{12} & a_{22} & \cdots & a_{m2} \\ \cdots & \cdots & \cdots & \cdots \\ a_{1n} & a_{2n} & \cdots & a_{mn} \end{pmatrix}$.

例如 $A=\begin{pmatrix} 1 & 2 & 3 \\ 7 & 8 & 10 \end{pmatrix}$，则 $A^{\mathrm{T}}=\begin{pmatrix} 1 & 7 \\ 2 & 8 \\ 3 & 10 \end{pmatrix}$.

2. 矩阵的运算

1)矩阵相等

定义 7.4.2　如果 $A=(a_{ij})_{m\times n}$，$B=(b_{ij})_{m\times n}$ 是两个 $m\times n$ 矩阵，且它们的对应元素都相等，即

$$a_{ij}=b_{ij} \quad (i=1,2,\cdots,m;j=1,2,\cdots,n)$$

则称矩阵 A 与矩阵 B 相等. 记为：$A=B$

2)矩阵的加法与减法

定义 7.4.3　若 $A=(a_{ij})_{m\times n}$，$B=(b_{ij})_{m\times n}$. 则 $A\pm B=(a_{ij}\pm b_{ij})_{m\times n}$

例 1　已知 $A=\begin{pmatrix} 2 & 0 & 1 \\ 3 & 1 & -2 \\ 1 & -1 & 2 \end{pmatrix}$，$B=\begin{pmatrix} 1 & 2 & -1 \\ 0 & 3 & -2 \\ -1 & 2 & 3 \end{pmatrix}$.

求：(1)$A+B$；(2)$A-B^{\mathrm{T}}$.

解　(1)$A+B=\begin{pmatrix} 2 & 0 & 1 \\ 3 & 1 & -2 \\ 1 & -1 & 2 \end{pmatrix}+\begin{pmatrix} 1 & 2 & -1 \\ 0 & 3 & -2 \\ -1 & 2 & 3 \end{pmatrix}=\begin{pmatrix} 3 & 2 & 0 \\ 3 & 4 & -4 \\ 0 & 1 & 5 \end{pmatrix}$.

(2)$A-B^{\mathrm{T}}=\begin{pmatrix} 2 & 0 & 1 \\ 3 & 1 & -2 \\ 1 & -1 & 2 \end{pmatrix}-\begin{pmatrix} 1 & 0 & -1 \\ 2 & 3 & 2 \\ -1 & -2 & 3 \end{pmatrix}=\begin{pmatrix} 1 & 0 & 2 \\ 1 & -2 & -4 \\ 2 & 1 & -1 \end{pmatrix}$.

矩阵的加法，满足以下规律

(1)交换律　$A+B=B+A$.

(2)结合律　$(A+B)+C=A+(B+C)$.

其中 A,B,C 都是 m 行 n 列矩阵

3)数与矩阵相乘

定义 7.4.4　设 $k\in R$，$A=(a_{ij})_{m\times n}$，则 $k_A=A_k=(ka_{ij})_{m\times n}$.

例 2　已知 $A=\begin{pmatrix} 0 & 3 \\ 3 & 2 \\ 4 & -3 \end{pmatrix}$　$B=\begin{pmatrix} 0 & 2 \\ -2 & 0 \\ 4 & -2 \end{pmatrix}$ 求 $A+\frac{1}{2}B$.

解　$A+\frac{1}{2}B=\begin{pmatrix} 0 & 3 \\ 3 & 2 \\ 4 & -3 \end{pmatrix}+\frac{1}{2}\begin{pmatrix} 0 & 2 \\ -2 & 0 \\ 4 & -2 \end{pmatrix}=\begin{pmatrix} 0 & 3 \\ 3 & 2 \\ 4 & -3 \end{pmatrix}+\begin{pmatrix} 0 & 1 \\ -1 & 0 \\ 2 & -1 \end{pmatrix}=\begin{pmatrix} 0 & 4 \\ 2 & 2 \\ 6 & -4 \end{pmatrix}$.

数与矩阵的乘法，满足以下规律

(1)分配律 $k(A+B)=kB+kA$

$(k+l)A=kA+lA.$

(2)结合律 $k(lA)=(kl)A.$

其中 A,B 都是 m 行 n 列矩阵,k,l 为任意常数.

4)矩阵的乘法

设 $$A=\begin{pmatrix} a_{11} & a_{12} & a_{13} \\ a_{21} & a_{22} & a_{23} \\ a_{31} & a_{32} & a_{33} \end{pmatrix}\quad B=\begin{pmatrix} b_{11} & b_{12} \\ b_{21} & b_{22} \\ b_{31} & b_{32} \end{pmatrix}$$

规定:

$$AB=\begin{pmatrix} a_{11}b_{11}+a_{12}b_{21}+a_{13}b_{31} & a_{11}b_{12}+a_{12}b_{22}+a_{13}b_{32} \\ a_{21}b_{11}+a_{22}b_{21}+a_{23}b_{31} & a_{21}b_{12}+a_{22}b_{22}+a_{23}b_{32} \\ a_{31}b_{11}+a_{32}b_{21}+a_{33}b_{31} & a_{31}b_{12}+a_{32}b_{22}+a_{33}b_{32} \end{pmatrix}$$

$$=\begin{pmatrix} \sum_{p=1}^{3}a_{1p}b_{p1} & \sum_{p=1}^{3}a_{1p}b_{p2} \\ \sum_{p=1}^{3}a_{2p}b_{p1} & \sum_{p=1}^{3}a_{2p}b_{p2} \\ \sum_{p=1}^{3}a_{3p}b_{p1} & \sum_{p=1}^{3}a_{3p}b_{p2} \end{pmatrix}=\begin{pmatrix} c_{11} & c_{12} \\ c_{21} & c_{22} \\ c_{31} & c_{32} \end{pmatrix}=(c_{ij})_{3\times 2}=\left(\sum_{p=1}^{3}a_{ip}b_{pj}\right)_{3\times 2}.$$

一般地,我们有

定义 7.4.5 设矩阵 $A=(a_{ip})_{m\times s}B=(b_{pj})_{s\times n}$,则

$$AB=(c_{ij})_{m\times n}=\left(\sum_{p=1}^{s}a_{ip}b_{pj}\right)_{m\times n},\text{即 } A_{m\times s}B_{s\times n}=C_{m\times n}.$$

从定义 7.4.5 可以看出,两矩阵相乘应注意以下问题:

(1)只有当矩阵 A(左矩阵)的列数等于矩阵 B(右矩阵)的行数时,A 与 B 才能相乘.

(2)两矩阵的乘积仍是一个矩阵,它的行数等于左矩阵的行数,它的列数等于右矩阵的列数.

矩阵乘法满足以下规律:

结合律: $(AB)C=A(BC)$ $k(AB)=(kA)B=A(kB).$

分配律: $A(B+C)=AB+AC$ $(B+C)A=BA+CA.$

其中 A,B,C 都是矩阵,k 为常数.

例 3 设矩阵 $A=\begin{pmatrix} 2 & -1 \\ -4 & 0 \\ 3 & 5 \end{pmatrix},B=\begin{pmatrix} 9 & -8 \\ -7 & 10 \end{pmatrix}$求 AB.

解 $$AB=\begin{pmatrix} 2 & -1 \\ -4 & 0 \\ 3 & 5 \end{pmatrix}\begin{pmatrix} 9 & -8 \\ -7 & 10 \end{pmatrix}$$

$$=\begin{pmatrix} 2\times 9+(-1)\times(-7) & 2\times(-8)+(-1)\times 10 \\ -4\times 9+0\times(-7) & -4\times(-8)+0\times 10 \\ 3\times 9+5\times(-7) & 3\times(-8)+5\times 10 \end{pmatrix}=\begin{pmatrix} 25 & -26 \\ -36 & 32 \\ -8 & 26 \end{pmatrix}.$$

例 4 已知 $A=\begin{pmatrix}2 & -3 & -1\\3 & 2 & 5\end{pmatrix}$, $B=\begin{pmatrix}1 & 2\\-5 & 1\\3 & -1\end{pmatrix}$求 AB 和 BA.

解

$$AB=\begin{pmatrix}2 & -3 & -1\\3 & 2 & 5\end{pmatrix}\begin{pmatrix}1 & 2\\-5 & 1\\3 & -1\end{pmatrix}$$

$$=\begin{pmatrix}2\times1+(-3)\times(-5)+(-1)\times3 & 2\times2+(-3)\times1+(-1)\times(-1)\\3\times1+2\times(-5)+5\times3 & 3\times2+2\times1+5\times(-1)\end{pmatrix}$$

$$=\begin{pmatrix}14 & 2\\8 & 3\end{pmatrix}.$$

$$BA=\begin{pmatrix}1 & 2\\-5 & 1\\3 & -1\end{pmatrix}\begin{pmatrix}2 & -3 & -1\\3 & 2 & 5\end{pmatrix}$$

$$=\begin{pmatrix}1\times2+2\times3 & 1\times(-3)+2\times2 & 1\times(-1)+2\times5\\-5\times2+1\times3 & -5\times(-3)+1\times2 & -5\times(-1)+1\times5\\3\times2+(-1)\times3 & 3\times(-3)+(-1)\times2 & 3\times(-1)+(-1)\times5\end{pmatrix}$$

$$=\begin{pmatrix}8 & 1 & 9\\-7 & 17 & 10\\3 & -11 & -8\end{pmatrix}.$$

由以上两例可知,矩阵与矩阵相乘不满足交换律,就是说,在一般情况下

$$AB\neq BA.$$

例 5 求$\begin{pmatrix}2 & 1\\4 & 2\end{pmatrix}\begin{pmatrix}1 & -2\\-2 & 4\end{pmatrix}$.

解 $\begin{pmatrix}2 & 1\\4 & 2\end{pmatrix}\begin{pmatrix}1 & -2\\-2 & 4\end{pmatrix}=\begin{pmatrix}0 & 0\\0 & 0\end{pmatrix}=O_{2\times2}$.

例 5 说明两个非零矩阵的乘积可能是零矩阵,这种现象在数的乘法运算中是不可能出现的.

例 6 已知

$$A=\begin{pmatrix}1 & 3 & 2\\3 & 0 & 6\end{pmatrix}, B=\begin{pmatrix}0 & 3\\2 & 0\\0 & 5\end{pmatrix}, C=\begin{pmatrix}0 & 5\\2 & 0\\0 & 4\end{pmatrix}, 求 AB 和 AC.$$

解

$$AB=\begin{pmatrix}1 & 3 & 2\\3 & 0 & 6\end{pmatrix}\begin{pmatrix}0 & 3\\2 & 0\\0 & 5\end{pmatrix}=\begin{pmatrix}6 & 13\\0 & 39\end{pmatrix}$$

$$AC=\begin{pmatrix}1 & 3 & 2\\3 & 0 & 6\end{pmatrix}\begin{pmatrix}0 & 5\\2 & 0\\0 & 4\end{pmatrix}=\begin{pmatrix}6 & 13\\0 & 39\end{pmatrix}.$$

例 6 说明,若 $AB=AC$,一般地 $B\neq C$,即矩阵乘法不满足消去律.

例 7 已知 $A=\begin{pmatrix}a_{11} & a_{12} & a_{13}\\a_{21} & a_{22} & a_{23}\\a_{31} & a_{32} & a_{33}\end{pmatrix}$ $I=\begin{pmatrix}1 & 0 & 0\\0 & 1 & 0\\0 & 0 & 1\end{pmatrix}$

求 IA 和 AI.

解

$$AI=\begin{pmatrix}a_{11}&a_{12}&a_{13}\\a_{21}&a_{22}&a_{23}\\a_{31}&a_{32}&a_{33}\end{pmatrix}\begin{pmatrix}1&0&0\\0&1&0\\0&0&1\end{pmatrix}=\begin{pmatrix}a_{11}&a_{12}&a_{13}\\a_{21}&a_{22}&a_{23}\\a_{31}&a_{32}&a_{33}\end{pmatrix}$$

$$IA=\begin{pmatrix}1&0&0\\0&1&0\\0&0&1\end{pmatrix}\begin{pmatrix}a_{11}&a_{12}&a_{13}\\a_{21}&a_{22}&a_{23}\\a_{31}&a_{32}&a_{33}\end{pmatrix}=\begin{pmatrix}a_{11}&a_{12}&a_{13}\\a_{21}&a_{22}&a_{23}\\a_{31}&a_{32}&a_{33}\end{pmatrix}$$

由此例可知,单位矩阵 I 在矩阵乘法中所起的作用与数的乘法中数 1 所起的作用相类似.即 $AI=IA$.

由以上几个例题可以看出,矩阵与矩阵相乘的运算与实数的乘法运算有类似的地方,也有差别很大的地方.矩阵与矩阵相乘时,必须按定义和所满足的规律去作,不要与实数乘法混淆,否则会出现错误.

3. 用矩阵表示线性方程组

利用矩阵的乘法和矩阵相等的含义,可以把线性方程组写成矩阵形式.例如二元一次方程组

$$\begin{cases}3x+2x_2=12\\x_1-3x_2=-7\end{cases}$$

设 $A=\begin{pmatrix}3&2\\1&-3\end{pmatrix}$, $X=\begin{pmatrix}x_1\\x_2\end{pmatrix}$, $B=\begin{pmatrix}12\\-7\end{pmatrix}$

则该方程组可写成

$$AX=B$$

一般地,n 个未知数 m 个方程的线性方程组为:

$$\begin{cases}a_{11}x_1+a_{12}x_2+\cdots+a_{1n}x_n=b_1\\a_{21}x_1+a_{22}x_2+\cdots+a_{2n}x_n=b_2\\\quad\cdots\qquad\cdots\qquad\cdots\\a_{m1}x_1+a_{m2}x_2+\cdots+a_{mn}x_n=b_m\end{cases}\tag{7-3}$$

设

$$\mathrm{A}=\begin{pmatrix}a_{11}&a_{12}&\cdots&a_{1n}\\a_{21}&a_{22}&\cdots&a_{2n}\\\cdots&\cdots&\cdots&\cdots\\a_{m1}&a_{m2}&\cdots&a_{mn}\end{pmatrix}$$

$$X=\begin{pmatrix}x_1\\x_2\\\vdots\\x_n\end{pmatrix}\qquad B=\begin{pmatrix}b_1\\b_2\\\vdots\\b_m\end{pmatrix}$$

则方程组(7-3)可写成

$$AX=B$$

方程 $AX=B$ 是线性方程组的矩阵表达式,叫做矩阵方程,其中 A 叫做方程组(7-3)的系数矩阵,X 叫做未知数矩阵,B 叫做常数项矩阵.

由方程组(7-3)中系数与常数组成的矩阵

$$\begin{pmatrix} a_{11} & a_{12} & \cdots & a_{1n} & b_1 \\ a_{21} & a_{22} & \cdots & a_{2n} & b_2 \\ \cdots & \cdots & & \cdots & \cdots \\ a_{m1} & a_{m2} & \cdots & a_{mn} & b_m \end{pmatrix}$$

称为增广矩阵,记为$\overline{A}$.

因为线性方程组是由它的系数和常数项确定的,所以用增广矩阵$\overline{A}$可清楚地表示一个线性方程组.

当方程组(7-3)的常数项 $b_1 = b_2 = \cdots = b_n = 0$ 时,称为齐次线性方程组,齐次线性方程组的矩阵表示形式为 $AX = 0$,

其中 $0 = (0 \quad 0 \quad \cdots \quad 0)^{\mathrm{T}}$.

习题 7.4

1. 设矩阵 $A = \begin{pmatrix} 2 & -1 & 4 & b \\ 1 & a & -5 & -2 \end{pmatrix}$, $B = \begin{pmatrix} c & -1 & 4 & 3 \\ 1 & 0 & d & -2 \end{pmatrix}$

且 $A = B$,求元素 a, b, c, d 的数值.

2. 设 $A = \begin{pmatrix} 3 & 2 & 5 \\ 1 & 6 & 1 \\ 4 & 5 & 7 \end{pmatrix}$, $B = \begin{pmatrix} 4 & 3 & 7.5 \\ 1.5 & 8.5 & 1.5 \\ 6 & 7.5 & 10 \end{pmatrix}$,

求 $3A + 2B$ 及 $3A - 2B$.

3. 设 $A = \begin{pmatrix} 1 & 1 & 1 \\ 1 & 1 & -1 \\ 1 & -1 & 1 \end{pmatrix}$, $B = \begin{pmatrix} 1 & 2 & 3 \\ -1 & -2 & 4 \\ 0 & 5 & 1 \end{pmatrix}$,

求 $3AB - 2A$ 及 $A^{\mathrm{T}}B$.

4. 计算下列乘积

(1) $\begin{pmatrix} 4 & 3 & 1 \\ 1 & -2 & 3 \\ 5 & 7 & 0 \end{pmatrix}\begin{pmatrix} 7 \\ 2 \\ 1 \end{pmatrix}$; (2) $(1 \quad 2 \quad 3)\begin{pmatrix} 3 \\ 2 \\ 1 \end{pmatrix}$;

(3) $\begin{pmatrix} 2 \\ 1 \\ 3 \end{pmatrix}(-1 \quad 2)$; (4) $\begin{pmatrix} 2 & 1 & 4 & 0 \\ 1 & -1 & 3 & 4 \end{pmatrix}\begin{pmatrix} 1 & 3 & 1 \\ 0 & -1 & 2 \\ 1 & -3 & 1 \\ 4 & 0 & -2 \end{pmatrix}$;

(5) $\begin{pmatrix} -2 & 0 & 2 \\ 3 & -4 & 0 \\ 0 & 3 & 4 \end{pmatrix}\begin{pmatrix} 3 & -6 & 0 \\ -2 & 0 & 4 \\ 0 & 5 & -1 \end{pmatrix}$.

5. 已知 $A = \begin{pmatrix} 3 & 1 & 1 \\ 2 & 1 & 2 \\ 1 & 2 & 3 \end{pmatrix}$, $B = \begin{pmatrix} 1 & 1 & -1 \\ 2 & -1 & 0 \\ 1 & 0 & 1 \end{pmatrix}$,求 $AB - BA$.

6. 对于下列各组矩阵 A 和 B,验证 $AB = BA = I$.

(1) $A = \begin{pmatrix} 1 & 2 & -3 \\ 0 & 1 & 2 \\ 0 & 0 & 1 \end{pmatrix}$, $B = \begin{pmatrix} 1 & -2 & 7 \\ 0 & 1 & -2 \\ 0 & 0 & 1 \end{pmatrix}$;

(2) $A=\begin{pmatrix}\cos\theta & \sin\theta\\ -\sin\theta & \cos\theta\end{pmatrix}$, $B=A^{\mathrm{T}}$.

第五节 逆 矩 阵

1. 逆矩阵

设 A 为 n 阶方阵，如果存在一个 n 阶方阵 B，使得 $AB=BA=I$，那么方阵 B 叫做方阵 A 的**逆矩阵**，记做 A^{-1}. 显然

$$AA^{-1}=A^{-1}A=I,$$

如果 A 有逆矩阵，则称 A 是可逆的.

可逆矩阵有以下性质：

(1)若 A 有逆矩阵，则其逆矩阵是唯一的.

(2) A 的逆矩阵的逆矩阵就是 A，即 $(A^{-1})^{-1}=A$

例如，对于矩阵

$$A=\begin{pmatrix}2&1&1\\1&0&2\\3&1&2\end{pmatrix},\quad C=\begin{pmatrix}-2&-1&2\\4&1&-3\\1&1&-1\end{pmatrix}$$

有

$$AC=\begin{pmatrix}2&1&1\\1&0&2\\3&1&2\end{pmatrix}\begin{pmatrix}-2&-1&2\\4&1&-3\\1&1&-1\end{pmatrix}=\begin{pmatrix}1&0&0\\0&1&0\\0&0&1\end{pmatrix}=I$$

$$CA=\begin{pmatrix}-2&-1&2\\4&1&-3\\1&1&-1\end{pmatrix}\begin{pmatrix}2&1&1\\1&0&2\\3&1&2\end{pmatrix}=\begin{pmatrix}1&0&0\\0&1&0\\0&0&1\end{pmatrix}=I$$

所以 A 是可逆的，C 是 A 的逆矩阵，即

$$C=A^{-1}=\begin{pmatrix}-2&-1&2\\4&1&-3\\1&1&-1\end{pmatrix}.$$

2. 逆矩阵的求法

设 n 阶方阵 $A=\begin{pmatrix}a_{11}&a_{12}&\cdots&a_{1n}\\a_{21}&a_{22}&\cdots&a_{2n}\\\cdots&\cdots&\cdots&\cdots\\a_{n1}&a_{n2}&\cdots&a_{nn}\end{pmatrix}$，则 $\begin{vmatrix}a_{11}&a_{12}&\cdots&a_{1n}\\a_{21}&a_{22}&\cdots&a_{2n}\\\cdots&\cdots&\cdots&\cdots\\a_{n1}&a_{n2}&\cdots&a_{nn}\end{vmatrix}$ 叫做矩阵 A 的行列式，记做 $|A|$.

设 A_{ij} 是 $|A|$ 中元素 a_{ij} 的代数余子式，则矩阵

$$\begin{pmatrix}A_{11}&A_{21}&\cdots&A_{n1}\\A_{12}&A_{22}&\cdots&A_{n2}\\\cdots&\cdots&\cdots&\cdots\\A_{1n}&A_{2n}&\cdots&A_{nn}\end{pmatrix}$$

叫做方阵 A 的伴随矩阵,记做 A^*.

关于逆矩阵,有如下定理:

定理 7.5 若 n 阶方阵 A 的行列式 $|A|\neq 0$,则 A 是可逆的,并且 A 的逆矩阵为

$$A^{-1}=\frac{1}{|A|}A^*.$$

例 1 求方阵 $A=\begin{pmatrix}1&0&3\\0&2&1\\3&1&5\end{pmatrix}$的逆矩阵.

解 因为$|A|=\begin{vmatrix}1&0&3\\0&2&1\\3&1&5\end{vmatrix}=-9\neq 0$,所以 A^{-1}存在.

因为

$$A_{11}=\begin{vmatrix}2&1\\1&5\end{vmatrix}=9,\qquad A_{12}=-\begin{vmatrix}0&1\\3&5\end{vmatrix}=3,\qquad A_{13}=\begin{vmatrix}0&2\\3&1\end{vmatrix}=-6,$$

$$A_{21}=-\begin{vmatrix}0&3\\1&5\end{vmatrix}=3,\qquad A_{22}=\begin{vmatrix}1&3\\3&5\end{vmatrix}=-4,\qquad A_{23}=-\begin{vmatrix}1&0\\3&1\end{vmatrix}=-1,$$

$$A_{31}=\begin{vmatrix}0&3\\2&1\end{vmatrix}=-6,\qquad A_{32}=-\begin{vmatrix}1&3\\0&1\end{vmatrix}=-1,\qquad A_{33}=\begin{vmatrix}1&0\\0&2\end{vmatrix}=2,$$

所以

$$A^*=\begin{pmatrix}9&3&-6\\3&-4&-1\\-6&-1&2\end{pmatrix}$$

所以矩阵 A 的逆矩阵

$$A^{-1}=\frac{1}{|A|}A^*=-\frac{1}{9}\begin{pmatrix}9&3&-6\\3&-4&-1\\-6&-1&2\end{pmatrix}=\begin{pmatrix}-1&-\frac{1}{3}&\frac{2}{3}\\-\frac{1}{3}&\frac{4}{9}&\frac{1}{9}\\\frac{2}{3}&\frac{1}{9}&-\frac{2}{9}\end{pmatrix}$$

例 2 设对角矩阵 $A=\begin{pmatrix}a&0&0&0\\0&b&0&0\\0&0&c&0\\0&0&0&d\end{pmatrix}$, 判别 A 是否可逆? 若可逆,求出 A^{-1}.

解 因为$|A|=\begin{vmatrix}a&0&0&0\\0&b&0&0\\0&0&c&0\\0&0&0&d\end{vmatrix}=abcd$

当 $abcd=0$ 时,矩阵 A 是不可逆的,即矩阵 A 的逆矩阵不存在,当 $abcd\neq 0$ 时,矩阵 A 是可逆的,又因为

$$A^* = \begin{pmatrix} A_{11} & A_{21} & A_{31} & A_{41} \\ A_{12} & A_{22} & A_{32} & A_{42} \\ A_{13} & A_{23} & A_{33} & A_{43} \\ A_{14} & A_{24} & A_{34} & A_{44} \end{pmatrix} = \begin{pmatrix} bcd & 0 & 0 & 0 \\ 0 & cda & 0 & 0 \\ 0 & 0 & dab & 0 \\ 0 & 0 & 0 & abc \end{pmatrix}$$

所以
$$A^{-1} = \frac{1}{abcd}A^* = \begin{pmatrix} \frac{1}{a} & 0 & 0 & 0 \\ 0 & \frac{1}{b} & 0 & 0 \\ 0 & 0 & \frac{1}{c} & 0 \\ 0 & 0 & 0 & \frac{1}{d} \end{pmatrix}$$

3. 用逆矩阵解线性方程组

下面介绍如何用逆矩阵来解未知数的个数与方程的个数相同的有唯一解的线性方程组.

例 3　利用逆矩阵解线性方程组

$$\begin{cases} x_1 + 2x_2 + x_3 = 3 \\ -2x_1 + x_2 - x_3 = -3 \\ x_1 - 4x_2 + 2x_3 = -5 \end{cases}.$$

解　设 $A = \begin{pmatrix} 1 & 2 & 1 \\ -2 & 1 & -1 \\ 1 & -4 & 2 \end{pmatrix}, X = \begin{pmatrix} x_1 \\ x_2 \\ x_3 \end{pmatrix}, B = \begin{pmatrix} 3 \\ -3 \\ -5 \end{pmatrix}$,

那么方程组可写成　$AX = B$,

因为　$|A| = \begin{vmatrix} 1 & 2 & 1 \\ -2 & 1 & -1 \\ 1 & -4 & 2 \end{vmatrix} = 11 \neq 0$, 所以 A^{-1}存在.

又因为

$A_{11} = \begin{vmatrix} 1 & -1 \\ -4 & 2 \end{vmatrix} = -2$　　$A_{21} = -\begin{vmatrix} 2 & 1 \\ -4 & 2 \end{vmatrix} = -8$　　$A_{31} = \begin{vmatrix} 2 & 1 \\ 1 & -1 \end{vmatrix} = -3$

$A_{12} = -\begin{vmatrix} -2 & -1 \\ 1 & 2 \end{vmatrix} = 3$　　$A_{22} = \begin{vmatrix} 1 & 1 \\ 1 & 2 \end{vmatrix} = 1$　　$A_{32} = -\begin{vmatrix} 1 & 1 \\ -2 & -1 \end{vmatrix} = -1$

$A_{13} = \begin{vmatrix} -2 & 1 \\ 1 & -4 \end{vmatrix} = 7$　　$A_{23} = -\begin{vmatrix} 1 & 2 \\ 1 & -4 \end{vmatrix} = 6$　　$A_{33} = \begin{vmatrix} 1 & 2 \\ -2 & 1 \end{vmatrix} = 5$

所以
$$A^{-1} = \frac{1}{11}\begin{pmatrix} -2 & -8 & -3 \\ 3 & 1 & -1 \\ 7 & 6 & 5 \end{pmatrix} = \begin{pmatrix} -\frac{2}{11} & -\frac{8}{11} & -\frac{3}{11} \\ \frac{3}{11} & \frac{1}{11} & -\frac{1}{11} \\ \frac{7}{11} & \frac{6}{11} & \frac{5}{11} \end{pmatrix}$$

将 $AX = B$ 的两边左乘以 A^{-1},就得到

$$A^{-1}AX = A^{-1}B$$

于是就有　$X = A^{-1}B$

即 $$X=\begin{pmatrix}x_1\\x_2\\x_3\end{pmatrix}=\begin{pmatrix}-\frac{2}{11} & -\frac{8}{11} & -\frac{3}{11}\\ \frac{3}{11} & \frac{1}{11} & -\frac{1}{11}\\ \frac{7}{11} & \frac{6}{11} & \frac{5}{11}\end{pmatrix}\begin{pmatrix}3\\-3\\-5\end{pmatrix}=\begin{pmatrix}3\\1\\-2\end{pmatrix}$$

即方程组的解为：$x_1=3, x_2=1, x_3=-2$.

由以上例题可以看出，用逆矩阵解线性方程组的方法要比用克莱姆法则解线性方程组简单.

习题 7.5

1. 求下列矩阵的伴随矩阵

(1)$\begin{pmatrix}3 & 2\\1 & 0\end{pmatrix}$；(2)$\begin{pmatrix}6 & 0\\0 & -2\end{pmatrix}$；(3)$\begin{pmatrix}1 & -2 & 5\\-3 & 0 & 4\\2 & 1 & 6\end{pmatrix}$.

2. 求下列矩阵的逆矩阵

(1)$\begin{pmatrix}1 & 2\\2 & 5\end{pmatrix}$；(2)$\begin{pmatrix}1 & 2 & -3\\0 & 1 & 2\\0 & 0 & 1\end{pmatrix}$；(3)$\begin{pmatrix}3 & 2 & 1\\6 & 4 & 2\\1 & 2 & 5\end{pmatrix}$；(4)$\begin{pmatrix}2 & 1 & 0 & 0\\0 & 2 & 1 & 0\\0 & 0 & 2 & 1\\0 & 0 & 0 & 2\end{pmatrix}$.

3. 用逆矩阵解下列线性方程组

(1)$\begin{cases}-x_1+x_2+x_3=0\\10x_1+20x_3=2\\10x_2-20x_3=0\end{cases}$；　(2)$\begin{cases}2x_1+2x_2+x_3=5\\3x_1+x_2+5x_3=0\\3x_1+2x_2+3x_3=4\end{cases}$；

4.求下列各中的未知数矩阵 X

(1)$\begin{pmatrix}2 & 5\\1 & 3\end{pmatrix}X=\begin{pmatrix}4 & -6\\2 & 1\end{pmatrix}$；

(2)$X\begin{pmatrix}2 & -4\\ \frac{1}{2} & -1\end{pmatrix}=\begin{pmatrix}1 & 0\\0 & 1\end{pmatrix}$；

(3)$X\begin{pmatrix}1 & 1 & -1\\2 & 1 & 0\\1 & -1 & 1\end{pmatrix}=\begin{pmatrix}1 & -1 & 3\\4 & 3 & 2\\1 & -2 & 5\end{pmatrix}$；

(4)$\begin{pmatrix}2 & 1\\3 & 2\end{pmatrix}X\begin{pmatrix}-3 & 2\\5 & -3\end{pmatrix}=\begin{pmatrix}-2 & 4\\3 & -1\end{pmatrix}$.

第六节　矩阵的初等变换

1. 矩阵的初等变换

矩阵的初等变换是矩阵的一种十分重要的运算，它在解线性方程组中起到重要的作用.为了引进矩阵的初等变换，先来分析用消元法解线性方程组.

引例:解线性方程组

$$\begin{cases} x_1+2x_2+3x_3=-7 & (1)\\ 2x_1-x_2+2x_3=-8 & (2)\\ x_1+3x_2 \qquad =7 & (3) \end{cases}$$

解用方程组

$$x_1+2x_2+3x_3=-7$$
$$2x_1-x_2+2x_3=-8$$
$$x_1+3x_2=7$$

(I) $$\xrightarrow[(3)-(1)]{(2)-2(1)} \begin{cases} x_1+2x_2+3x_3=-7 & (1)\\ -5x_2-4x_3 = 6 & (2)\\ x_2-3x_3 = 14 & (3) \end{cases}$$

$$\xrightarrow{(2)\leftrightarrow(3)} \begin{cases} x_1+2x_2+3x_3=-7 & (1)\\ x_2-3x_3 = 14 & (2)\\ -5x_2-4x_3 = 6 & (3) \end{cases}$$

$$\xrightarrow{(3)+5(2)} \begin{cases} x_1+2x_2+3x_3=-7 & (1)\\ x_2-3x_3 = 14 & (2)\\ -19x_3 = 76 & (3) \end{cases}$$

$$\xrightarrow{-\frac{1}{19}(3)} \begin{cases} x_1+2x_2+3x_3=-7 & (1)\\ x_2-3x_3 = 14 & (2)\\ x_3 = -4 & (3) \end{cases}$$

$$\xrightarrow[(2)+3(3)]{(1)-3(3)} \begin{cases} x_1+2x_2 = 5 & (1)\\ x_2 = 2 & (2)\\ x_3 = -4 & (3) \end{cases}$$

$$\xrightarrow{(1)-2(2)} \begin{cases} x_1 = 1 & (1)\\ x_2 = 2 & (2)\\ x_3 = -4 & (3) \end{cases}$$

以上用消元法解线性方程组时,反复使用了三种变换

(1)交换方程的次序.

(2)以不等于零的数乘某个方程.

(3)一个方程加上另一个方程的 k 倍.

这三种变换都是方程组的同解变换,所以最后求得的解是该方程组的解.

另外从解题的过程可以看到,在消元过程中,方程的未知数都不参加运算,参与运算的只是方程组中未知数的系数和常数项,这说明解线性方程组的过程中,方程的变换就是它的增广矩阵的行的变换.把方程组的上述三种同解变换移植到矩阵上,就得到矩阵的三种初等变换.

定义 7.6.1 下面三种变换称为矩阵的初等行变换.

(1)对调两行(对调 i,j 两行,记作 $r_i\leftrightarrow r_j$);

(2)以数 $k\neq 0$ 乘某一行中的所有元素(第 i 行乘 k,记作 $r_i\times k$);

(3)把某一行所有元素的 k 倍加到另一行对应的元素上去(第 j 行的 k 倍加到第 i 行上,记

作 r_i+kr_j).

下面用矩阵的初等行变换来解上述方程组,其过程可与方程组的消元过程一一对照:

$$\overline{A}=\begin{pmatrix}1&2&3&-7\\2&-1&2&-8\\1&3&0&7\end{pmatrix}$$

$$\xrightarrow[r_3-r_1]{r_2-2r_1}\begin{pmatrix}1&2&3&-7\\0&-5&-4&6\\0&1&-3&14\end{pmatrix}\xrightarrow{r_2\leftrightarrow r_3}\begin{pmatrix}1&2&3&-7\\0&1&-3&14\\0&-5&-4&6\end{pmatrix}$$

$$\xrightarrow{r_3+5r_2}\begin{pmatrix}1&2&3&-7\\0&1&-3&14\\0&0&-19&76\end{pmatrix}\xrightarrow{-\frac{1}{19}r_3}\begin{pmatrix}1&2&3&-7\\0&1&-3&14\\0&0&1&-4\end{pmatrix}$$

$$\xrightarrow[r_2+3r_3]{r_1-3r_3}\begin{pmatrix}1&2&0&5\\0&1&0&2\\0&0&1&-4\end{pmatrix}\xrightarrow{r_1-2r_2}\begin{pmatrix}1&0&0&1\\0&1&0&2\\0&0&0&-4\end{pmatrix}$$

由此得到方程组的解为:$\begin{cases}x_1=1\\x_2=2\\x_3=-4\end{cases}$

例 1 用初等变换解线性方程组.

$$\begin{cases}x_1+2x_2+3x_3=3\\2x_1+5x_2+7x_3=6\\3x_1+7x_2+8x_3=5\end{cases}$$

解 对方程组的增广矩阵$\overline{A}$进行初等行变换

$$\overline{A}=\begin{pmatrix}1&2&3&3\\2&5&7&6\\3&7&8&5\end{pmatrix}\xrightarrow[r_3-3r_1]{r_2-2r_1}\begin{pmatrix}1&2&3&3\\0&1&1&0\\0&1&-1&-4\end{pmatrix}$$

$$\xrightarrow[r_3-r_2]{r_1-2r_2}\begin{pmatrix}1&0&1&3\\0&1&1&0\\0&0&-2&-4\end{pmatrix}\xrightarrow{-\frac{1}{2}r_3}\begin{pmatrix}1&0&1&3\\0&1&1&0\\0&0&1&2\end{pmatrix}$$

$$\xrightarrow[r_2-r_3]{r_1-r_3}\begin{pmatrix}1&0&0&1\\0&1&0&-2\\0&0&1&2\end{pmatrix}$$

故方程组的解为:$\begin{cases}x_1=1\\x_2=-2\\x_3=2\end{cases}$.

前面及本章第三节中所解的线性方程组都是未知数的个数与方程的个数相同的线性方程组,当系数行列式不为零时,方程组有唯一解.此时有三种解法:

(1)利用克莱姆法则;

(2)利用逆矩阵;

(3)利用矩阵的初等行变换.

一般线性方程组的未知数的个数与方程个数可能相等,也可能不相等,当未知数的个数与方程个数不相等或方程组的系数行列式为零时,不能用克莱姆法则或逆矩阵来解线性方程组.当用矩阵的初等行变换来解时,又会遇到一些以前未遇到过的问题.因此为了进一步讨论线性方程组的求解问题,有必要引进矩阵秩的概念.

2. 矩阵的秩

定义 7.6.2 从矩阵 A 中任选 r 行 r 列,在这 r 行 r 列中的 r^2 个数按原次序作成一个行列式,称为矩阵 A 的一个 r 阶子行列式(或称为 r 阶子式),若矩阵 A 至少有一个 r 阶子行列式不为零,而所有高于 r 阶的子行列式都为零,则称**矩阵 A 的秩**为 r,记为:

$$R(A)=r$$

根据定义可知,求一个矩阵的秩时,对于一个非零矩阵,一般来说可以从二阶子式开始逐一计算.若它所有二阶子式都为零,则矩阵的秩为 1,若找到一个不为零的二阶子式,就继续计算它的三阶子式,若所有三阶子式都为零,则矩阵的秩为 2,若找到了一个不为零的三阶子式,就继续计算它的四阶子式,直到求出矩阵的秩为止.

例 2 求矩阵 $A=\begin{pmatrix}3 & 2 & 0 & -1\\ 1 & 2 & -1 & 2\\ 4 & 4 & -1 & 1\end{pmatrix}$ 的秩.

解 计算它的二阶子式,因为

$$\begin{vmatrix}3 & 2\\ 1 & 2\end{vmatrix}\neq 0$$

计算它的三阶子式,经计算它的 4 个三阶子式均为零,即

$$\begin{vmatrix}3 & 2 & 0\\ 1 & 2 & -1\\ 4 & 4 & -1\end{vmatrix}=0 \qquad \begin{vmatrix}3 & 2 & -1\\ 1 & 2 & 2\\ 4 & 4 & 1\end{vmatrix}=0$$

$$\begin{vmatrix}3 & 0 & -1\\ 1 & -1 & 2\\ 4 & -1 & 1\end{vmatrix}=0 \qquad \begin{vmatrix}2 & 0 & -1\\ 2 & -1 & 2\\ 4 & -1 & 1\end{vmatrix}=0$$

所以矩阵 A 的秩 $R(A)=2$.

例 3 求矩阵 $A=\begin{pmatrix}1 & 2 & 3 & 4 & 5\\ 0 & 2 & 3 & 4 & 5\\ 0 & 0 & 3 & 4 & 5\\ 0 & 0 & 0 & 0 & 0\end{pmatrix}$ 的秩

解 容易算出 A 有三阶子式

$$\begin{vmatrix}1 & 2 & 3\\ 0 & 2 & 3\\ 0 & 0 & 3\end{vmatrix}=1\times 2\times 3=6\neq 0$$

而 A 的每一个四阶子式的第四行都为零,所以 A 的所有四阶子式都等于零.所以矩阵 A 的秩 $R(A)=3$.

从例 2 看到,用定义计算一个矩阵的秩需计算很多行列式,当矩阵的行数、列数越多,计算

量越大.

但例3中矩阵 A 的秩很方便就可求得.注意到 A 是一个行阶梯矩阵,其秩等于其非零行数.

一般地,有下面定理:

定理 7.6.1 行阶梯形矩阵的秩等于其非零行的行数.

定理 7.6.2 矩阵经过初等行变换后,其秩不变.

根据这一定理,为求矩阵的秩,只要把矩阵通过初等行变换,变成行阶梯形矩阵,行阶梯形矩阵中非零行的行数即是该矩阵的秩,

例 4 用初等变换求矩阵 A 的秩.

$$A=\begin{pmatrix}2 & -4 & 8 & 0 & 2\\ 1 & -2 & 2 & -1 & 1\\ -2 & 4 & -2 & 3 & 3\\ 3 & -6 & 0 & -6 & 4\end{pmatrix}$$

解 对矩阵 A 进行初等行变换.

$$A=\begin{pmatrix}2 & -4 & 8 & 0 & 2\\ 1 & -2 & 2 & -1 & 1\\ -2 & 4 & -2 & 3 & 3\\ 3 & -6 & 0 & -6 & 4\end{pmatrix}\xrightarrow{r_1\leftrightarrow r_2}\begin{pmatrix}1 & -2 & 2 & -1 & 1\\ 2 & -4 & 8 & 0 & 2\\ -2 & 4 & -2 & 3 & 3\\ 3 & -6 & 0 & -6 & 4\end{pmatrix}$$

$$\xrightarrow[\substack{r_3+2r_1\\ r_4-3r_1}]{r_2-2r_1}\begin{pmatrix}1 & -2 & 2 & -1 & 1\\ 0 & 0 & 4 & 2 & 0\\ 0 & 0 & 2 & 1 & 5\\ 0 & 0 & -6 & -3 & 1\end{pmatrix}\xrightarrow[\substack{r_3-r_2\\ r_4+3r_2}]{\frac{1}{2}r_2}\begin{pmatrix}1 & -2 & 2 & -1 & 1\\ 0 & 0 & 2 & 1 & 0\\ 0 & 0 & 0 & 0 & 5\\ 0 & 0 & 0 & 0 & 1\end{pmatrix}$$

$$\xrightarrow[r_4-r_3]{\frac{1}{5}r_3}\begin{pmatrix}1 & -2 & 2 & -1 & 1\\ 0 & 0 & 2 & 1 & 0\\ 0 & 0 & 0 & 0 & 1\\ 0 & 0 & 0 & 0 & 0\end{pmatrix}$$

因为该行阶梯形矩阵含三行非零行,所以 $R(A)=3$.

习题 7.6

1. 用初等变换解下列线性方程组.

(1) $\begin{cases}-x_1+x_2+x_3=0\\ x_1-3x_3=0\\ 10x_2-20x_3=0\end{cases}$;

(2) $\begin{cases}2x_1-x_2+3x_3=-3\\ x_1+x_2+x_3=2\\ 3x_1+2x_2-x_3=8\end{cases}$;

(3) $\begin{cases}3x_1-2x_2+x_3+5x_4=12\\ 2x_1+x_2+3x_3+x_4=1\\ x_1+2x_2-2x_3-x_4=1\\ x_1-x_3+2x_4=6\end{cases}$.

2. 将下列矩阵化成行阶梯形矩阵.

(1) $\begin{pmatrix} 1 & 1 & 1 & -1 \\ -1 & -1 & 2 & 3 \\ 2 & 2 & 5 & 0 \end{pmatrix}$； (2) $\begin{pmatrix} 7 & -4 & 0 & -1 \\ -1 & 4 & 5 & -3 \\ 2 & 0 & 3 & 8 \\ 0 & 8 & 12 & -5 \end{pmatrix}$.

3. 求下列矩阵的秩.

(1) $\begin{pmatrix} 1 & 2 & -3 \\ -1 & -3 & -4 \\ 1 & 1 & -2 \end{pmatrix}$； (2) $\begin{pmatrix} 4 & 1 & -1 & 2 \\ -2 & 2 & 8 & 14 \\ 1 & -2 & -7 & -13 \end{pmatrix}$；

(3) $\begin{pmatrix} 1 & 3 & 2 \\ -2 & -1 & 1 \\ 2 & -1 & -3 \\ 3 & 5 & 4 \\ 1 & -3 & -2 \end{pmatrix}$； (4) $\begin{pmatrix} 1 & -2 & 1 & 1 & 1 \\ 1 & -2 & 1 & -1 & -1 \\ 1 & -2 & 1 & -5 & -5 \end{pmatrix}$.

第七节　线性方程组的解

现在讨论线性方程组的求解问题.

n 个未知数 m 个方程的线性方程组(7-3)

$$\begin{cases} a_{11}x_1 + a_{12}x_2 + \cdots + a_{1n}x_n = b_1 \\ a_{21}x_1 + a_{22}x_2 + \cdots + a_{2n}x_n = b_2 \\ \cdots \quad \cdots \quad \cdots \quad \cdots \\ a_{m1}x_1 + a_{m2}x_2 + \cdots + a_{mn}x_n = b_m \end{cases}$$

利用方程组(7-3)的系数矩阵 A 和增广矩阵$\overline{A}$的秩,可以知道线性方程组是否有解,以及有解时解是否唯一等问题.

定理 7.7.1　n 元线性方程组 $AX = B$

(1)有唯一解的充要条件是 $R(A) = R(\overline{A}) = n$

(2)有无穷多解的充要条件是 $R(A) = R(\overline{A}) < n$

(3)无解的充要条件是 $R(A) < R(\overline{A})$

由定理 7.7.1 知道,判定线性方程组解的情况,主要由其系数矩阵和增广矩阵的秩来判定,因此我们只要把线性方程组的增广矩阵$\overline{A}$化成行阶梯形矩阵,从$\overline{A}$的行阶梯形矩阵可同时看出 $R(A)$和 $R(\overline{A})$,然后求出线性方程组的解.

例 1　解线性方程组

$$\begin{cases} 2x_1 - x_2 - x_3 + x_4 = 2 \\ x_1 + x_2 - 2x_3 + x_4 = 4 \\ 4x_1 - 6x_2 + 2x_3 - 2x_4 = 4 \\ 3x_1 + 6x_2 - 9x_3 + 7x_4 = 9 \end{cases}$$

解 先写出增广矩阵$\overline{A}$,再用初等行变换将其逐步化成行阶梯形矩阵,即

$$\overline{A}=\begin{pmatrix}2&-1&-1&1&2\\1&1&-2&1&4\\4&-6&2&-2&4\\3&6&-9&7&9\end{pmatrix}\xrightarrow{r_1\leftrightarrow r_2}\begin{pmatrix}1&1&-2&1&4\\2&-1&-1&1&2\\2&-3&1&-1&2\\3&6&-9&7&9\end{pmatrix}$$

$$\xrightarrow[r_4-3r_1]{\substack{r_2-r_3\\r_3-2r_1}}\begin{pmatrix}1&1&-2&1&4\\0&2&-2&2&0\\0&-5&5&-3&-6\\0&3&-3&4&-3\end{pmatrix}\xrightarrow[r_4-3r_2]{\substack{\frac{1}{2}r_2\\r_3+5r_2}}\begin{pmatrix}1&1&-2&1&4\\0&1&-1&1&0\\0&0&0&2&-6\\0&0&0&1&-3\end{pmatrix}$$

$$\xrightarrow[r_4-2r_3]{r_3\leftrightarrow r_4}\begin{pmatrix}1&1&-2&1&4\\0&1&-1&1&0\\0&0&0&1&-3\\0&0&0&0&0\end{pmatrix}=\overline{B}_1$$

由$\overline{B}_1$,可知 $R(A)=R(\overline{A})=3$ 未知数的个数 $n=4$,所以方程组有无穷多个解.

矩阵$\overline{B}$所对应的方程组为:

$$\begin{cases}x_1+x_2-2x_3+x_4=4 & (1)\\ \qquad x_2-x_3+x_4=0 & (2)\\ \qquad\qquad x_4=-3 & (3)\end{cases}$$

由(3)式得 $x_4=-3$,代入(2)式得:

$$x_2=x_3+3$$

将 $x_4=-3,x_2=x_3+3$,代入(1)式得:

$$x_1=x_3+4$$

从中得到方程组的解为:$\begin{cases}x_1=x_3+4\\x_2=x_3+3\\x_4=-3\end{cases}$

其中 x_3 可以任意取值,称为自由变量.

令 $x_3=c$,则方程组的解的参数形式为

$$\begin{cases}x_1=c+4\\x_2=c+3\\x_3=c\\x_4=-3\end{cases}$$

用矩阵的形式表示为:

$$\begin{pmatrix}x_1\\x_2\\x_3\\x_4\end{pmatrix}=\begin{pmatrix}c+4\\c+3\\c\\-3\end{pmatrix}=c\begin{pmatrix}1\\1\\1\\0\end{pmatrix}+\begin{pmatrix}4\\3\\0\\-3\end{pmatrix}.$$

由例 1 看到当增广矩阵经过初等行变换化为行阶梯形矩阵后,要写出相应的方程组,然后

再用回代的方法求解.如果用矩阵将回代的过程表示出来,这个过程实际就是对行阶梯形矩阵进一步简化.例如,对例 1 中行阶梯形矩阵进一步化简,即

$$\begin{pmatrix}1&1&-2&1&4\\0&1&-1&1&0\\0&0&0&1&-3\\0&0&0&0&0\end{pmatrix}\xrightarrow[r_2-r_3]{r_1-r_2}\begin{pmatrix}1&0&-1&0&4\\0&1&-1&0&3\\0&0&0&1&-3\\0&0&0&0&0\end{pmatrix}=\overline{B}_2$$

$\overline{B}_2$ 对应的方程组为:$\begin{cases}x_1-x_3=4\\x_2-x_3=3\\x_4=-3\end{cases}$

从而得到方程组的解为:$\begin{cases}x_1=x_3+4\\x_2=x_3+3\\x_4=-3\end{cases}$ 其中 x_3 为自由变量.

可见从最后一个矩阵 $\overline{B}_2$ 就可以直接看出方程组的解.

上述最后一个矩阵 $\overline{B}_2$ 称为行**最简行矩阵**,其特点是:

(1)各非零行第一个非零元素都是 1;

(2)所有第一个非零元素所在的列的其他元素都为零.

例如$\begin{pmatrix}1&0&-2&0&1\\0&1&3&0&\frac{1}{2}\\0&0&0&1&1\\0&0&0&0&0\end{pmatrix}\begin{pmatrix}1&-3&0&5&0&4\\0&0&1&2&0&3\\0&0&0&0&1&0\end{pmatrix}$

都是行最简行矩阵.

另外指出,一般我们是把行最简行矩阵中 γ 个非零行的非零首元素所对应的未知数取作非自由变量,其余 $n-\gamma$ 个未知数取作自由变量.

例 2 解线性方程组.

$$\begin{cases}x_1+2x_2-x_3+3x_4=2\\2x_1+2x_2+3x_3+5x_4=5\\x_1+4x_3+2x_4=3\end{cases}$$

解 对方程组的增广矩阵进行初等行变换,化为行最简行矩阵.

$$\overline{A}=\begin{pmatrix}1&2&-1&3&2\\2&2&3&5&5\\1&0&4&2&3\end{pmatrix}\xrightarrow[r_3-r_1]{r_2-2r_1}\begin{pmatrix}1&2&-1&3&2\\0&-2&5&-1&1\\0&-2&5&-1&1\end{pmatrix}$$

$$\xrightarrow{r_3-r_2}\begin{pmatrix}1&2&-1&3&2\\0&-2&5&-1&1\\0&0&0&0&0\end{pmatrix}\xrightarrow{-\frac{1}{2}r_2}\begin{pmatrix}1&2&-1&3&2\\0&1&-\frac{5}{2}&\frac{1}{2}&-\frac{1}{2}\\0&0&0&0&0\end{pmatrix}$$

$$\xrightarrow{r_1-2r_2}\begin{pmatrix}1&0&4&2&3\\0&1&-\frac{5}{2}&\frac{1}{2}&-\frac{1}{2}\\0&0&0&0&0\end{pmatrix}=\overline{B}$$

由 $\overline{B}$ 可知 $R(A)=k(\overline{A})=2$,未知数的个数 $n=4$,所以方程组有无穷多解.$\overline{B}$所对应的方程组为:

$$\begin{cases} x_1+4x_3+2x_4=3 \\ x_2-\frac{5}{2}x_3+\frac{1}{2}x_4=-\frac{1}{2} \end{cases}$$

由此得到方程组的解为:$\begin{cases} x_1=-4x_3-2x_4+3 \\ x_2=\frac{5}{2}x_3-\frac{1}{2}x_4-\frac{1}{2} \end{cases}$ x_3,x_4 为自由变量.

若令 $x_3=c_1,x_4=c_2$,则方程组解的参数形式为:

$$\begin{cases} x_1=-4c_1-2c_2+3 \\ x_2=\frac{5}{2}c_1-\frac{1}{2}c_2-\frac{1}{2} \\ x_3=c_1 \\ x_4=c_2 \end{cases}$$ c_1,c_2 为任意常数.

解的矩阵形式为:$\begin{pmatrix} x_1 \\ x_2 \\ x_3 \\ x_4 \end{pmatrix}=c_1\begin{pmatrix} -4 \\ \frac{5}{2} \\ 1 \\ 0 \end{pmatrix}+c_2\begin{pmatrix} -2 \\ -\frac{1}{2} \\ 0 \\ 1 \end{pmatrix}+\begin{pmatrix} 3 \\ -\frac{1}{2} \\ 0 \\ 0 \end{pmatrix}$

例 3 解线性方程组.

$$\begin{cases} x_1+x_2+x_3=1 \\ -x_1+2x_2-4x_3=2 \\ 2x_1+5x_2-x_3=3 \end{cases}$$

解 对增广矩阵$\overline{A}$施以行的初等变换

$$\overline{A}=\begin{pmatrix} 1 & 1 & 1 & 1 \\ -1 & 2 & -4 & 2 \\ 2 & 5 & -1 & 3 \end{pmatrix}\xrightarrow[r_3-2r_1]{r_2+r_1}\begin{pmatrix} 1 & 1 & 1 & 1 \\ 0 & 3 & -3 & 3 \\ 0 & 3 & -3 & 1 \end{pmatrix}\xrightarrow{r_3-r_2}\begin{pmatrix} 1 & 1 & 1 & 1 \\ 0 & 3 & 3 & 3 \\ 0 & 0 & 0 & -2 \end{pmatrix}.$$

由最后一个矩阵可知 $R(A)=2,R(\overline{A})=3$.故方程组无解.

对于 n 元齐次线性方程组 $AX=0$,显然它的增广矩阵的秩与系数矩阵的秩是相等的,因此齐次线性方程组总有解.根据定理 7-7-1 可以得到以下定理:

定理 7.7.2 齐次线性方程组 $AX=0$

(1)只有零解的充要条件是 $R(A)=n$;

(2)有非零解的充要条件是 $R(A)<n$.

例 4 求解齐次线性方程组

$$\begin{cases} x_1+2x_2+2x_3+x_4=0 \\ 2x_1+x_2-2x_3-2x_4=0 \\ x_1-x_2-4x_3-3x_4=0 \end{cases}$$

解 对系数矩阵 A 施以初等行变换,化为行最简形矩阵:

$$A=\begin{pmatrix} 1 & 2 & 2 & 1 \\ 2 & 1 & -2 & -2 \\ 1 & -1 & -4 & -3 \end{pmatrix}\xrightarrow[r_3-r_1]{r_2-2r_1}\begin{pmatrix} 1 & 2 & 2 & 1 \\ 0 & -3 & -6 & -4 \\ 0 & -3 & -6 & -4 \end{pmatrix}$$

$$\xrightarrow[-\frac{1}{3}r_2]{r_3-r_2}\begin{pmatrix}1&2&2&1\\0&1&2&\frac{4}{3}\\0&0&0&0\end{pmatrix}\xrightarrow{r_1-2r_2}\begin{pmatrix}1&0&-2&-\frac{5}{3}\\0&1&2&\frac{4}{3}\\0&0&0&0\end{pmatrix}=\overline{B}$$

由 $\overline{B}$ 可知 $R(A)=2$,未知数的个数 $n=4$,所以方程组有非零解.$\overline{B}$ 所对应的方程组为:

$$\begin{cases}x_1-2x_3-\frac{5}{3}x_4=0\\x_2+2x_3+\frac{4}{3}x_4=0\end{cases}$$

由此得到方程组的解为:

$$\begin{cases}x_1=2x_3+\frac{5}{3}x_4\\x_2=-2x_3-\frac{4}{3}x_4\end{cases}$$

x_3,x_4 为自由变量,令 $x_3=c_1,x_4=c_2$,则方程组解的参数形式为:

$$\begin{cases}x_1=2c_1+\frac{5}{3}c_2\\x_2=-2c_1-\frac{4}{3}c_2\\x_3=c_1\\x_4=c_2\end{cases}\quad c_1,c_2\text{ 为任意常数}.$$

解的矩阵形式为: $\begin{pmatrix}x_1\\x_2\\x_3\\x_4\end{pmatrix}=c_1\begin{pmatrix}2\\-2\\1\\0\end{pmatrix}+c_2\begin{pmatrix}\frac{5}{3}\\-\frac{4}{3}\\0\\1\end{pmatrix}$

习题 7.7

1. 把下列矩阵化为行最简矩阵:

(1) $\begin{pmatrix}1&0&2&-1\\2&0&3&1\\3&0&4&3\end{pmatrix}$; (2) $\begin{pmatrix}0&2&-3&1\\0&3&-4&3\\0&4&-7&-1\end{pmatrix}$;

(3) $\begin{pmatrix}1&-1&3&-4&3\\3&-3&5&-4&1\\2&-2&3&-2&0\\3&-3&4&-2&-1\end{pmatrix}$; (4) $\begin{pmatrix}2&3&1&-3&-7\\1&2&0&-2&-4\\3&-2&8&3&0\\0&-3&7&4&3\end{pmatrix}$.

2. 求解下列非齐次线性方程组：

(1) $\begin{cases}4x_1+2x_2-x_3=2\\3x_1-x_2+2x_3=10;\\11x_1+3x_2=8\end{cases}$　　(2) $\begin{cases}2x+3y+z=4\\x-2_y+4z=-5\\3x+8y-2z=13\\4x-y+9z=-6\end{cases}$;

(3) $\begin{cases}x_1+x_2-2x_3-x_4=-1\\x_1+5x_2-3x_3-2x_4=0\\3x_1-x_2+x_3+4x_4=2\\-2x_1+2x_2+x_3-x_4=1\end{cases}$;　　(4) $\begin{cases}2x+y-z+w=1\\4x+2y-2z+w=2.\\2x+y-z-w=1\end{cases}$

3.求解下列齐次线性方程组：

(1) $\begin{cases}x_1+x_2+2x_3-x_4=0\\2x_1+x_2+x_3-x_4=0\\2x_1+2x_2+x_3+2x_4=0\end{cases}$;　　(2) $\begin{cases}x_1+2x_2+x_3-x_4=0\\3x_1+6x_2-x_3-3x_4=0\\5x_1+10x_2+x_3-5x_4=0\end{cases}$;

(3) $\begin{cases}x_1-3x_2+2x_3+x_4=0\\2x_1+4x_2-x_3-3x_4=0\\-x_1-7x_2+3x_3+4x_4=0\\3x_1+x_2+x_3-2x_4=0\end{cases}$;　　(4) $\begin{cases}3x_1+4x_2-5x_3+7x_4=0\\2x_1-3x_2+3x_3-2x_4=0\\4x_1+11x_2-13x_3+16x_4=0\\7x_1-2x_2+x_3+3x_4=0\end{cases}$.

4. 试讨论当 λ 取何值时，线性方程组

$$\begin{cases}x_1-x_2-3x_3+x_4=1\\x_1-x_2+2x_3-x_4=3\\4x_1-4x_2+3x_3-2x_4=\lambda\\2x_1-2x_2-11x_3+4x_4=0\end{cases}$$

有无解？

5. 当 λ 取何值时，齐次线性方程组

$$\begin{cases}(\lambda-2)x_1-3x_2-2x_3=0\\-x_1+(\lambda-8)x_2-2x_3=0\\2x_1+14x_2+(\lambda+3)x_3=0\end{cases}$$

有非零解吗？若有非零解，求出它的解.

第八节　线性规划简介

1. 线性规划问题

在生产和经营等管理活动中，常常需要进行计划和规划.虽然各行各业计划和规划的内容千差万别，但其共同点均可归结为：在现有各项资源条件下，如何确定方案，使预期目标达到

最优.

例 1 某工厂安排生产甲、乙 两种产品,已知生产单位产品所需设备台时及 A、B 两种原材料的消耗如表 7-2 所示:

表 7-2

原材料	甲产品	乙产品	数量
设备	1	2	8 台时
原材料 A	4	0	16 公斤
原材料 B	0	4	12 公斤

且每生产一件甲产品可获利 2 元,每生产一件乙产品可获利 3 元,问如何安排生产计划才能使该厂获利最多?

解 设该厂生产甲、乙两种产品的数量分别为 x_1, x_2 件时,获利为 z 元,则

$$\max\ z = 2x_1 + 3x_2$$

$$\text{s.t.}\begin{cases} x_1 + 2x_2 \leqslant 8 \\ 4x_1 \qquad \leqslant 16 \\ \qquad 4x_2 \leqslant 12 \end{cases}$$

$$x_1, x_2 \geqslant 0$$

这就把一个关于生产的实际问题转化为一个数学问题,这个数学问题称为该生产计划最优化问题的数学模型.其目标函数是未知量的线性(一次)函数,而约束条件是未知量的线性(一次)等式或不等式.这样的数学模型称为线性规划模型.

2. 线性规划模型

实际问题的线性规划模型是多种多样的,其一般形式可表为:求一组变量 $x_1, x_2, \cdots, x_n$ 的值,使之满足

$$\max(\text{或 }\min)\, z = c_1x_1 + c_2x_2 + \cdots + c_nx_n.$$

$$\text{s.t.}\begin{cases} a_{11}x_1 + a_{12}x_2 + \cdots + a_{1n}x_n \leqslant b_1(\text{或} \geqslant b_1, \text{或} = b_1), \\ a_{21}x_1 + a_{22}x_2 + \cdots + a_{2n}x_n \leqslant b_2(\text{或} \geqslant b_2, \text{或} = b_2), \\ \cdots \qquad \cdots \qquad \cdots \\ a_{n1}x_1 + a_{n2}x_2 + \cdots + a_{nn}x_n \leqslant b_n(\text{或} \geqslant b_n, \text{或} = b_n), \\ x_1 \geqslant 0, x_2 \geqslant 0, \cdots, x_n \geqslant 0. \end{cases}$$

3. 线性规划模型的标准形式

为讨论上的方便,我们将目标函数为求最大值,变量均非负且其他约束条件是线性方程的线性规划,称为线性规划问题的标准形式.即

$$\max\ z = c_1x_1 + c_2x_2 + \cdots + c_nx_n.$$

$$\text{s.t.}\begin{cases} a_{11}x_1 + a_{12}x_2 + \cdots + a_{1n}x_n = b_1, \\ a_{21}x_1 + a_{22}x_2 + \cdots + a_{2n}x_n = b_2, \\ \cdots \qquad \cdots \qquad \cdots \\ a_{n1}x_1 + a_{n2}x_2 + \cdots + a_{nn}x_n = b_n, \\ x_1 \geqslant 0, x_2 \geqslant 0, \cdots x_n \geqslant 0. \end{cases}$$

若目标函数求 $\min z = c_1x_1 + c_2x_2 + \cdots c_nx_n$，可通过求其相反数的方法将最小值问题转化为最大值问题 $\max - z = -c_1x_1 - c_2x_2 - \cdots - c_nx_n$，非线性方程表示的约束条件可通过加或减一个非负变量 $x_j \geqslant 0$ 的方法转化为标准形式，以下举例说明．

例 2 将线性规划化为标准形式．

$$\min z = 2x_1 + 3x_2 - x_3.$$

$$\text{s.t.}\begin{cases} x_1 + x_2 - 3x_3 = -6 \\ 2x_1 + 3x_2 - x_3 \geqslant 5 \\ x_1 + 2x_2 + 3x_3 \leqslant 16 \end{cases}$$

$$x_1, x_2, x_3 \geqslant 0.$$

解 $\max - z = -2x_1 - 3x_2 + x_3$

$$\text{s.t.}\begin{cases} x_1 + x_2 - 3x_3 = -6 \\ 2x_1 + 3x_2 - x_3 - x_4 = 5 \\ x_1 + 2x_2 + 3x_3 + x_5 = 16 \end{cases}$$

$$x_1, x_2, x_3, x_4, x_5 \geqslant 0.$$

4．两个变量线性规划问题的图解法

对于两个变量的线性规划问题

$$\max(\text{或} \min) z = c_1x_1 + c_2x_2.$$

$$\text{s.t.}\begin{cases} a_{11}x_1 + a_{12}x_2 \leqslant b_1(\text{或} \geqslant b_1, \text{或} = b_1) \\ a_{21}x_1 + a_{22}x_2 \leqslant b_2(\text{或} \geqslant b_2, \text{或} = b_2) \\ x_1 \geqslant 0, x_2 \geqslant 0 \end{cases}$$

其解是有序数对(x_1, x_2)，是直角坐标平面 x_1Ox_2 上的一个点．这个点一方面要满足约束条件，另一方面在直线 $c_1x_1 + c_2x_2 = z$ 上，即平行于直线 $c_1x_1 + c_2x_2 = 0$ 的直线上．因此两个变量的线性规划问题可如下求解．

第一步：在直角坐标平面 x_1Ox_2 中作出满足约束条件的点组成的区域 D，区域 D 内的每一点都是所求线性规划的一个可行解，区域 D 称为线性规划的可行域．

第二步：作出直线 $l: c_1x_1 + c_2x_2 = 0$，平移直线 l 直到与区域 D 相切为止，则切点为最优解．

例 3 求例1中线性规划的解．

解 线性规划的可行域如图 7-2 所示．

由$\begin{cases} x_1 = 4 \\ x_1 + 2x_2 = 8 \end{cases}$，得$\begin{cases} x_1 = 4 \\ x_2 = 2. \end{cases}$

所以 $z_{最大} = 2 \times 4 + 3 \times 2 = 14$．

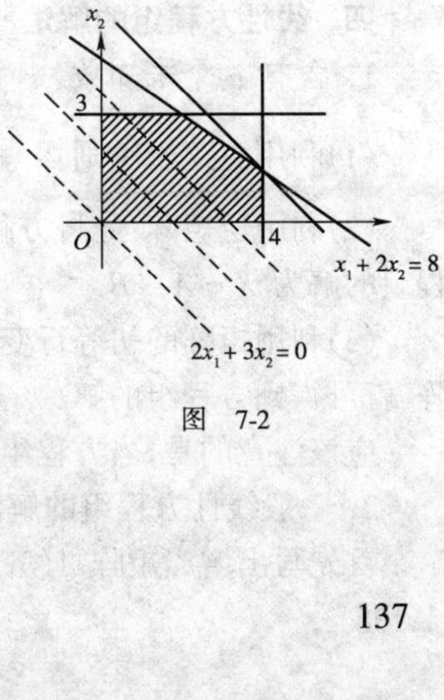

图 7-2

对具有更多变量的线性规划问题，可借助数学软件求解．如可用 Mathemetica 软件包中的函数 LinearProgramming[ ]求解。

习题 7.8

用图解法求解下列线性规划问题

1. $\max z = 4x_1 + 4x_2$

$$\text{s.t.}\begin{cases}2x_1 + 7x_2 \leqslant 21\\ 7x_1 \qquad\ \ \leqslant 49\\ x_1 \geqslant 0, x_2 \geqslant 0\end{cases}$$

2. $\max z = 2x_1 + 2x_2$

$$\text{s.t.}\begin{cases}x_1 + x_2 \leqslant 3\\ -x_1 + x_2 \leqslant 1\\ x_1 \geqslant 0, x_2 \geqslant 0\end{cases}$$

3. $\max z = 20x_1 + 16x_2$

$$\text{s.t.}\begin{cases}x_1 + x_2 \leqslant 4\\ -x_1 + x_2 \leqslant 1\\ x_1 \leqslant 2\\ x_1 \geqslant 0, x_2 \geqslant 0\end{cases}$$

4. $\min z = 20x_1 + 16x_2$

$$\text{s.t.}\begin{cases}3x_1 + x_2 \geqslant 6\\ 2x_1 + 2x_2 \geqslant 8\\ x_1 + 3x_2 \geqslant 6\\ x_1 \geqslant 0, x_2 \geqslant 0\end{cases}$$

小　结

本章主要内容为：二、三阶、n 阶行列式及运算，矩阵及运算，矩阵的初等行变换，矩阵的秩及求法，线性方程组的解.

一、行列式的计算方法

1."化三角形法"，即利用性质，把行列式化为三角行列式，然后利用三角行列式的值为主对角线上各元素的乘积来计算.

2."降阶法"，即利用性质，把行列式的某一行(列)中，除去一个元素外，把其余元素都化为零，然后按这一行(列)展开.

二、矩阵的计算

矩阵是由 $m \times n$ 个数组成的 m 行 n 列的一张数表.矩阵的基本运算有：

1.加减运算：$A = (a_{ij})_{mn}, B = (b_{ij})_{mn}$，则 $A \pm B = (a_{ij} \pm b_{ij})_{mn}$.

2.矩阵乘法：$A = (a_{ij})_{ms}, B = (b_{ij})_{sn}$，则 $A \times B = C_{mn}$，

其中 $c_{ij} = a_{i1}b_{ij} + a_{i2}b_{2j} + \cdots + a_{is}b_{sj}$.

3.逆矩阵的求法：$A^{-1} = \dfrac{1}{|A|}A^*$，$(|A| \neq 0)$.伴随矩阵 A^* 中第 i 行，第 j 列的元素 A_{ji} 是矩阵 A 中第 j 行，第 i 列的元素 a_{ji} 的代数余子式.

三、矩阵秩的求法

用初等行变换将矩阵化为行阶梯形矩阵，则秩等于行阶梯形矩阵中非零行的行数.

四、线性方程组的解法

1.含有 n 个未知数，n 个方程的线性方程组，当它的系数行列式不为零时，有三种解法：

(1)利用克莱姆法则：$x_i = \dfrac{D_i}{D}(i = 1,2,\cdots,n)$

(2)利用逆矩阵：先将方程组表示为矩阵形式 $AX = B$，求出 A 的逆矩阵 A^{-1}，即可得到方程组的解为 $X = A^{-1}B$.

(3)利用矩阵的初等行变换：对方程组的增广矩阵 $\overline{A}$ 运用初等行变换，把 $\overline{A}$ 化成最简形矩阵，就可得到方程组的解.

应该注意的是，当方程组的系数行列式等于零时，上述(1)、(2)两种解法失效.

2.一般线性方程组的解法：

首先写出增广矩阵 $\overline{A}$(齐次线性方程组写出系数矩阵 A)，并用初等行变换将其化成行阶

梯形矩阵；然后判断方程组是否有解；在有解的情况下继续用初等行变换将行阶梯形矩阵化为行最简形矩阵，写出方程组的一般解.

五、线性方程组的解的判定方法：

1. n 元非齐次线性方程组 $AX=B$

(1)有唯一解$\Leftrightarrow R(A)=R(\overline{A})=n$；

(2)有无穷多解$\Leftrightarrow R(A)=R(\overline{A})<n$；

(3)无解$\Leftrightarrow R(A)<R(\overline{A})$.

2. n 元齐次线性方程组 $AX=0$

(1)只有零解$\Leftrightarrow R(A)=n$；

(2)有非零解$\Leftrightarrow R(A)<n$.

测试题

一、填空题

(1)设行列式 $D=\begin{vmatrix}4&2&3\\4&5&2\\-3&-4&1\end{vmatrix}$，则元素 $a_{21}=4$ 的余子式是________，代数余子式是________. 元素 $a_{31}=-3$ 的余子式是________，代数余子式是________.

(2)方程组$\begin{cases}\lambda x_1+x_3=0\\2x_1+\lambda x_2+x_3=0\\\lambda x_1-2x_2+x_3=0\end{cases}$，当________时，仅有零解，当时，有非零解.

(3)当矩阵 A 的________与矩阵 B 的________相同时，A 与 B 的和 $A+B$ 才有意义.

(4)当矩阵 A 的________与矩阵 B 的________相同时，乘积 $C=AB$ 才有意义. 这时 C 的行数等于________，C 的列数等于________.

(5)$3\times\begin{vmatrix}2&1\\4&3\end{vmatrix}=$________；　　$3\times\begin{pmatrix}2&1\\4&3\end{pmatrix}=$________；

$\begin{vmatrix}3&2\\0&4\end{vmatrix}-\begin{vmatrix}2&-2\\0&5\end{vmatrix}=$________；$\begin{pmatrix}3&2\\0&4\end{pmatrix}-\begin{pmatrix}2&-2\\0&5\end{pmatrix}=$________.

(6)设矩阵 $A=\begin{pmatrix}1&-4&1\\-2&0&3\end{pmatrix}$，$B=\begin{pmatrix}-1&3\\2&0\\0&-1\end{pmatrix}$，则 $A+B^{\mathrm{T}}=$________.

(7)设矩阵 $A=\begin{pmatrix}2&-1\\3&0\end{pmatrix}$，则 $A^{-1}=$________.

(8)乘积矩阵 $AB=AC$，若 A 是________矩阵，则 $B=C$.

(9)矩阵 A 的秩为 3，则其化为行阶梯形矩阵的非零行的行数为________.

(10)矩阵 $A=\begin{pmatrix}2&2&0\\1&0&1\\-1&-1&0\end{pmatrix}$的秩为________.

(11)计算矩阵乘积$(1,2)\begin{pmatrix}3&0&0\\0&1&1\end{pmatrix}\begin{pmatrix}2\\0\\-1\end{pmatrix}=$________.

(12)若矩阵 $AB=BZ$,则称 B 与 A 可交换,设 $A=\begin{pmatrix}1 & 1\\ 0 & 1\end{pmatrix}$,则所有与 A 可交换的矩阵为________.

二、单项选择题

(1)在计算行列式时,下列变换中不改变行列式的值的变换是

A.第 i 行与第 j 行互换;

B.第 i 行的 k 倍与第 j 行相加,写入第 i 行;

C.第 i 行加上第 j 行的 k 倍写入第 i 行;

D.第 i 行的每一个元素同乘以一个数.

(2)若 $D=\begin{vmatrix}a_{11} & a_{12} & a_{13}\\ a_{21} & a_{22} & a_{23}\\ a_{31} & a_{32} & a_{33}\end{vmatrix}=1$,则 $D_1=\begin{vmatrix}3a_{11} & 3a_{11}-4a_{12} & a_{13}\\ 3a_{21} & 3a_{21}-4a_{22} & a_{23}\\ 3a_{31} & 3a_{31}-4a_{32} & a_{33}\end{vmatrix}=(\quad)$

A.9　　B.-3　　C.-12　　D.-36

(3)$\begin{vmatrix}0 & 0 & 0 & -1\\ 0 & 0 & 2 & 0\\ 0 & 3 & 0 & 0\\ 4 & 0 & 0 & 0\end{vmatrix}=(\quad)$

A.0　　B.8　　C.-4　　D.4

(4)下列命题中正确的是(　　)

A.行列式 D 等于它的任意一行(或列)中所有元素与它的各自的余子式乘积之和

B.行列式 D 中任意一行(或列)的元素与另一行(或列)对应元素的代数余子式乘积之和等于零

C.用克莱姆法则解线性方程组时,方程组的个数应大于或等于未知量的个数

D.当线性方程组的系数行列式不等于零时,方程组只有唯一零解

(5)若有矩阵 $A_{3\times 2}$,$B_{2\times 3}$,$C_{3\times 3}$,下列可行的运算是(　　)

A.AC　　B.ABC　　C.CB　　D.$AB-AC$

(6)若有矩阵 $A_{m\times n}$,$B_{n\times m}(m\neq n)$,则下列运算结果为 n 阶方阵的是(　　)

A.$(AB)^{\mathrm{T}}$　　B.AB　　C.$(BA)^{\mathrm{T}}$　　D.$B^{\mathrm{T}}A^{\mathrm{T}}$

(7)$A=\begin{pmatrix}a & b\\ c & d\end{pmatrix}$,且 $ad-bc=1$,则 $A^{-1}=(\quad)$

A.$\begin{pmatrix}d & b\\ c & a\end{pmatrix}$　　B.$\begin{pmatrix}-a & b\\ c & -d\end{pmatrix}$　　C.$\begin{pmatrix}b & -a\\ -d & c\end{pmatrix}$　　D.$\begin{pmatrix}d & -b\\ -c & a\end{pmatrix}$

(8)设有 n 个未知量 m 个方程的线性方程组 $AX=b$ 有解,那么当秩 $R(A)$(　　)时,它有无穷多解.

A.$<n$　　B.$=n$　　C.$<m$　　D、$=m$

(9)当 $\lambda=(\quad)$时,线性方程组$\begin{cases}3x-y=\lambda x\\ -x+3y=\lambda y\end{cases}$有非零解.

A.$\lambda=3$　　B.$\lambda_1=-2$ 或 $\lambda_2=4$　　C.$\lambda_1=2$ 或 $\lambda_2=-4$　　D.$\lambda_1=2$ 或 $\lambda_2=4$

三、计算行列式

(1) $\begin{vmatrix} 2 & 0 & 2\cos\alpha \\ 0 & 2 & 0 \\ 2\cos\alpha & 0 & 2 \end{vmatrix}$； (2) $\begin{vmatrix} 1 & 4 & 9 & 16 \\ 4 & 9 & 16 & 25 \\ 9 & 16 & 25 & 36 \\ 16 & 25 & 36 & 49 \end{vmatrix}$；

(3) $\begin{vmatrix} 1 & 2 & 3 & 4 & 5 \\ -1 & 0 & 3 & 4 & 5 \\ -1 & -2 & 0 & 4 & 5 \\ -1 & -2 & -3 & 0 & 5 \\ -1 & -2 & -3 & -4 & 0 \end{vmatrix}$； (4) $\begin{vmatrix} 1 & 1 & 1 & 1 \\ a_1 & a & a_2 & a_2 \\ a_2 & a_2 & a & a_3 \\ a_3 & a_3 & a_3 & a \end{vmatrix}$；

(5) $\begin{vmatrix} 4 & 1 & -2 & -3 \\ -2 & -3 & 6 & 4 \\ 3 & -4 & 5 & 2 \\ 5 & 2 & 3 & 7 \end{vmatrix}$.

四、求证

(1) $\begin{vmatrix} a-b-c & 2a & 2a \\ 2b & b-c-a & 2b \\ 2c & 2c & c-b-a \end{vmatrix} = (a+b+c)^3$；

(2) $\begin{vmatrix} \cos(\alpha-\beta) & \sin\alpha & \cos\alpha \\ \sin(\alpha+\beta) & \cos\alpha & \sin\alpha \\ 1 & \sin\beta & \cos\beta \end{vmatrix} = 0$.

五、设矩阵 $A = \begin{pmatrix} 1 & -2 & 1 & 2 \\ 2 & 3 & -4 & 0 \\ -3 & 5 & 0 & -4 \end{pmatrix}$，$B = \begin{pmatrix} -3 & 3 & 0 & -3 \\ 0 & -4 & 9 & 12 \\ 6 & -8 & -9 & 5 \end{pmatrix}$

求：(1) $3A-B$；

(2) $2A+3B$；

(3)若 X 满足 $A+X=B$，求 X；

(4) AB^{T}.

六、求下列矩阵的逆阵

(1) $\begin{pmatrix} 1 & 0 & 8 \\ 0 & 1 & 0 \\ 0 & 0 & 1 \end{pmatrix}$； (2) $\begin{pmatrix} 3 & -4 & 5 \\ 2 & -3 & 1 \\ 3 & -5 & -1 \end{pmatrix}$；

(3) $\begin{pmatrix} 1 & a & a^2 & a^3 \\ 0 & 1 & a & a^2 \\ 0 & 0 & 1 & a \\ 0 & 0 & 0 & 1 \end{pmatrix}$.

七、解下列线性方程组

(1) $\begin{cases} x_1+2x_2+3x_3=8 \\ 2x_1+5x_2+9x_3=16 \\ 3x_1-4x_2-5x_3=32 \end{cases}$;　　(2) $\begin{cases} x_1+2x_2+3x_3=4 \\ 3x_1+5x_2+7x_3=9 \\ 5x_1+8x_2+11x_3=14 \end{cases}$;

(3) $\begin{cases} 2x_1+x_2+3x_3=6 \\ 3x_1+2x_2+x_3=1 \\ 5x_1+3x_2+4x_3=27 \end{cases}$;　　(4) $\begin{cases} x_1-x_2+x_3-x_4=0 \\ 2x_1-x_2+3x_3-2x_4=-1 \\ 3x_1-2x_2-x_3+2x_4=4 \end{cases}$;

(5) $\begin{cases} 3x_1-5x_2+x_3-2x_4=0 \\ 2x_1+3x_2-5x_3+x_4=0 \\ -x_1+7x_2-4x_3+3x_4=0 \\ 4x_1+15x_2-7x_3+8x_4=0 \end{cases}$;　　(6) $\begin{cases} x_1-x_2+2x_3+3x_4+4x_5=0 \\ 3x_1-7x_2+8x_3+9x_4+13x_5=0 \\ x_1+3x_2+3x_4+3x_5=0 \\ x_1-9x_2+6x_3+3x_4+6x_5=0 \end{cases}$.

八、a,b 取什么值时,方程组 $\begin{cases} x_1+2x_2+3x_3=6 \\ 2x_1+3x_2+x_3=-1 \\ x_1+x_2+ax_3=-7 \\ 3x_1+5x_2+4x_3=b \end{cases}$ 无解？有唯一解？有无穷多解？在有解的情况下,求出解.

第八章　概率与数理统计初步

对自然界及现实生活中的现象进行观察可以发现,它们可分为两类:一类是在一定的条件下必然发生某种结果的现象,称为必然现象或确定性现象.例如:纯水加热到100℃时必然沸腾;重物在高处掉下时必然落到地面.另一类是在一定的条件下结果的发生有多个可能,且事前无法预料的现象,称为随机现象、偶然现象或不确定的现象.例如抛掷一枚质地均匀的硬币,其结果可能是正面在上或反面在上;从一批产品中任意取出一个产品进行测试,其结果可能是合格品,也可能是不合格品.类似这样的例子有很多,随机现象的结果的发生具有偶然性,但在大量的试验之后我们发现,结果的发生又具有某种规律性.概率论的任务就在于揭露与研究随机现象的规律.

第一节　概率论的基本概念

1. 随机试验

我们把对自然现象的一次观察或做一个科学的试验统称为一次**试验**.

定义 8.1.1　若一个试验满足下列三个条件:

(1)试验可以在相同的条件下重复的进行;

(2)每次试验的结果不止一个,但试验的所有可能结果事前是知道的;

(3)每次试验到底出现哪一个结果预先是不能确定的.

称这种试验为**随机试验**.

例 1　判断下面的试验哪些是随机试验:

(1)抛掷一枚硬币观察出现的是正面还是反面;

(2)丢一颗骰子观察出现的点数;

(3)某个电话传呼台在某段时间内接到的呼叫次数;

(4)连抛两次硬币观察出现结果情况;

(5)汽油遇到火时的情况.

解　(1)、(2)、(3)、(4)均是随机试验，而(5)不是.

2. 随机事件

定义 8.1.2　在随机试验中,可能出现也可能不出现的结果称为**随机事件**,简称为**事件**,用大写字母 A、B、C... 表示,记为:A ="…"或 A 表示"…".

如在例 1(2)中,设 A ="丢出的点数大于 3"

B ="丢出的点数小于 5"

C ="丢出的点数恰好为 4"

又如在例 1(4)中,令 A ="至少有一次正面"

B ="恰好有一次正面"

C ="两次丢出同一面"

均为随机事件.

把不能再分的事件称为**基本事件**,如例 1(2)中的 C. 由若干基本事件构成的事件称为**复合事件**. 如例 1(2)中的 A、B,例 1(4)中的 A、B、C.

在随机试验中必然会发生的事件叫做**必然事件**,记为 Ω;一定不会发生的事件称为不可能事件,记为 ϕ. 如例 1(2)中,设 Ω ="丢出的点数大于 0",则 Ω 为必然事件. 而 ϕ ="丢出的点数小于 1"则 ϕ 为不可能事件.

称一个随机试验的每一个不能再分的结果为样本点,记为 ω,所有样本点的全体组成的集合称为样本空间仍记为 Ω.

例 2　写出例1中随机试验的样本空间.

解　(1)$\Omega_1 = \{H, T\}$

其中:H——正面,T——反面;

(2)$\Omega_2 = \{1,2,3,4,5,6\}$;

(3)$\Omega_3 = \{0,1,2,3,\cdots\}$;

(4)$\Omega_4 = \{HH, HT, TH, TT\}$

其中:H—正面,T—反面.

考虑 Ω_4 中的事件:

A ="至少有一次正面" = $\{HH, HT, TH\}$

B ="恰好有一次正面" = $\{HT, TH\}$

C ="两次丢出同一面" = $\{HH, TT\}$

3. 事件的关系

定义 8.1.3　"事件 A 与事件 B 至少有一个发生"这一事件称为事件 A 与事件 B 的并(或和),记为 $A \cup B$.

事件的并可以推广到有限个或可列无穷多个事件的并. 如:$A \cup B \cup C$ 表示"事件 A, B, C 中至少有一个发生".

定义 8.1.4　"事件 A 与事件 B 同时发生"这一事件称为事件 A 与事件 B 的交(或乘积),记为 $A \cap B$ 或 AB.

同样,事件的交可以推广到有限个或可列无穷多个事件的交. 如三事件 A, B, C 的交为 A

$\cap B \cap C$ 或 ABC.

定义 8.1.5 若事件 A 与事件 B 不能同时发生,即 $AB=\phi$,则称事件 A 与 B 互不相容(简称为互斥).

定义 8.1.6 设 A 为一个事件,"A 不发生"这一事件称为 A 的**对立事件**,记为 $\overline{A}$.

显然:$A\cup\overline{A}=\Omega, A\cap\overline{A}=\phi$.

4. 事件的古典概率

定义 8.1.7 设一个随机试验的样本空间包含 n 个样本点,即:$\Omega=\{\omega_1,\omega_2,\cdots,\omega_n\}$

且每个样本点构成的基本事件发生是等可能的. 事件 A 包含的样本点数为 m,则:$\dfrac{A\text{ 包含的样本点数为 }m}{\Omega\text{ 包含的样本总数为 }n}$称为事件 A 发生的古典概率,记为 $P(A)$.

即 $P(A)=\dfrac{m}{n}$.

例 3 抛掷一枚骰子,求出现点数大于 4 的概率.

解 由题意知,$\Omega=\{1,2,3,4,5,6\}$. 即 Ω 的样本点数为 6.

设 $A=$"出现点数大于 4",则 $A=\{5,6\}$. 可见 A 中样本点数为 2,

从而 $P(A)=\dfrac{2}{6}=\dfrac{1}{3}\approx 33.3\%$.

从例 3 看出,要求事件的概率,并不需要知道样本空间及事件 A 包含哪些样本点,而只需知道有几个样本点即可.

例 4 在一个箱中装有100个同类产品,其中有 3 个次品,从箱中不放回地任意抽取 5 个产品,求:

(1)取出的 5 个产品中恰有一个次品的概率.

(2)取出的 5 个产品中无次品的概率.

分析:由于所求概率对应的事件均只关心抽出的 5 个产品中的次品个数,并不关心是哪几次抽到的次品,故计算样本点数目时可考虑用组合数来计算.

解 设事件 $A=$"取出的 5 个产品中恰有一个次品",

事件 $B=$"取出的 5 个产品无次品".

(1)从 100 个产品中任取 5 个产品,共有 C_{100}^5种不同的取法,即样本点数 $n=C_{100}^5$.

要使 A 发生,可分为两个步骤完成:第一步,从 3 个次品中任意抽取一个有 C_3^1 种不同取法;第二步,从 97 个正品中取出 4 个有种 C_{97}^4不同取法,当两个步骤都完成了,则事件 A 发生,由乘法原理,A 包含的样本点数为 $C_3^1C_{97}^4$. 这样,

$$P(A)=\frac{C_3^1\cdot C_{97}^4}{C_{100}^5}\approx 0.138$$

(2)样本点数为 C_{100}^5, B 包含的样本点数 $m=C_{97}^5$,故

$$P(B)=\frac{C_{97}^5}{C_{100}^5}\approx 0.856$$

5. 事件概率的性质

性质 1 对任何事件 A,有 $0\leqslant P(A)\leqslant 1$.

性质 2 $P(\Omega)=1, P(\phi)=0$.

性质 3 对任何两事件 A、B，$P(A\cup B)=P(A)+P(B)-P(AB)$.

特别地，若 A 与 B 互斥，即 $AB=\phi$，则 $P(A\cup B)=P(A)+P(B)$。

性质 3 可推广到多个事件的情况，如：对于三事件 A、B、C，有

$$P(A\cup B\cup C)=P(A)+P(B)+P(C)-P(AB)-P(BC)-P(AC)+P(ABC).$$

性质 4 对任何事件 A，有 $P(\overline{A})=1-P(A)$.

例 5 设有40件产品，其中有 10 件次品，其余为正品，现在从中任取 5 件，求取出的产品中至少有 4 件次品的概率.

解 设 $A=$“取出 5 件产品中至少有 4 件次品”，设 $B=$“取出 5 件产品中恰有 4 件次品”，$C=$“取出的 5 件产品中全为次品”，所求概率为

$$P(A)=P(B\cup C)=P(B)+P(C)=\frac{C_{10}^{4}\cdot C_{30}^{1}}{C_{40}^{5}}+\frac{C_{10}^{5}\cdot C_{30}^{0}}{C_{40}^{5}}\approx 0.00996.$$

例 6 设 $P(A)=P(B)=\frac{1}{4}$，且 $P(AB)=\frac{1}{8}$，求 A、B 至少有一个发生的概率.

解 $$P(A\cup B)=P(A)+P(B)-P(AB)=\frac{1}{4}+\frac{1}{4}-\frac{1}{8}=\frac{3}{8}.$$

6. 条件概率

在计算事件的概率时，经常需要求在某个事件 A 发生的条件下事件 B 发生的概率 $P(B|A)$.

例 7 将一枚硬币连掷两次，观察出现正、反面情况，用 A 表示“至少有一次为正面 H”事件，事件 B 为“两次抛出同一面”，现求：已知事件 A 已经发生的条件下事件 B 发生的概率.

解 $\Omega=\{HH,HT,TH,TT\}$，$A=\{HH,HT,TH\}$，$B=\{HH,TT\}$，

$$B|A=\{HH\},P(B|A)=\frac{1}{3},\text{由于 } P(A)=\frac{3}{4},P(AB)=\frac{1}{4}$$

显然 $P(B|A)=\dfrac{P(AB)}{P(A)}$.

定义 8.1.8 设 A、B 为两事件，且 $P(A)>0$，则称 $\dfrac{P(AB)}{P(A)}$ 为事件 A 发生的条件下事件 B 发生的条件概率，记为 $P(B|A)$.

例 8 一个盒子中有3只坏晶体管和7只好的晶体管，从盒子中抽取两次，每次取一只，作不放回抽取，求当发现抽取的第一只是好的情况下，第二只也是好的概率.

解 (1)设 $A=$“第一只是好的”，$B=$“第二只是好的”.

所求概率为 $P(B|A)=\dfrac{P(AB)}{P(A)}=\dfrac{\frac{7\times 6}{10\times 9}}{\frac{7}{10}}=\dfrac{2}{3}$.

解 (2)在 A 发生时，盒子只剩下 9 只晶体管，其中 6 只是好的，故

$$P(B|A)=\frac{6}{9}=\frac{2}{3}.$$

从上例可见，求条件概率通常可以有两种方法：第一种是严格套用公式；第二种是利用古典概率的思想，通过直接分析，求出样本空间中满足 A 发生后的样本点总数作为分母，满足 B 发生的样本点数作为分子.

例 9 某种动物能活到20岁以上的概率为0.8,活到 25 岁的概率为 0.4,现知这种动物已经 20 岁了,问它能活到 25 岁以上的概率为多少?

解 设 A =“动物能活到 20 岁以上”;B =“动物能活到 25 岁以上”.

则所求概率为 $P(B|A)=\dfrac{P(AB)}{P(A)}=\dfrac{0.4}{0.8}=\dfrac{1}{2}$.

7. 事件的独立性与独立试验概型

1)事件的独立性

例 10 一枚硬币抛两次,观察正、反面出现的情况.设 A,B 分别表示第一次、第二次出现正面的事件,求 $P(A)$、$P(B)$、$P(AB)$及 $P(B|A)$.

解 试验的样本空间为 $\Omega=\{HH,HT,TH,TT\}$,从而

$$P(A)=\frac{2}{4}=\frac{1}{2},P(B)=\frac{2}{4}=\frac{1}{2},$$

$$P(AB)=\frac{1}{4},P(B|A)=\frac{1}{2}.$$

我们注意到:此时 $P(B|A)=P(B)$,且 $P(AB)=P(A)\cdot P(B)$.

从直观分析可以看到,试验中试验事件 B 的发生完全不受事件 A 的发生与否的影响,同样事件 A 的发生完全不受事件 B 的发生与否的影响,于是称这样的两个事件是相互独立的.

定义 8.1.9 设 A、B 为两事件,若 $P(AB)=P(A)\cdot P(B)$,则称事件 A 与事件 B **相互独立**.

例 11 甲 乙各自同时向一敌机炮击,已知甲击中敌机的概率为 0.6,乙击中敌机的概率为 0.5,求敌机被击中的概率.

解 设 A 为事件“甲击中敌机”,B 为事件“乙击中敌机”,C 为事件“敌机被击中”,则

$$\begin{aligned}P(C)&=P(A\cup B)=P(A)+P(B)-P(AB)\\&=P(A)+P(B)-P(A)\cdot P(B)=0.6+0.5-0.6\times0.5=0.8.\end{aligned}$$

2)独立试验型

为了找出随机现象的统计规律性,需要进行大量的重复试验,这些试验通常满足:

(1)在相同的条件下重复进行;

(2)每次试验是相互独立的(即各次试验的结果相互没有影响),称这样的 n 次试验为 n 次重复独立试验.

例如: 射手反复向同一目标射击;有放回地抽取产品进行检验;每天某个时段一电话传呼台接到的呼叫次数等.

在 n 次重复独立试验中,若每次试验我们只关心事件 A 发生与不发生,且每次试验 A 发生的概率 $P(A)=p$ 为常数,这样的 n 次重复独立试验称为 n 重贝努里试验.

例如: 抛掷 n 次硬币,观察每次出现正面的情况;从一堆零件中抽取 n 个,观察每次取出的零件是否合格;观察某射手射击 n 次,每次打中打不中目标的情况等等,均为 n 重贝努里试验.

定理 8.1 在 n 重贝努里试验中,设事件 A 发生的概率为 $p(0<p<1)$,则 A 恰好发生 k 次的概率为 $p_n(k)=C_n^kp^k\cdot q^{n-k}(k=0,1,2,\cdots,n)$.

其中:$q=1-p$,且 $\sum\limits_{k=0}^{n}p_n(k)=p_n(0)+p_n(1)+\cdots+p_n(n)=1$.

例 12 在一批有20%的次品的产品中进行重复抽样检查,共取 5 个样品,求:

(1)次品数恰好为 2 个的概率;

(2)次品数超过 2 个的概率.

解 设 A =“取出的 5 个样品中次品数恰为 2 个”,

B =“取出的 5 个样品中次品数超过 2 个”.

将抽取一次产品观察是否为次品看成一次试验,依题意,这是 5 重贝努里试验,且抽到次品 $P=0.2$, 按二项概率公式

(1) $$p(A)=p_5(2)=C_5^2\cdot 0.2^2\cdot 0.8^3=0.2048.$$

(2) $$p(B)=p_5(3)+p_5(4)+p_5(5)$$
$$=C_5^3\cdot 0.2^30\cdot 0.8^2+C_5^4\cdot 0.2^4\cdot 0.8^1+C_5^5\cdot 0.2^5$$
$$=0.0579.$$

例 13 有一个工人负责维修10台同类型的机床,在同一时间内每台机床是否发生故障是独立的,设每台机床发生故障需要维修的概率为 0.3,试求该工人因照顾不过来而影响生产的概率.

解 设 A =“工人因照顾不过来而影响生产”

=“有 2 台及 2 台以上机床同时发生故障”.

将每台机床在一段时间内是否发生故障看成一次试验,依题意,这是 10 重贝努里试验,且机床发生故障 $p=0.3$,由二项概率公式,可得

$$P(A)=p_{10}(2)+\cdots+p_{10}(10)=1-[p_{10}(0)+p_{10}(1)]$$
$$=1-C_{10}^0\cdot 0.3^0\cdot 0.7^{10}-C_{10}^1\cdot 0.3\cdot 0.7^9=0.8507.$$

故工人照顾不过来而影响生产的概率为 0.8507 .由此可见,这样的 10 台机床由一个工人负责维修是不够的.

习题 8.1

1. 一口袋中装有红、黄、蓝、白、黑 5 个球,写出下列试验的样本空间.

(1)任取两个球,记录结果;

(2)任取一个球,取后不放回,再取一球,记录结果;

(3)任取一个球,放回后再取第二球,记录两次取球的结果.

2. 袋中装有 4 只球,其中 2 只红球,2 只白球,从中取出两球,求两球都是白球的概率.

3. 10 件产品中有 2 件次品,今从中任取 3 件,求:

(1)恰有一件次品的概率;

(2)至少有一件次品的概率.

4. 5 件产品中有 3 件正品,2 件次品,今两次从中各取一件产品(不放回),求:

(1)在第一次取到正品的条件下,第二次仍取到正品的概率;

(2)第二次取到正品的概率.

5. 5 个球中有 3 个红球,2 个白球,从中任取一球,求取到红球的概率.

6. 已知 $P(A)=0.4, P(B)=0.5, P(AB)=0.3$,

求(1)$P(A\cup B)$;(2)$P(A|B)$.

7. 若 A、B 相互独立,$P(A\cup B)=0.6, P(A)=0.4$,求 $P(B)$.

8. 一台电子仪器出厂时,使用寿命1000小时以上的概率为0.6,1500小时以上的概率为0.4,现已经使用了1000小时,求还能使用500小时以上的概率.

9. 一大楼有5个同类型的供水设备,在任一时刻每个设备被使用的概率为0.1,求在同一时刻恰有2个设备被使用的概率.

第二节 随机变量及其分布

本节将引入随机变量的概念,把随机试验的可能结果数量化,使得随机事件及其概率能用随机变量及其分布来表示,进而利用高等数学的分析方法,更深刻地描述随机事件,并揭示随机现象的统计规律性.

1. 随机变量

先看下面的例子:

例如: 在一装有编号分别为1,2,3三只球的袋中,从中任取一球,放回再取一只球,记录这两次取球编号,显然样本空间:

$$\Omega=\{(1,1),(1,2),(2,1),(1,3),(2,2),(3,1),(2,3),(3,2),(3,3)\}$$

共有9个结果,现用变量 X 来表示两次取出的球号码之和,则对每一个样本点$(i.j)$`,变量 X 都有一个值与之对应,如表8-1所示:

表8-1

样本点 ω	(1,1)	(1,2)	(2,1)	(1,3)	(2,2)	(3,1)	(2,3)	(3,2)	(3,3)
X的值	2	3	3	4	4	4	5	5	6

又如,将一枚硬币连抛三次,用 H 表示"出现正面",T 表示"出现反面",则样本空间 $\Omega=\{HHH,HHT,HTH,THH,HTT,THT,TTH,TTT\}$共有8个结果.变量 X 表示每次试验出现正面次数,则每次试验结果与 X 之间有如表8-2所示的对应关系:

表8-2

样本点 ω	HHH	HHT	HTH	THH	HTT	THT	TTH	TTT
X的值	3	2	2	2	1	1	1	0

这里,事件$\{X=0\}$表示"三次抛出反面",事件$\{X=1\}$表示"有一次为正面",事件$\{X=2\}$表示"有两次正面",而$\{X=3\}$表示"每次为正面".

由于量 X 的值随着试验的结果 ω 的变化而变化,因此是 ω 的函数,变量 X 称为随机变量.

定义8.2.1 设 $\Omega=\{\omega\}$是随机试验的样本空间,如果对于每一个样本点 $\omega\in\Omega$,都有唯一的实数 $X(\omega)$与之对应,则称实值函数 $X(W)$为**随机变量**,简记为 X.

通常用大写字母 X、Y、Z 表示随机变量.

随机变量是样本点的函数,而样本点的出现具有随机性,因此在试验之前,只知道随机变量可能取哪些值,不能确定它取何值. 由于随机变量 X 的取值随试验的结果而定,而试验的各个结果以一定的概率出现,因而 X 取各个值也有一定的概率,如上例中随机变量X取0,1,2,3的概率分别为$\frac{1}{8},\frac{3}{8},\frac{3}{8},\frac{1}{8}$,这一性质显示了随机变量与普通函数有着本质差异.

对于随机变量,根据其取值情况,常分为两类:一类是离散型的,另一类是连续型的,下面先讨论离散型的随机变量.

2. 离散型随机变量

1)离散型随机变量及其概率分布

定义 8.2.2 若随机变量 X 只取有限个或可列无限个可能值 $x_1, x_2, \cdots, x_k, \cdots$ 则称 X 为离散型随机变量,且称 $P\{X = x_k\} = P_k(k = 1,2,\cdots)$ 为离散型随机变量 X 的**概率分布或分布律**.

离散型随机变量 X 的分布律常用如表 8-3 所示的表格形式来表示:

表 8-3

X	x_1	x_2	$\cdots x_k \cdots$
$p\{X = x_k\}$	p_1	p_2	$\cdots p_k \cdots$

前面两个例子中随机变量 X 的分布律用表格表示,分别为表 8-4 和表 8-5:

表 8-4

X	2	3	4	5	6
$p\{X = k\}$	$\frac{1}{9}$	$\frac{2}{9}$	$\frac{3}{9}$	$\frac{2}{9}$	$\frac{1}{9}$

表 8-5

X	0	1	2	3
$p\{X = k\}$	$\frac{1}{8}$	$\frac{3}{8}$	$\frac{3}{8}$	$\frac{1}{8}$

由概率的定义易知,离散型随机变量的分布律应满足下列两个条件:

(1) $p_k \geqslant 0(k = 1,2\cdots)$;

(2) $\sum\limits_{k=1}^{\infty} p_k = 1$.

例 1 某人独立地射击,每一次射击的命中率为 $p(0 < p < 1)$,以 X 表示首次击中目标时已进行的射击次数,求 X 的分布律.

解 X 的可能取值为 k,$(k = 1,2,\cdots)$

$$p\{X = k\} = q^{k-1} \cdot p \qquad (q = 1 - p),$$

因为 $P\{X = k\} = q^{k-1}, p \geqslant 0$

而 $$\sum_{k=1}^{\infty} P\{X = k\} = \sum_{k=1}^{\infty} q^{k-1} \cdot p = P \cdot \sum_{k=1}^{\infty} q^{k-1} = 1$$

所以 X 的分布律为:

$$P\{X = k\} = q^{k-1} \cdot p \qquad (k = 1,2,\cdots)$$

称 X 服从以 p 为参数的**几何分布**,几何分布可用于描述一个无穷次贝努里试验中事件 A 首次发生时所需的试验次数.

2)几个常用的离散型随机变量的概率分布

(1)0—1 分布(两点分布)

若随机变量 X 只可能取 0 或 1,且其分布律为:$P\{X = k\} = p^k \cdot q^{1-k}$,其中 $k = 0,1$ 且 $0 < p < 1, p + q = 1$,则称 X 服从以 p 为参数的 **0—1 分布**.

0—1 分布的分布律表示见表 8-6：

表 8-6

X	0	1
p	q	p

当随机变量的结果可以归纳为“非此即彼”，即或者事件 A 发生，或者 $\overline{A}$ 发生，那么该试验可以用 0—1 分布的随机变量来描述．如检查一个产品是否合格，抛掷硬币是否出现正面等．

(2)二项分布

若离散型随机变量 X 的分布律为：

$$P\{X=k\}=C_n^k p^k \cdot q^{n-k}(k=0,1,2,\cdots,n).$$

其中，$0<p<1,0<q<1,p+q=1$，则称 X 服从以 n,p 为参数的**二项分布**，记为 $X \sim B(n,p)$．

显然，

$$\sum_{k=0}^{n} P\{X=k\}=\sum_{k=0}^{n} C_n^k \cdot P^k \cdot q^{n-k}=(p+q)^n=1$$

注意到 $C_n^k \cdot P^k \cdot q^{n-k}$ 是二项式 $(p+q)^n$ 的展开式中的一般项，这正是二项分布名称的由来．

当 $n=1$ 时，二项分布 $P\{X=k\}=P^k \cdot q^{1-k}(k=0,1)$，就是 0—1 分布，因此 0—1 分布是二项分布的特例．二项分布可用于描述 n 重贝努里试验中事件 A 发生次数的概率分布．

例 2 某人进行射击，设每次射击命中率为 0.02，独立射击 400 次，试求至少击中两次的概率．

解 一次射击看作一次试验，设击中次数为 X，则 $X \sim B(400,0.02)$，

X 的分布为 $P\{X=k\}=C_{400}^k \cdot (0.02)^k \cdot (0.98)^{400-k} \quad (k=0,1,\cdots,400)$．

于是所求的概率为：

$$\begin{aligned} P\{X \geqslant 2\} &= 1-p\{X=0\}-p\{X=1\} \\ &= 1-(0.98)^{400}-400 \times 0.02 \times (0.98)^{399}=0.9972. \end{aligned}$$

例 3 某种药物对某种疾病的治愈律为0.8，若 5 人服用此药，写出治愈人数的分布律，至少有 2 人治愈的概率是多少？

解 设 X 表示 5 人中治愈的人数，将每一个人服用药物后是否治愈看成一次试验，各次试验是相互独立的，则 $X \sim B(5,0.8)$，于是

$$P\{X=k\}=C_5^k(0.8)^k \cdot (0.2)^{5-k} \quad (k=0,1,2,3,4,5),$$

故

$$\begin{aligned} P\{X \geqslant 2\} &= 1-p\{X=0\}-p\{X=1\} \\ &= 1-C_5^0(0.8)^0 \cdot (0.2)^5-C_5^1(0.8)^1 \cdot (0.2)^4 \\ &= 1-0.00032-0.0064=0.9933. \end{aligned}$$

(3)泊松(Poisson)分布

若离散型随机变量 X 的分布律为：

$$P\{X=k\}=\frac{\lambda^k \cdot e^{-\lambda}}{k!},(k=0,1,2,\cdots).$$

其中 $\lambda>0$ 是常数，则称 X 服从于参数为 λ 的**泊松分布**，记为 $X \sim P(\lambda)$．

显然

$$P\{X=k\}=\frac{\lambda^k \cdot e^{-\lambda}}{k!} \geqslant 0 \quad (k=0,1,2,\cdots)$$

且 $\sum_{k=0}^{\infty} P\{X = k\} = \sum_{k=0}^{\infty} \frac{\lambda^k \cdot e^{-\lambda}}{k!} = e^{-\lambda} \cdot \sum_{k=0}^{\infty} \frac{\lambda^k}{k!} = e^{-\lambda} \cdot e^{\lambda} = 1.$

在实际应用中,许多随机变量都服从泊松分布.

例如:在某段时间内电话交换台收到的呼叫次数;进入商店的顾客次数;来到公共汽车站的乘客数;在一段时间间隔内放射性物质放射出的粒子数等都服从泊松分布,即泊松分布是许多随机事件的概率模型.

例 4 由某商店过去的销售记录可知,该商店每月的销售数可用参数 $\lambda = 5$ 的泊松分布描述,为了有 99% 以上的把握保证不脱销,问商店在月底至少要进该种商品多少件?

解 设商品每月销售该种商品的件数为 X,月底进货为 N 件,当 $X \leqslant N$ 时就不会脱销,依题意,要求 $P\{X \leqslant N\} \geqslant 99\%$,由于,$X \sim P(5)$,即有:

$$\sum_{k=0}^{N} \frac{5^k \cdot e^{-5}}{k!} \geqslant 0.99 \text{ 或 } \sum_{k=N+1}^{\infty} \frac{5^k \cdot e^{-5}}{k!} < 0.01.$$

查泊松分布表(见附录 *IV*),得 X = 11,即,$N + 1 = 11$,故 $N = 10$,即商店在月底进货时,该种商品至少进货 10 件(假定上月无存货),就可以有 99% 以上的把握保证在下个月不会脱销.

3. 连续型随机变量

1)连续型随机变量及其概率分布

与离散型随机变量不同,连续型随机变量的可能取值不止可列个,例如,测量误差、产品的寿命、降雨量、候车的等待时间等,这类随机变量能取某个区间内的一切值. 如候车时间就可以是在区间[0, 5]内的任一值.这类随机变量的可能值不能一一列举出来,而且在后面还会看到,它取某个特定值的概率为 0. 因此,对于取连续值的随机变量,我们关心的是它的取值于某个区间的概率. 例如,在测量误差的要求中,我们感兴趣的是测量误差小于某个数的概率.

定义 8.2.3 设 X 为随机变量,如果存在非负可积函数 $f(x)(-\infty < x < +\infty)$,使得对于任意实数 $a, b(a < b)$,都有

$$P\{a < X \leqslant b\} = \int_a^b f(x)\mathrm{d}x,$$

则称 X 为**连续型随机变量**,并称 $f(x)$为 X 的**概率密度函数**,简称概率密度或密度,$f(x)$的图形称为概率密度曲线.

由定义可知,概率密度 $f(x)$有如下性质:

性质 1 $f(x) \geqslant 0$,

性质 2 $\int_{-\infty}^{+\infty} f(x)\mathrm{d}x = 1.$

由定义,显然,X 落在区间$(a, b]$的概率等于图 8-1 中阴影部分的面积.

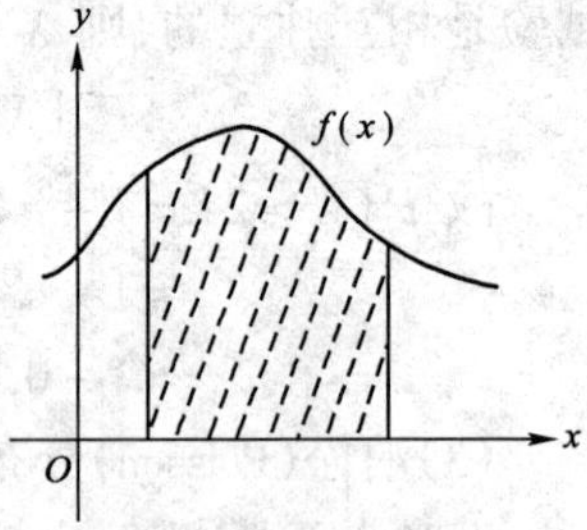

图 8-1

由性质 2 知,介于密度曲线 $y = f(x)$与 x 轴之间的面积为 1,对于任何一个连续型随机变量而言,它取任一指定的实数值 x_0 的概率为 0,即

$$P\{X = x_0\} = 0$$

因此,在计算连续型随机变量落在某一区间的概率时,不必区分该区间是开区间,闭区间或半开区间,即有

性质 3 $P\{a < X \leqslant b\} = p\{a \leqslant X \leqslant b\} = p\{a < X < b\} = P\{a \leqslant X < b\}.$

例 5　设连续型随机变量 X 的概率密度为:

$$f(x)=\begin{cases}\dfrac{C}{\sqrt{1-x^2}} & |x|<1\\ 0 & |x|\geqslant 1\end{cases}$$

求:(1)系数 C;(2)$P\left\{-3<X<\dfrac{1}{2}\right\}$.

解　(1)由性质 2

$$1=\int_{-\infty}^{+\infty}f(x)\mathrm{d}x=\int_{-1}^{1}\frac{C}{\sqrt{1-x^2}}\mathrm{d}x=C\cdot\arcsin x\Big|_{-1}^{1}=C\cdot\pi$$

因此 $C=\dfrac{1}{\pi}$.

(2)
$$P\left\{-3<X<\frac{1}{2}\right\}=\int_{-3}^{\frac{1}{2}}f(x)\mathrm{d}x=\int_{-1}^{\frac{1}{2}}\frac{1}{\pi\cdot\sqrt{1-x^2}}\mathrm{d}x=\frac{2}{3}.$$

2)常用的连续型随机变量的概率分布

(1)均匀分布

若随机变量 X 的概率密度函数为:

$$f(x)=\begin{cases}\dfrac{1}{b-a} & a\leqslant x\leqslant b\\ 0 & \text{其他}\end{cases}$$

则称 X 服从区间$[a,b]$上的**均匀分布**,记为 $X\sim U[a,b]$.

例 6　某公共汽车站每隔 **5** 分钟有一辆汽车通过,乘客在 5 分钟内的任一时刻到达汽车站是等可能的,求乘客候车时间不超过 3 分钟的概率.

解　设乘客的候车时间为 X,由于乘客在时间区间$[0,5]$内任一时刻到达车站是等可能的,故 $X\sim U[0,5]$,因而随机变量 X 的概率密度为

$$f(x)=\begin{cases}\dfrac{1}{5} & 0\leqslant x\leqslant 5\\ 0 & \text{其他}\end{cases}$$

故
$$P\{0\leqslant X\leqslant 3\}=\int_{0}^{3}\frac{1}{5}\mathrm{d}x=\frac{3}{5},$$

如果 $X\sim U[a,b]$,则 X 的值落入$[a,b]$中的任一子区间$[c,d]$内的概率

$$P\{c\leqslant X\leqslant \mathrm{d}\}=\int_{c}^{d}\frac{1}{b-a}\mathrm{d}x=\frac{d-c}{b-a}.$$

(2)指数分布

若连续型随机变量 X 的概率密度为:

$$f(x)=\begin{cases}\lambda\cdot e^{\lambda x} & x\geqslant 0\\ 0 & x<0\end{cases}$$

其中 $\lambda>0$ 为常数,则称 X 服从参数为λ 的**指数分布**,简记为 $X\sim E(\lambda)$.

指数分布的概率密度曲线见图 8-2.

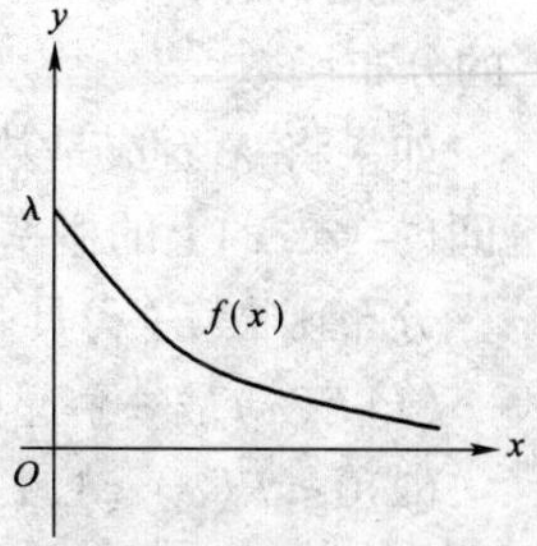

图 8-2

指数分布在实际中有重要的应用,它可以用来作为各种"寿命"分布的近似.

例如,电子元件的寿命,动物的寿命,随机服务系统的服务时间等,

都可以近似地用指数分布来描述.

例 7 已知某种电子管的寿命 X(小时)服从 $\lambda=\frac{1}{1000}$的指数分布,试求这种电子管能使用1000 小时以上的概率.

解 依题意,X 的概率密度为:

$$f(x)=\begin{cases}\frac{1}{1000}\cdot e^{-\left(\frac{x}{1000}\right)} & x\geqslant 0\\ 0 & x<0\end{cases}$$

所求的概率为

$$P\{X>1000\}=\int_{1000}^{+\infty}\frac{1}{1000}e^{-\frac{x}{1000}}\mathrm{d}x=e^{-1}\approx 0.368.$$

(3)正态分布

若连续型随机变量 X 的概率密度为:

$$f(x)=\frac{1}{\sqrt{2\pi}\cdot\sigma}e^{-\frac{(x-\mu)^2}{2\sigma^2}},-\infty<x<+\infty,$$

其中 μ 和 σ 均为常数,且 $\sigma>0$,则称 X 服从两参数 μ 和 σ 的**正态分布**,记为 $X\sim N(\mu、\sigma^2)$.

正态分布的概率密度曲线见图 8-3.

当 $\mu=0,\sigma=1$ 时称 X 为服从标准正态分布,记为 $X\sim N(0,1)$.

将标准正态分布的概率密度函数记为 $\varphi(x)$,则

$$\varphi(x)=\frac{1}{\sqrt{2\pi}}e^{-\frac{x^2}{2}},-\infty<x<+\infty.$$

正态分布是概率论中最重要的分布. 在自然现象和社会现象中,大量的随机变量都服从正态分布. 例如:测量误差、计算误差、质量指标、股票价格、农作物的产量等等都服从正态分布.

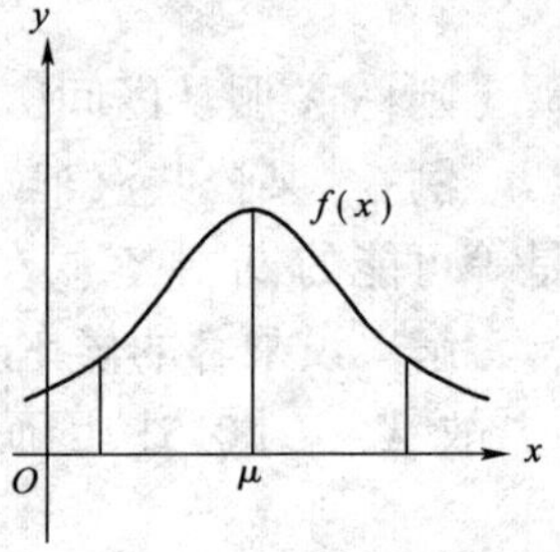

图 8-3

4. 随机变量的分布函数

1)随机变量的分布函数

对取定的实数 x_1,x_2 由于$(x_1,x_2]=(-\infty,x_2]-(-\infty,x_1]$,且$(-\infty,x_1]\subset(-\infty,x_2]$·于是,$P\{x_1<X\leqslant x_2\}=P\{X\leqslant x_2\}-P\{X\leqslant x_1\}$.

因此,对任意实数 x,只要知道 $P\{X\leqslant x\}$,就可以知道随机变量 X 的取值落在任何一个区间上的概率,由此引入随机变量的分布函数的概念.

定义 8.2.4 设 X 为一个随机变量,x 是任意实数,函数 $F(x)=P\{X\leqslant x\}$称为随机变量 X 的分布函数.

如果将 X 看成是数轴上的随机点的坐标,则分布函数 $F(x)$在 x 的函数值就表示 X 落在区间$(-\infty,x]$上的概率.

分布函数 $F(x)$具有如下的性质;

(1) $F(x)$是一个递增函数,即当 $x_1<x_2$ 时,$F(x_1)\leqslant F(x_2)$.

(2) $0\leqslant F(x)\leqslant 1,x\in(-\infty,+\infty)$.

(3) $F(-\infty)=P\{X\leqslant-\infty\}=P(\phi)=0$,

$$F(+\infty)=P\{X\leqslant+\infty\}=P(\Omega)=1.$$

(4)对任何两实数 $a,b(a<b)$有

$$P\{a<X\leqslant b\}=F(b)-F(a).$$

若 X 为离散型随机变量,其中分布律为:$P\{X=x_k\}=pk(k=1,2,\cdots)$,则 X 的分布函数为:$F(x)=P\{X\leqslant x\}=\sum\limits_{x_k\leqslant x}P\{X=x_k\}=\sum\limits_{x_k\leqslant x}P_k$.

若 X 为连续型随机变量,其概率密度函数为 $f(x)$,则 X 的分布函数为:

$$F(x)=\int_{-\infty}^{x}f(t)\mathrm{d}t\ .$$

(5)若 $F(x)$在点 x 连续,则 $F'(x)=f(x)$.

例 8 设随机变量 X 的分布律如表 8-7 所示:

表 8-7

X	0	1	2
P	$\frac{1}{3}$	$\frac{1}{6}$	$\frac{1}{2}$

求:(1)X 的分布函数 $F(x)$;

(2)$P\left\{X\leqslant\frac{1}{2}\right\},P\left\{1<X\leqslant\frac{3}{2}\right\},P\left\{1\leqslant X\leqslant\frac{3}{2}\right\}$.

解 (1)当 $X<0$ 时,$P\{X\leqslant x\}=0$;

当 $0\leqslant x<1$ 时,$P\{X\leqslant x\}=P\{X=0\}=\frac{1}{3}$;

当 $1\leqslant x<2$ 时,$P\{X\leqslant x\}=P\{X=0\}+P\{X=1\}=\frac{1}{3}+\frac{1}{6}=\frac{1}{2}$;

当 $x\geqslant 2$ 时,$P\{X=0\}+P\{X=1\}+P\{X=2\}=\frac{1}{3}+\frac{1}{6}+\frac{1}{2}=1$.

所以,
$$F(x)=\begin{cases}0, & x<0\\ \frac{1}{3}, & 0\leqslant x<1\\ \frac{1}{2}, & 1\leqslant x<2.\\ 1, & x>2\end{cases}$$

(2)$P\left\{X\leqslant\frac{1}{2}\right\}=F\left(\frac{1}{2}\right)=\frac{1}{3}$;

$$P\left\{1<X\leqslant\frac{3}{2}\right\}=F\left(\frac{3}{2}\right)-F(1)=\frac{1}{2}-\frac{1}{2}=0;$$

$$P\left\{1\leqslant X\leqslant\frac{3}{2}\right\}=P(X=1)+P\left\{1\leqslant X\leqslant\frac{3}{2}\right\}=\frac{1}{6}+0=\frac{1}{6}.$$

例 9 设连续型随机变量 X 的分布函数为

$$F(x)=\begin{cases}0, & x<0\\ A\sin x, & 0\leqslant x\leqslant\frac{\pi}{2}\\ 1, & x>\frac{\pi}{2}\end{cases}$$

求:(1)系数 A;(2)$P\left\{|X|<\frac{\pi}{6}\right\}$;(3)$X$ 的概率密度 $f(x)$.

解 (1)由 $F(x)$的连续性,有 $\lim\limits_{x\to\frac{\pi}{2}}F(x)=F\left(\frac{\pi}{2}\right)=1$,故 $A=1$.

(2)
$$P\left\{|X|<\frac{\pi}{6}\right\}=P\left\{-\frac{\pi}{6}<X<\frac{\pi}{6}\right\}=F\left(\frac{\pi}{6}\right)-F\left(-\frac{\pi}{6}\right)$$
$$=1\times\sin\frac{\pi}{6}-0=\frac{1}{2}.$$

(3)由 $f(x)=F'(x)$,得
$$f(x)=\begin{cases}\cos x, & 0<x\leqslant\dfrac{\pi}{2}\\ 0 & \text{其他}\end{cases}.$$

例 10 设连续型随机变量 X 的概率密度为$f(x)=\frac{1}{2}\cdot e^{-|x|}$, $-\infty<x<+\infty$,求 X 的分布函数.

解 当' $x<0$ 时, $F(x)=\int_{-\infty}^{x}f(t)\mathrm{d}t=\frac{1}{2}\int_{-\infty}^{x}e^{t}\mathrm{d}t=\frac{1}{2}e^{x}$.

当 $x\geqslant0$ 时, $F(x)=\int_{-\infty}^{x}f(t)\mathrm{d}t=\frac{1}{2}\int_{-\infty}^{x}e^{t}\mathrm{d}t+\int_{0}^{x}e^{-t}\mathrm{d}t=1-\frac{1}{2}e^{-x}$.

从而,
$$F(x)=\begin{cases}\dfrac{1}{2}e^{-x}, & x<0\\ 1-\dfrac{1}{2}e^{-x}, & x\geqslant0.\end{cases}$$

2)正态分布的概率计算

设随机变量 X 服从正态分布 $N(\mu、\sigma^2)$,则其分布函数
$$F(x)=\frac{1}{\sqrt{2\pi}\sigma}\int_{-\infty}^{x}e^{-\frac{(t-\mu)^2}{2\sigma^2}}\mathrm{d}t,$$
将标准正态分布 $N(0,1)$的分布函数记为 $\Phi(x)$,则
$$\Phi(x)=\frac{1}{\sqrt{2\pi}}\int_{-\infty}^{x}e^{-\frac{t^2}{2}}\mathrm{d}t.$$

标准正态分布函数 $\Phi(x)$在正态分布计算中具有重要作用,$\Phi(x)$的函数值已编制成表可供查用(见附表 V).

对任意 x,由分布函数性质有:$\Phi(-x)=1-\Phi(x)$.

例 11 设 $X\sim N(0,1)$,求 $P\{1<X<2\}$,$P\{|X|<1\}$

解 $P\{1<X<2\}=\Phi(2)-\Phi(1)=0.9772-0.8413=0.1359$.
$$P\{|X|<1\}=P\{-1<X<1\}$$
$$=\Phi(1)-\Phi(-1)=\Phi(1)-[1-\Phi(-1)]$$
$$=2\Phi(1)-1=0.6826.$$

若 $X\sim N(\mu、\sigma^2)$,则容易推出 $F(x)=\Phi\left(\frac{x-\mu}{\sigma}\right)$,从而
$$P\{x_1<X\leqslant x_2\}=F(x_2)-F(x_1)=\Phi\left(\frac{x_2-\mu}{\sigma}\right)-\Phi\left(\frac{x_1-\mu}{\sigma}\right)$$

例 12 设随机变量 $X\sim N(1,4)$,求 $P\{0\leqslant X<16\}$,$P\{X\geqslant2.3\}$.

解 $P\{0\leqslant X<1.6\}=\Phi\left(\frac{1.6-1}{2}\right)-\Phi\left(\frac{0-1}{2}\right)$
$$=\Phi(0.3)-\Phi(-0.5)=\Phi(0.3)-[1-\Phi(0.5)]$$

$$=0.6179-(1-0.6915)=0.309\ .$$

$$P\{X\geqslant 2.3\}=1-P\{X<2.3\}=1-F(2.3)=1-\Phi\left(\frac{2.3-1}{2}\right)$$
$$=1-\Phi(0.65)=1-0.7422=0.2578.$$

习题 8.2

1. 将一颗骰子抛掷两次,以 X 表示两次中得到的小的点数,试求 X 的分布律.

2. 一袋中装有 5 只球,编号为 1, 2, 3, 4, 5,在袋中同时取 3 只,以 X 表示取出的 3 只球中最大号码,写出随机变量 Z 的分布律.

3. 设在 15 只同类的零件中有 2 只是次品,在其中取 3 次,每次任取一只作不放回抽样,以 X 表示取出的次品数,求 X 的分布律.

4. 设一设备由三个独立工作的元件构成,该设备在一次试验中每个元件发生故障的概率为 0.1,试求该设备在一次试验中发生故障的元件数 X 的分布律.

5. 一大楼内装有 5 个同类型的供水设备,调查表明,在任一时刻 t 每个设备被使用的概率为 0.1,求在同一时刻:

(1)恰有 2 个设备被使用的概率;

(2)至少有 3 个设备被使用的概率;

(3)至多有 3 个设备被使用的概率;

(4)至少有 1 个设备被使用的概率.

6. 设离散型随机变量 X 的分布律为:$P\{X=k\}=\dfrac{k}{15},k=1,2,3,4,5$,求:

(1) $P\{X=1\}\cup\{X=2\}$;　　(2) $P\left\{\dfrac{1}{2}<X<\dfrac{5}{2}\right\}$;

(3) $P\{1\leqslant X\leqslant 2\}$;　　(4) $P\{4\leqslant X<6\}$.

7. 设 $X\sim P(\lambda)$, $P\{X=1\}=P\{X=2\}$, 求 $P\{X=4\}$.

8. 某人进行射击,设每次射击的命中率为 0.02,独立射击 400 次,试求至少击中两次的概率.

9. 设随机变量的分布律如表 8-8 所示:

表 8-8

X	-1	2	3
P	$\frac{1}{4}$	$\frac{1}{2}$	$\frac{1}{4}$

求 X 的分布函数,并求 $P\left\{X\leqslant\dfrac{1}{2}\right\}$, $P\left\{\dfrac{3}{2}<X\leqslant\dfrac{5}{2}\right\}$, $P\{2\leqslant X\leqslant 3\}$.

10. 设随机变量 X 的概率密度 $f(x)=\begin{cases}\cos x, & 0<x\leqslant\dfrac{\pi}{2}\\ 0, & \text{其他}\end{cases}$,试求分布函数 $F(x)$ 及 $P\left\{\dfrac{\pi}{4}<X\leqslant\dfrac{\pi}{2}\right\}$.

11. 设随机变量 X 的分布函数为 $F(x)=\begin{cases}0, & x\leqslant -1\\ a+b\arcsin x, & -1<x\leqslant 1\\ 1, & x>1\end{cases}$,试确定 a, b.

12. 设随机百年量 $X \sim N(3,16)$，试求 $P\{-5<X<11\}$.

(已知标准正态分布的分布函数 $\Phi(x)$ 满足 $\Phi(2)=0.9772$)

13. 设连续型随机变量 X 的分布函数 $F(x)=\begin{cases}0 & x<0\\ Ax^2 & 0\leqslant x\leqslant 1,\\ 1 & X\geqslant 1\end{cases}$

求：(1)常数 A；

(2) X 的概率密度 $f(x)$；

(3)求 X 的取区间(0.3,0.7)的值的概率.

14. 设 $X \sim N(\mu,4^2)$，求：$P\{X\leqslant \mu-4\}$.

第三节　随机变量的数学期望与方差

由前面的讨论知道，随机变量的分布函数完整地描述了它的统计规律，但是在一些实际问题中，要确立一个随机变量的分布函数是比较困难的. 另一方面，有些实际问题中并不需要知道全面的概率分布，而只要知道随机变量的某些数字特征就够了. 例如，考察某地区水稻产量时，只要知道水稻的平均亩产量；在证券投资方面，需要知道股票的平均回报率，而且需要知道股票的平均回报率与回报率的偏离程度，并把这种偏离程度称为风险. 随机变量的数学期望与方差是两个重要的数字特征，在理论研究和实际应用中都具有重要意义.

1. 随机变量的数学期望

1)随机变量的数学期望的概念

先看下面的例子：

例 1　一批钢筋共有10根，抗拉强度(单位：kg/mm^2)为 120 和 130 的各有 2 根，125 的有 3 根，110、135、140 的各有 1 根，求这 10 根钢筋的平均抗拉强度.

解　这 10 根钢筋的平均抗拉强度为：

$$\frac{1}{10}(110\times 1+120\times 2+125\times 3+130\times 2+135\times 1+140\times 1)$$

$$=110\times\frac{1}{10}+120\times\frac{2}{10}+125\times\frac{3}{10}+130\times\frac{2}{10}+135\times\frac{1}{10}+140\times\frac{1}{10}$$

$$=126.$$

另一方面，若用 X 表示 10 根钢筋的抗拉强度，显然

$P\{X=10\}=\frac{1}{10}, P\{X=120\}=\frac{2}{10}, P\{X=125\}=\frac{3}{10},$

$P\{X=130\}=\frac{2}{10}, P\{X=135\}=P\{X=140\}=\frac{1}{10}.$

平均抗拉强度为：

$110\times P\{X=110\}+120\times P\{X=120\}+125\times P\{X=125\}+130\times P\{X=130\}+135\times P\{X=135\}+140\times P\{X=140\}=126.$

设对某一零件进行 n 次测量，有 m_1 次测得结果为 x_1，有 m_2 次测得结果为 x_2，…，有 m_k 次测得结果为 x_k，则测量结果的平均值为：

$$\frac{1}{n}(x_1m_1+x_2m_2+\cdots+x_km_k)=\sum_{i=1}^{k}x_i\frac{m_i}{n}$$

其中 $m_1+m_2+\cdots+m_k=n$,如果用 X 表示能测量到的值,则它是一个随机变量,m_i 是事件$\{X=x_i\}$在 n 次测量中发生的频数(次数),$\frac{m_i}{n}$是事件$\{X=x_i\}$在 n 次测量中发生的频率(概率),上述平均值表示为 $\sum_{i=1}^{\infty}x_iP\{X=x_i\}$. 下面给出数学期望的定义.

定义 8.3.1 设离散型随机变量 X 的分布律为:

$P\{X=x_k\}=P_k,k=1,2,\cdots$,若级数 $\sum_{k=1}^{\infty}x_kP_k'$ 绝对收敛,则称它为 X 的**数学期望**,记为 $E(X)$, 即 $E(X)=\sum_{k=1}^{\infty}x_kP_k$.

设连续型随机变量 X 的概率密度为$f(x)$,若积分 $\int_{-\infty}^{+\infty}xf(x)\mathrm{d}x$ 绝对收敛,则称该积分值为 X 的数学期望,记为 $E(X)$, 即 $E(X)=\int_{-\infty}^{+\infty}xf(x)\,dx$,数学期望简称为期望或均值.

例 2 设随机变量 X 的分布律如表 8-9 所示:

表 8-9

X	0	1	2	3
P	$\frac{1}{2}$	$\frac{1}{4}$	$\frac{1}{8}$	$\frac{1}{8}$

求 X 的数学期望$E(X)$.

解 $E(X)=0\times\frac{1}{2}+1\times\frac{1}{4}+2\times\frac{1}{8}+3\times\frac{1}{8}=\frac{7}{8}$.

例 3 设随机变量 X 的概率密度为:

$$f(x)=\begin{cases}x, & 0<x<1\\ 2-x, & 1\leqslant x<2\\ 0, & 其他\end{cases},求\ E(X).$$

解 $E(X)=\int_{-\infty}^{+\infty}xf(x)\mathrm{d}(x)=\int_0^1x^2\mathrm{d}x+\int_1^2x(2-x)\mathrm{d}x=\frac{1}{3}x^3\Big|_0^1+\left(x^2-\frac{1}{3}x^3\right)\Big|_1^2=1.$

2)几个常用分布数学期望

(1)(0—1)分布

设随机变量 X 服从以 p 为参数的 0—1 分布,则 X 的数学期望为:

$$E(X)=1\times p+0\times q=p.$$

(2)二项分布

设随机变量 $X\sim B(n,p)$,则 X 的数学期望为:

$$\begin{aligned}E(X)&=\sum_{k=0}^{n}k\cdot P\{X=k\}=\sum_{k=0}^{n}kC_n^kp^kq^{n-k}=\sum_{k=1}^{n}k\frac{n!}{k!(n-k)!}p^kq^{n-k}\\&=np\sum_{k=1}^{n}C_{n-1}^{k-1}p^{k-1}q^{n-k}=np\sum_{k=0}^{n-1}C_{n-1}^{k}p^kq^{n-1-k}\\&=np(p+q)^{n-1}=np.\end{aligned}$$

(3)泊松分布

设随机变量 $X \sim P(\lambda)$，则 X 的数学期望为：

$$E(X)=\sum_{k=0}^{\infty}k\cdot p_k=\sum_{k=0}^{\infty}k\cdot\frac{\lambda^k}{k!}e^{-\lambda}=\lambda e^{-\lambda}\sum_{k-1}^{\infty}\frac{\lambda^{k-1}}{(k-1)!}=\lambda e^{-\lambda}\cdot e^{\lambda}=\lambda.$$

(4)均匀分布

设随机变量 $X \sim U[a,b]$分布，则 X 的数学期望为：

$$E(X)=\int_{-\infty}^{+\infty}xf(x)\mathrm{d}x=\int_a^b x\frac{1}{b-a}\mathrm{d}x=\frac{1}{b-a}\cdot\frac{x^2}{2}\Big|_a^b=\frac{a+b}{2}.$$

(5)指数分布

设随机变量 $X \sim E(\lambda)$，则 X 的数学期望为：

$$E(X)=\int_{-\infty}^{+\infty}xf(x)\mathrm{d}x=\int_0^{+\infty}x\lambda e^{-\lambda x}\mathrm{d}x=-\int_0^{+\infty}x\mathrm{d}e^{-\lambda x}=-xe^{-\lambda x}\Big|_0^{+\infty}+\int_0^{+\infty}e^{-\lambda x}\mathrm{d}x=\int_0^{+\infty}e^{-\lambda x}\mathrm{d}x$$

$$=-\frac{1}{\lambda}e^{-\lambda x}\Big|_0^{+\infty}=\frac{1}{\lambda}.$$

(6)正态分布

设随机变量 $X \sim N(\mu,\sigma^2)$，则 X 的数学期望为：

$$E(X)=\frac{1}{\sqrt{2\pi}\sigma}\int_{-\infty}^{+\infty}xe^{\frac{(x-\mu)^2}{2\sigma^2}}\mathrm{d}x\xlongequal{\text{令}\frac{x-\mu}{\sigma}=t}\frac{1}{\sqrt{2\pi}}\int_{-\infty}^{+\infty}(\sigma t+\mu)e^{-\frac{t^2}{2}}\mathrm{d}t$$

$$=0+\frac{\mu}{\sqrt{2\pi}}\int_{-\infty}^{+\infty}e^{\frac{t^2}{2}}\mathrm{d}t=\mu.$$

3)数学期望的性质

数学期望有如下性质：

(1)设 C 为常数，则 $E(C)=C$.

(2)设 C 为常数，X 为随机变量，则 $E(CX)=CE(X)$.

(3)设 X,Y 是两随机变量，则 $E(X+Y)=E(X)+E(Y)$.

例 4 设 X 的分布律如表 8-10 所示：

表 8-10

X	-2	0	1
P	$\frac{1}{3}$	$\frac{1}{2}$	$\frac{1}{6}$

求：(1) $P\{X>-2\}$；(2) $E(2X-1)$.

解 (1) $P\{X>-2\}=P\{X=0\}\cup\{X=1\}=P\{X=0\}+P\{X=1\}$

$$=\frac{1}{2}+\frac{1}{6}=\frac{2}{3}\ .$$

(2) $E(2X-1)=E[2X+(-1)]=E(2X)+E(-1)=2E(X)-1$

而 $E(X)=-2\times\frac{1}{3}+0\times\frac{1}{2}+1\times\frac{1}{6}=-\frac{1}{2}$

故 $E(2X-1)=2\times\left(-\frac{1}{2}\right)-1=-2$.

例 5 假定某路桥公司完成某项工程的材料费 $X \sim N(10^6,10^8)$该项工程每天劳务费为 1500 元/天，而完成该项工程的天数 $Y \sim N(80,12^2)$，求该项工程的全部费用(材料费、劳务费)

的数学期望.

解 设该项工程的全部费用为 Z,则 $Z = X + 1500Y$,

因此 $E(Z) = E(X + 1500Y) = E(X) + 1500E(Y)$.

由于 $X \sim N(10^6, 10^8)$,所以 $E(X) = 10^6$(元),

$Y \sim N(80, 12^2)$,得 $E(Y) = 80$ (天),

故 $E(Z) = 10^6 + 1500 \times 80 = 1.12 \times 10^6$(元).

2. 随机变量的方差

1)随机变量方差的概念

期望是随机变量重要的数字特征,但是在刻划随机变量的性质时,仅有数学期望是不够的. 例如有两批钢筋,每批各 10 根,它们的抗拉强度指标如下:

第一批:110 120 120 125 125 125 130 130 135 140

第二批:90 100 120 125 130 130 135 140 145 145

它们的平均抗拉强度都是 126. 但是,在使用钢筋时,一般要求,抗拉强度不低于一个指定数值(如 115),易看出第二批钢筋的抗拉强度与其平均值偏差较大,即取值较分散,不合格的比第一批多. 因而从实用价值来说,可以认为第二批的质量比第一批差. 因此,为了描述随机变量与其平均值的偏离程度,引入了随机变量方差的概念.

定义 8.3.2 设 X 为随机变量,若 $E[X - E(X)]^2$ 存在,则称它为 X 的方差,记为 $D(X)$. 即 $D(X) = E[X - E(X)]^2$,并称$\sqrt{D(X)}$为 X 的**标准差**.

由定义,随机变量 X 的方差反映了 X 的取值与其数学期望的偏离程度. 若 $D(X)$较小,则 X 的取值比较集中,否则,X 的取值比较分散. 因此,方差 $D(X)$是刻划 X 取值离散程度的一个量.

若 X 是离散型随机变量,其分布律为 $P\{X = x_k\} = P_k (k = 1, 2, \cdots)$,则有

$$D(X) = E[X - E(X)]^2 = \sum_{k=1}^{\infty} [x_k - E(X)]^2 P_k .$$

若 X 为连续型的随机变量,其概率密度为 $f(x)$,则 X 的方差

$$D(X) = E[X - E(X)]^2 = \int_{-\infty}^{+\infty} [x - E(X)]^2 f(x) \mathrm{d}x .$$

由数学期望性质

$$\begin{aligned} D(X) &= E[X - E(X)]^2 = E\{X^2 - 2E(X) \cdot X + [E(X)]^2\} \\ &= E(X^2) - 2E(X) \cdot E(X) + [E(X)]^2 \\ &= E(X^2) - [E(X)]^2. \end{aligned}$$

例 6 设离散型随机变量 X 的分布律如表 8-11 所示:

表 8-11

X	-2	0	1
P	$\frac{1}{3}$	$\frac{1}{2}$	$\frac{1}{6}$

求:$D(X)$.

解 由于 $E(X) = -\frac{1}{2}$

所以 $D(X) = \left[-2 - \left(-\frac{1}{2}\right)\right]^2 \times \frac{1}{3} + \left[0 - \left(-\frac{1}{2}\right)\right]^2 \times \frac{1}{2} + \left[1 - \left(-\frac{1}{2}\right)\right]^2 \times \frac{1}{6} = \frac{5}{4}$

例 7 设随机变量 X 的概率密度为:

$$f(x)=\begin{cases}x, & 0<x<1\\ 2-x, & 1\leqslant x<2\\ 0, & \text{其他}\end{cases}$$

求:X 的方差 $D(X)$.

解 由例 3 可知 $E(X)=1$,

故 $D(X)=\int_{-\infty}^{+\infty}(x-1)^2f(x)\mathrm{d}x=\int_0^1(x-1)^2x\mathrm{d}x+\int_1^2(x-1)^2(2-x)\mathrm{d}x=-\dfrac{5}{6}$.

例 8 对于随机变量 X,已知 $E(X)=1,E(X^2)=2$,求 $D(X)$.

解 $D(X)=E(X^2)-[E(X)]^2=2-1^2=1$.

2)方差的性质

随机变量的方差具有如下性质:

(1)设 C 为常数,则 $D(C)=0$

(2)X 为随机变量,C 为常数则有 $D(CX)=C^2D(X)$

3)几个常用分布的方差

(1)0—1 分布

设 X 服从参数为 p 的(0—1)分布,则 $D(X)=pq$ 其中 $0<p<1,q=1-p$.

(2)二项分布

设 $X\sim B(n,p)$, 则 $D(X)=npq$,其中 $0<p<1,q=1-p$.

(3)泊松分布

设随机变量 $X\sim P(\lambda)$,则 $D(X)=\lambda$.

(4)均匀分布

设 $X\sim U[a,b]$,则 $D(X)=\dfrac{1}{12}(b-a)^2$.

(5)指数分布

设 $X\sim E(\lambda)$,则 X 的方差 $D(X)=\dfrac{1}{\lambda^2}$.

(6)正态分布

设 $X\sim N(\mu,\sigma^2)$,则 $D(X)=\sigma^2$

例 9 设 $X\sim P(2)$,求 $E(X^2),D(-3X)$.

解 由于 $X\sim P(2)$, 故 $E(X)=D(X)=2$

因为 $D(X)=E(X^2)-[E(X)]^2$

所以 $E(X^2)=D(X)+[E(X)]^2=2+2^2=6$.

由方差性质 2

$$D(-3X)=(-3)^2\cdot D(X)=9D(X)=9\times2=18.$$

例 10 设随机变量 $X\sim B(n,p)$且 $E(X)=2.4,D(X)=1.44$,求 n、p.

解 由于 $X\sim B(n,p)$

所以 $E(X)=np,D(X)=npq=np(1-p)$

解方程组 $\begin{cases}np=2.4\\ np(1-p)=1.44\end{cases}$,得 $p=0.4,n=6$.

3. 数学期望及方差的应用

随机变量的数学期望及方差在日常生活中有着广泛应用.

例 11 甲、乙两人进行打靶,所得分数分别记为 X_1, X_2,它们的分布律分别如表 8-12 和表 8-13 所示:

表 8-12

X_1	0	1	2
P	0	0.2	0.8

表 8-13

X_2	0	1	2
P	0.6	0.3	0.1

试评定他们成绩的好坏.

解 我们来计算 X_1 的数学期望,得

$$E(X_1) = 0\times 0 + 1\times 0.2 + 2\times 0.8 = 1.8(\text{分}).$$

这意味着如果甲进行很多次的射击,那么所得分数的算术平均值就接近于 1.8,而乙所得分数 X_2 的数学期望为:

$$E(X_2) = 0\times 0.6 + 1\times 0.3 + 2\times 0.1 = 0.5(\text{分}).$$

很明显,乙的成绩远不如甲的成绩.

例 12 按规定,某车站每天 8:00 ~ 9:00,9:00 ~ 10:00 都恰有一辆客车到站,但到站的时刻是随机的,且两者到站的时间相互独立,其规律如表 8-14 所示:

表 8-14

到站时刻	8:10 9:10	8:30 9:30	8:50 9:50
概 率	$\frac{1}{6}$	$\frac{3}{6}$	$\frac{2}{6}$

一旅客 8:20 到车站,求他候车时间的数学期望.

解 设旅客的候车时间为 X(以分计算),X 的分布律如表 8-15 所示:

表 8-15

X	10	30	50	70	90
φ	$\frac{3}{6}$	$\frac{2}{6}$	$\frac{1}{6}\times\frac{1}{6}$	$\frac{1}{6}\times\frac{3}{6}$	$\frac{1}{6}\times\frac{2}{6}$

在上表中,例如:

$$P\{X=70\} = P(AB) = P(A)\cdot P(B) = \frac{1}{6}\times\frac{3}{6}.$$

其中,A 为事件"第一班车在 8:10 到站";

B 为事件"第二班车在 9:30 到站".

候车时间的数学期望为:

$$E(X) = 10\times\frac{3}{6} + 30\times\frac{2}{6} + 50\times\frac{1}{36} + 70\times\frac{3}{36} + 90\times\frac{2}{36} = 27.22(\text{分}).$$

例 13 某商店对某种家用电器的销售采用先使用后付款的方式,记使用寿命为 $X(w)$(年计)规定:

$X \leqslant 1$　　一台付款 1500 元；

$1 < X \leqslant 2$　一台付款 2000 元；

$2 < X \leqslant 3$　一台付款 2500 元；

$X > 3$　　一台付款 3000 元.

设寿命 X 服从指数分布,其概率密度为：

$$f(x)=\begin{cases}\frac{1}{10}\cdot e^{-\frac{x}{10}}, & x>0\\ 0, & x\leqslant 0\end{cases}$$

试求该商店一台收费 Y 的数学期望.

解　先求出寿命 X 落在各个区间的概率,即有：

$$P\{X \leqslant 1\} = \int_0^1 \frac{1}{10}e^{-\frac{x}{10}}\mathrm{d}x = 1 - e^{-0.1} = 0.0952$$

$$P\{1 < X \leqslant 2\} = \int_1^2 \frac{1}{10}e^{-\frac{x}{10}}\mathrm{d}x = e^{-0.1} - e^{-0.02} = 0.0861$$

$$P\{2 < X \leqslant 3\} = \int_2^3 \frac{1}{10}e^{-\frac{x}{10}}\mathrm{d}x = e^{-0.2} - e^{-0.3} = 0.0779$$

$$P\{X > 3\} = \int_3^\infty \frac{1}{10}e^{-\frac{x}{10}}\mathrm{d}x = e^{-0.3} = 0.7408$$

一台收费 Y 的分布律如表 8-16 所示：

表 8-16

Y	1500	2000	2500	3000
P	0.0952	0.0861	0.779	0.7408

故 $E(Y) = 1500 \times 0.0952 + 2000 \times 0.08\,61 + 2500 \times 0.0779 + 3000 \times 0.7408$

$= 2732.15$ 元.

即平均一台收费 2732.15 元.

习题 8.3

1. 设随机变量 X 的分布律如表 8-17 所示：

表 8-17

X	0	1	2	3
P	$\frac{1}{2}$	$\frac{1}{4}$	$\frac{1}{8}$	$\frac{1}{8}$

求 $E(X)$及 $E(2-X)$.

2. 设 $X \sim E(2)$,求 $E(X^2)$.

3. 设若 X 为随机变量,$E(X)=1$,$E(X^2)=2$,求 $D(X)$.

4. 设若 $X \sim N(1、3)$,$Y \sim N(2,4)$,求 $E(2X-3Y)$.

5. 设随机变量 X 的概率密度：

$$f(x)=\begin{cases}1+x, & -1\leqslant x<0\\ 1-x, & 0\leqslant x<1,\\ 0, & \text{其他}\end{cases}$$

求 X 的数学期望 $E(X)$ 及方差 $D(X)$.

6. 设一次试验成功的概率为 0.2,进行 100 次独立重复试验,求成功次数的方差及标准差.

7. 对球的直径作近似测量,设其值均匀地分布在区间 $[a,b]$ 内,求球的体积的平均值.

8. 设 $X \sim U[a,b]$,试证明:$D(X)=\frac{1}{12}(b-a)^2, E(X)=\frac{a+b}{2}$.

9. 设随机变量 X 的分布函数为:

$$F(x)=\begin{cases}0, & x\leqslant -1\\ \frac{1}{\pi}\arcsin x+\frac{1}{2}, & -1<x\leqslant 1,\\ 1, & x>1\end{cases}$$

求 $E(X), E(X^2)$.

10. 设随机变量的概率密度为:

$$f(x)=\begin{cases}2(1-x), & 0<x<1\\ 0, & \text{其他}\end{cases}$$,求 $E(X), E(2X-3)$ 和 $E(X^2)$.

第四节　数理统计基础

数理统计是研究如何以有效的方式,收集整理和分析受到随机性影响的数据,以便对考察的问题,作出推断或者推测,直至为采取决策和行动提供依据或建议.下面举两个例子.

例如　某厂生产一批灯泡,按规定使用寿命低于 1000 小时的为次品,我们现在要确定这些灯泡的次品率,以便决定这批灯泡能否出厂(对买主来说,就是决定是否能接受这批灯泡).

又如有一包棉花,为确定棉花质量好坏,需要了解其棉絮的平均长度.

为解决上面两个问题最准确的办法是将灯泡一个一个地进行测试,将棉絮一根一根地进行测量.但这样对灯泡来说,测试一个就报废一个,要得出全部数据,全部灯泡也就都报废了.对棉絮来说测量不会损害棉花质量,但棉花数量太大,无法一根一根测完.

基于这样一些原因,我们采取抽样办法,即从全部灯泡或棉絮中抽取若干个作为代表,通过这些代表获得有关质量好坏的信息,经过分析、归纳作出结论.这就需要我们解决好两个问题:第一怎样选代表,第二怎样处理好得到的信息.第一个问题属于抽样理论研究的问题,下面我们将作简单介绍.第二个问题包括的内容较多,其中有参数估计、假设检验、回归分析……等.在以后的几节中我们将对其中的几个问题进行简单介绍.

1. 总体与样本

总体与样本是数理统计中的两个最基本的概念,我们所研究的某种对象的全体称为**总体(或母体)**,组成总体的每个单元称为**个体(或样品)**,从总体中抽取出的部分单元称为样本.

例如考察一袋种子的发芽率,取 100 粒进行试验,则这一袋种子为总体,每粒种子为一个个体,取出的 100 粒种子为一个样本.

为了使抽取的样本能反映总体的特性,对抽取的样本有两个基本要求.第一,随机性,就是把每一个个体都看成是平等的,不挑、不捡,任意抽取;第二,独立性,即每次抽得的结果不受其他结果的影响,也不影响其他各个结果.按这种要求所取得的样本称为**简单随机样本**,简称样本,样本中所包含的样品数,称为**样本容量**.

为了便于理论分析，我们把所讨论的总体看成某一随机变量 ξ 取值的全体，并称 ξ 为总体. 如有一批棉花，我们用 ξ 表示这批棉花纤维的长，ξ 是一随机变量. 如果我们掌握了 ξ 取值的规律，则这批棉花纤维的长度情况就掌握了. 又设 $x_1, x_2, \cdots, x_n$ 为总体 ξ 的一个容量为 n 的随机样本，由于每一个个体都是由总体中随机选出的，它们取什么值是随机的，所以一般我们将样本 $x_1, x_2, \cdots, x_n$ 看成 n 个随机变量，它们与 ξ 有一样的分布. 对于每一次具体的抽样，$x_1, x_2, \cdots, x_n$ 是一组具体数，称为一组**样本观察值**，一般也称**样本**.

2. 统计量

在数理统计中，并不是直接利用抽取的样本进行估计、推断，而需要对样本进行一番"加工"和"提炼"，即针对不同的问题构造出样本的各种函数，这种函数称为统计量.

一般地，设 $\xi_1, \xi_2, \cdots, \xi_n$ 是总体 ξ 的一个样本，称**不包含任何未知参数的函数** $\varphi(\xi_1, \xi_2, \cdots, \xi_n)$ 为**统计量**. 因为样本是随机变量，所以统计量也是随机变量.

例如，设 ξ_1, ξ_2 是从总体中抽取的一个样本，如果 $\xi \sim N(\mu, \sigma^2)$，其中 μ, σ^2 是未知参数，则 $\frac{1}{2}(\xi_1 + \xi_2) - \mu$，$\frac{\xi_1}{\sigma}$ 都不是统计量，因为它们含有未知参数，而 $\frac{1}{2}(\xi_1 + \xi_2)$，$\xi_1 + \xi_2$，$2\xi_1^2 + \xi_2^2$ 等都是统计量.

今后我们经常用到的统计量有($\xi_1, \xi_2, \cdots, \xi_n$ 是样本) $\bar{\xi} = \frac{1}{n}\sum_{i=1}^{n}\xi_i$，$S^2 = \frac{1}{n-1}\sum_{i=1}^{n}(\xi_i - \bar{\xi})^2$ 等.

当总体 ξ 的分布确定时(例如 $\xi \sim N(\mu, \sigma^2)$)，这些统计量的分布是确定的.

3. 常用的数理统计方法

1)频率分布与直方图

列统计表和绘制统计图是对样本数据进行整理加工的两种基本形式.

频率统计表是统计表的一种，它可以清楚地反映样本数据的分布规律，从而可以通过它对总体分布的规律进行估计. **频率分布直方图**是统计图的一种，它可以将频率分布表中的结果直观形象地表示出来.

下面，我们结合一个统计材料，说明列频率分布表和画频率分布直方图的步骤.

例 1 为了了解某年级学生的数学学习状况，从全年级数学考卷中任意抽取 40 份，成绩如下：

70,85,92,86,89,95,84,79,63,72,78,60,100,97,59,

83,66,67,79,60,74,77,98,65,73,82,65,99,76,93,

79,77,81,84,99,88,89,93,55,87.

试列出频率分布表并画出频率分布直方图.

解 我们按以下步骤进行编制：

第一步，将这些数值按从小到大排列(相同数值只写一个，并标明出现次数)，由此可得出：

(1)最大值与最小值的差——统计中称为**全距**，如本例中全距 = 100 - 55 = 45(分).

(2)如果不同值很少，即可按不同值分组. 如果不同值较多. 如本例有 40 个不同值，就要考虑如何分组.

第二步，确定组距和分组数目. **组距**是每个组的长短距离，它与分组数成反比. 分组数目的多少，要依数据来定. 当数据在 100 以内时，常分成 5 ~ 12 组. 本例有 40 个数据，可以分成 6 组，所以，组距 $= \dfrac{全距}{分组数} = \dfrac{45}{6} = 7.5$，取整数，组距可定为 8 分.

第三步，确定各组分点. 确定分点有两条原则，一是要把全部数据包括在组内；二是每个数据要在一个确定的组内. 如本例中，若第一组以 55 分为起点，则 63 分是个分点，数据中的 63 分属于第一组还是第二组就不确定，若以 54 分或 53 分为起点，也会遇到同样的问题. 所以，我们可以把分点取小数，如第一组取 53.5 ~ 61.5 分，以后各分点顺次递增 8 分，这样就不会出现上面的矛盾了.

第四步，列如表 8-18 所示的频率分布表.

表 8-18

分　组	频　数　(k)	频　率　$\left(\frac{k}{n}\right)$	$\frac{频率}{组距}$
[53.5,61.5]	4	0.100	0.0125
[61.5,69.5]	5	0.125	0.0156
[69.5,77.5]	7	0.175	0.0219
[77.5,85.5]	10	0.250	0.0313
[85.5,93.5]	8	0.200	0.0250
[93.5,101.5]	6	0.150	0.0188
合计	40	1.000	

注：1. 样本容量 $n = 40$.

2. 因为 $55 - 53.5 = 1.5$，$101.5 - 100 = 1.5$，所以选择 53.5 为起点，而不选 54.5 为起点，这样起点与最小值，终点与最大值的距离相等.

3. 落在第一组[53.5,61.5]有 60,59,60,55 四个分数值，所以频数为 $k = 4$.

第五步，绘频率分布直方图.

频率分布直方图如图 8-4 所示.

其中横轴表示考试成绩，纵轴表示频率与组距的比值，容易看出：

$$小长方形的面积 = 组距 \times \frac{频率}{组距} = 频率.$$

由此可知，各个小长方形的面积等于相应各组的**频率**. 这样，**频率分布直方图**就以图形面积的形式反映了数据落在各个小组内的频率大小.

在频率分布直方图中，由于各小长方形的面积等于相应各组的频率，而各组频率的和等于 1，因此各小长方形的面积和等于 1.

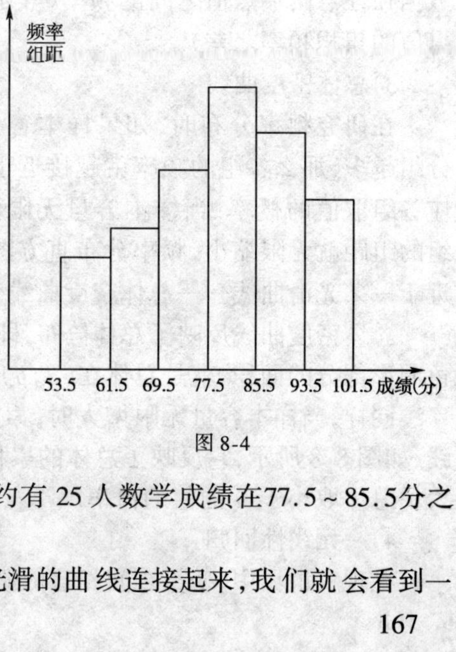

图 8-4

由一个样本的频率分布可以对相应的总体分布作出估计. 在上面的例子中，样本数据落在 77.5 ~ 85.5 分之间的频率是 0.25，说明在每 100 名该年级的学生中，约有 25 人数学成绩在77.5 ~ 85.5分之间.

如果将图 8-4 中每个小长方形上底边中点用一条光滑的曲线连接起来，我们就会看到一条曲线,它非常接近正态曲线(图 8-5).

如果将上述数据分为 12 组,作出频率分布直方图,再将每个小长方形上底边中点用一条光滑的曲线连接起来,我们就会看到一条曲线,它几乎就是正态曲线.

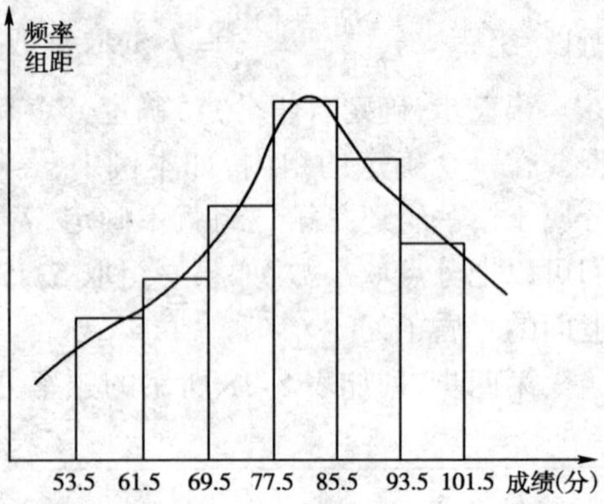

图 8-5

2)累积频率分布与累积频率分布图

根据例 1 中的频率分布表,可以计算出:

成绩小于 69.5 分的频率等于前两组的频率之和,即 0.100 + 0.125 = 0.225

成绩小于 77.5 分的频率等于前三组的频率之和,即 0.100 + 0.125 + 0.175 = 0.4

依次类推,这种样本数据小于某一数值的频率,称为**累积频率**.

例 1 的累积频率分布表如表 8-19 所示:

表 8-19

分　组	频　数	频　率	累 积 频 率
[53.5,61.5]	4	0.100	0.100
[61.5,69.5]	5	0.125	0.225
[69.5,77.5]	7	0.175	0.400
[77.5,85.5]	10	0.250	0.650
[85.5,93.5]	8	0.200	0.850
[93.5,101.5]	6	0.150	1.000
合计	40	1.000	

根据累积频率分布表可以画出累积频率分布图,如图 8-6 所示.

累积频率分布从另一个角度反映了样本数据的分布情况,与频率分布相互补充.累积频率分布图是一条折线,利用它可以近似地得到样本数据在任意两端点值之间的频率(等于这两个端点值的累积频率之差).

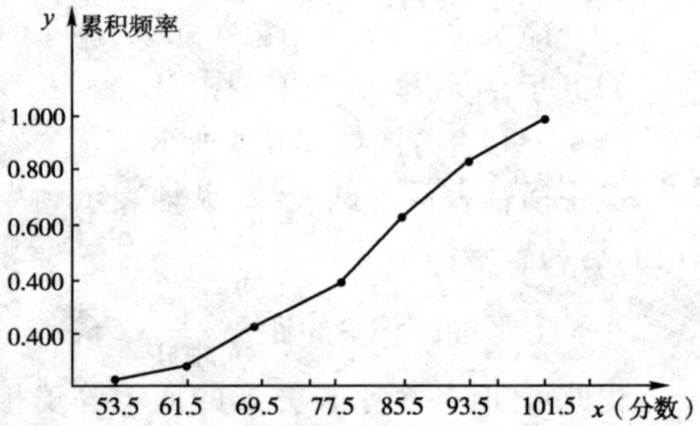

图 8-6

3)总体密度曲线

在研究频率分布时,如果样本容量越大,则分组越多,那么各组的频率就越接近于总体在相应各组取值的概率.当样本容量无限增大时,分组的组距就无限缩小,频率分布直方图就无限接近于一条光滑曲线——**总体密度曲线**,它趋于**正态曲线**.如图 8-7 所示.

总体密度曲线反映了总体分布,即反映了总体在各个范围内取值的概率.如图 8-7 中带黑色阴影部分的面积,就是总体在(a,b)(或$[a,b]$)内取值的概率.

同样,当样本容量无限增大时,累积频率分布图也会趋于一条光滑曲线——**累积分布曲线**,如图 8-8 所示,它反映了总体的累积分布规律,即曲线上任意一点 $P(a,b)$的纵坐标 b,就表示总体取小于 a 的值的概率.

4)一元线性回归

在现实世界中,变量之间相互依赖、相互制约的关系,大致可分为两类:一类是函数关系,

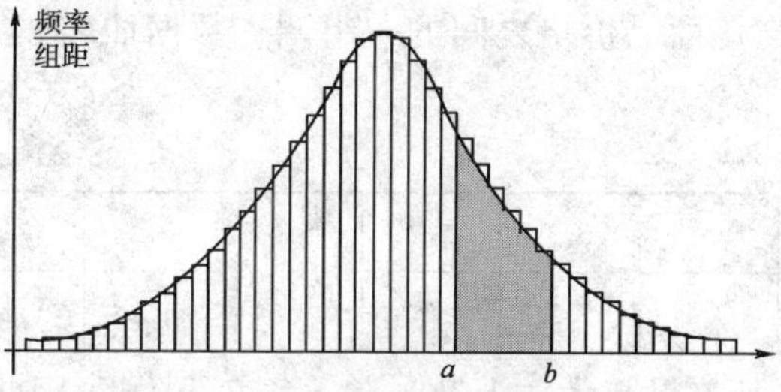

图 8-7

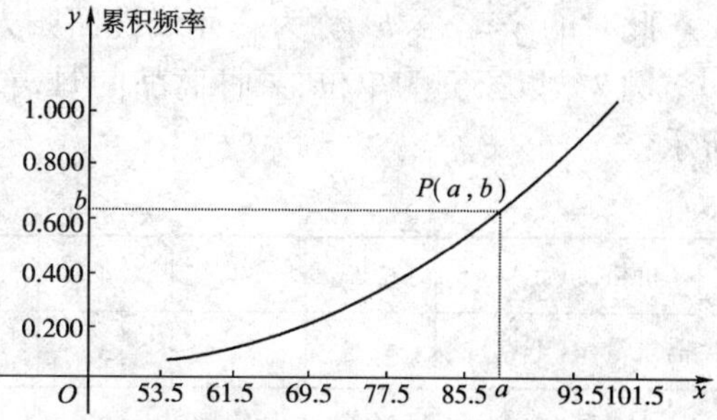

图 8-8

即变量之间存在着确定的关系，如圆的面积 S 与圆半径之间 r 存在的关系是 $S=\pi r^2$；另一类是相互关系，例如人的身高与年龄之间，虽然存在依赖关系，却不能用函数来表达，变量之间的这种非确定性的关系，称为**相关关系**.

对于相关关系，虽然不能求出变量之间精确的函数关系式，但是通过大量的观测数据，可以发现它们之间存在着一定的统计规律性.

由非随机变量来估计或预测某一个随机变量的观测值时，所建立的数学模型和所进行的统计分析，称为**回归分析**.如果这个模型是线性的，就称为**线性回归分析**，其中研究两个变量之间的相互关系的回归分析，称为**一元线性回归分析**.

为了考察变量 y 与 x 的线性相关性，我们对它们作 n 次独立观测，得到 n 对观测值 $(x_i,y_i)(i=1,2,\cdots,n)$，把它们标在直角坐标系中，就得到 n 个点(这种图称为**散点图**)，如果这两个变量间存在线性相关关系，则直观地可以通过散点的平均位置，画一条直线来表示这种线性关系(如图 8-9).

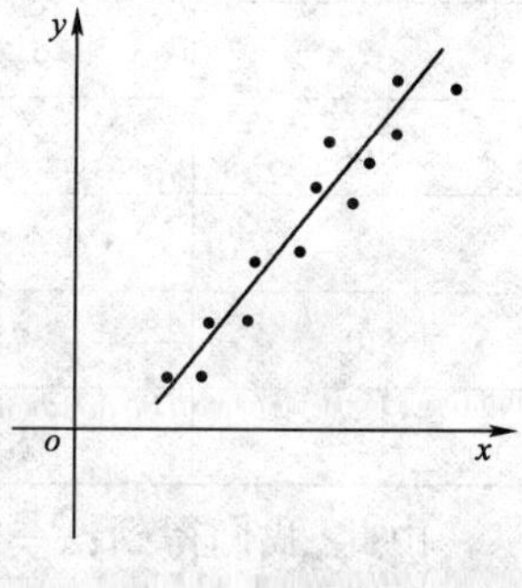

图 8-9

怎样根据这 n 对观测值 $(x_i,y_i)(i=1,2,\cdots,n)$ 来确定这条直线方程呢?

设这条直线方程为 $\hat{y}=a+bx$ ，

我们希望这条直线在某种意义下是最好的，即它能最好地反映散点分布的位置和趋向，在数学中，我们可以利用 $(y_i-\hat{y}_i)^2$，即 $[y_i-(a+bx_i)]^2$ 来描述点 (x_i,y_i) 与回归直线沿平行于纵轴方向的远近距离，则

$$Q=(a,b)=\sum_{i=1}^{n}[y_i-(a+bx_i)]^2$$

就定量地描述了回归直线与 n 个观测点总的接近程度，要找出一条总的看来最接近这 n 个观测点的直线，就是要找出使 Q 达到最小值的 a，b 的值，记作 $\hat{a}$，$\hat{b}$.利用微积分知识可以算得，当 $\hat{a}$，$\hat{b}$ 为下列值时，所得到的回归直线最好，

$$\hat{a}=\overline{y}-\hat{b}\overline{x},\hat{b}=\frac{S_{xy}}{S_{xx}}$$

其中，

$$\overline{x}=\frac{1}{n}\sum_{i=1}^{n}x_i,\quad \overline{y}=\sum_{i=1}^{n}y_i,$$

$$S_{xy}=\sum_{i=1}^{n}x_iy_i-n\overline{x}\cdot\overline{y},S_{xx}=\sum_{i=1}^{n}x_i^2-n\overline{x}^2.$$

此时的 $\hat{y}=\hat{a}+\hat{b}x$ 称为一元线性回归方程，它的图像称为回归直线.

例 2 以家庭为单位，某种商品的月需求量与该商品价格之间的一组调查数据如表 8-20 所示：

表 8-20

价格 x_i(元)	2.5	4	4	4.6	5	5.2	5.2	5.6	6.2	7
需求量 y_i(千克)	4.75	3.5	3	2.7	2.4	2.5	2	1.5	1.2	1.2

从这 10 对数据的散点图(图 8-10)可以看出，所有散点大体上散布在一条直线附近，因此，可设 y 对 x 的回归方程为 $\hat{y}=\hat{a}+\hat{b}x$ 为了计算 $\hat{a}$ 和 $\hat{b}$，我们列出表 8-21 所示的回归分析表.

回归分析表

表 8-21

i	x_i	y_i	x_iy_i	x_i^2	y_i^2
1	2.5	4.75	11.88	6.25	22.56
2	4	3.5	14	16	12.25
3	4	3	12	16	9
4	4.6	2.7	12.42	21.16	7.29
5	5	2.4	12	25	5.76
6	5.2	2.5	13	27.04	6.25
7	5.2	2	10.4	27.04	4
8	5.6	1.5	8.4	31.36	2.25
9	6.2	1.2	7.44	38.44	1.44
10	7	1.2	8.4	49	1.44
$\sum$	49.3	24.75	109.94	257.29	72.24

由此，我们得到：$\bar{x}=4.93$，$\bar{y}=2.475$，

$$S_{xy}=\sum_{i=1}^{n}x_iy_i-n\bar{x}\cdot\bar{y},$$

$$=109.94-10\times4.93\times2.475=-12.0775,$$

$$S_{xx}=\sum_{i=1}^{n}x_i^2-n\bar{x}^2,=257.29-10\times(4.93)^2=14.241,$$

$$\hat{b}=\frac{S_{xy}}{S_{xx}}=\frac{-12.0775}{14.241}\approx-0.848,$$

$$\hat{a}=\bar{y}-\hat{b}\bar{x}=2.475-(-0.848\times4.93=6.656);$$

所以所求回归直线方程为：

$$\hat{y}=6.656-0.848x.$$

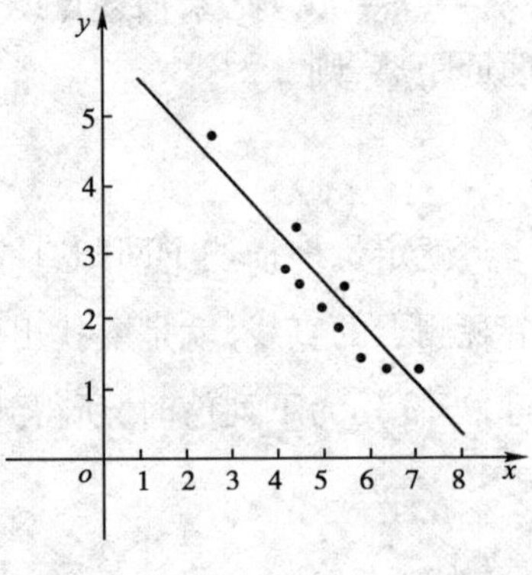

图 8-10

习题 8.4

1. 将例 3 的数据分成 12 组. 列出这个样本的频率分布表，

并绘制它的频率分布直方图.然后将每个小长方形上底边中点用一条光滑的曲线连接起来.

2. 有一个容量为50的样本,数据的分组及各组的频数如下：

$$[10,15],4;\quad [15,20],5\quad [20,25],10\quad [25,30],11$$
$$[30,35),9;\quad [35,40),8\quad [40,45),\quad 3.$$

(1)列出样本频率的频率分布表(含累积频率);

(2)画出频率分布直方图.

3. 某商品价格 x(元)与需求量 y(千克)的一组观测数据如表8-22所示：

表8-22

价格 x	2	3	4	5	6	8	10	12	14	16
需求量 y	15	20	25	30	35	45	60	80	80	110

求出 y 对 x 的回归直线方程.

小　结

一、随机事件

1. 随机事件有关概念(随机试验、随机事件、基本事件、复合事件、必然事件、不可能事件、样本空间等).

2. 事件的古典概率的计算 $P(A)=\dfrac{A\text{ 包含的样本点数 }m}{\Omega\text{ 包含的样本点数 }n}$.

3. 事件 A 概率的性质

(1)对任何事件 A $0\leqslant P(A)\leqslant 1$;

(2)$P(\phi)=0,P(\Omega)=1$;

(3)对任意两件事有：$P(A\cup B)=P(A)+P(B)-P(AB)$;

(4)$P(A)=1-P(\overline{A})$ 或 $P(\overline{A})=1-P(A)$.

4. 条件概率的计算,设 $P(B)>0$,则 $P(A|B)=\dfrac{P(AB)}{P(B)}$.

5. 两事件独立. 若 $P(AB)=P(A)\cdot P(B)$,则 A 与 B 相互独立.

6. 独立试验概率的计算：

在 n 重贝努里试验中,若 A 发生的概率为 $P(0<P<1)$,则 A 恰好发生 k 次的概率为：$P_n(k)=C_n^k p^k q^{n-k}(k=0,1,2,\cdots,n)$, $q=1-p$.

二、随机变量

1. 随机变量的概念.

2. 离散型随机变量的分布律：

设 X 只取有限个或可列无限个值 $x_1,x_2,\cdots,x_k,\cdots$, $P\{X=x_k\}=P_k(k=1,2,\cdots)$, 若满足

(1)$P_k\geqslant 0,(k=1,2\cdots)$; (2) $\sum\limits_{k-1}^{\infty}P_k=1$.

则 $P\{X=x_k\}=P_k$ 称为 X 的分布律.

3. 连续型随机变量的概率密度为 $f(x)$,对任何 $a,b(a<b)$有

$$P\{a\leqslant X\leqslant b\}=\int_a^b f(x)\mathrm{d}x\ ,$$

且满足

(1) $f(x) \geqslant 0$，(2) $\int_{-\infty}^{+\infty} f(x)\mathrm{d}x = 1$

4. 随机变量的分布函数 $F(x) = P\{X \leqslant x\}, x \in R$ 有如下的性质：

(1) $0 \leqslant F(x) \leqslant 1, x \in (-\infty, +\infty)$；

(2) $F(x)$ 为单调递增的函数，即当 $x_1 < x_2$ 时 $F(x_1) \leqslant F(x_2)$；

(3) $F(-\infty) = 0, F(+\infty) = 1$；

(4) X 为连续型随机变量，其概率密度为 $f(x) = F'(x)$.

5. 正态分布的概率计算

设 $X \sim N(\mu、\lambda^2)$，则 $P\{x_1 < X \leqslant x_2\} = \Phi\left(\dfrac{x_2 - \mu}{\sigma}\right) - \Phi\left(\dfrac{x_1 - \mu}{\sigma}\right)$，其中 $\Phi(x)$ 为标准正态分布的分布函数.

三、随机变量的数学期望与方差

1. 随机变量的数学期望

若 X 为离散型，其分布律为 $P\{X = x_k\} = P_k, k = 1,2,\cdots$，则 X 的数学期望

$$E(X) = \sum_{k=1}^{\infty} X_k P_k$$

若 X 为连续型随机变量，其概率密度为 $f(x)$，则 $E(X) = \int_{-\infty}^{+\infty} xf(x)\mathrm{d}x$.

2. 随机变量 X 的方差

$D(X) = E[X - E(X)]^2 = E(X^2) - [E(X)]^2$

若 X 为离散型的随机变量，其分布律为 $P\{X = x_k\} = p_k (k = 1,2,\cdots)$，

则 $D(X) = \sum_{k=1}^{\infty} [x_k - E(X)]^2 p_k$.

若 X 为连续型的随机变量，其概率密度为 $f(x)$，

则 $D(X) = \int_{-\infty}^{+\infty} [X - E(X)]^2 \cdot f(x)\mathrm{d}x$.

3. 数学期望与方差的性质

(1) 设 C 为常数，则 $E(C) = C, D(C) = 0$；

(2) 设 C 为常数，则 $E(CX) = C \cdot E(X), D(CX) = C^2 D(X)$；

(3) 设 X、Y 为两随机变量，则 $E(X + Y) = E(X) + E(Y)$.

四、几种常用的概率分布

几种常用的概率分布如表 8-23 所示。

几种常用的概率分布　　表 8-23

分　布	分布律或概率密度	数学期望 $E(X)$	方差 $D(X)$
0-1 分布	$P\{X = k\} = p^k \cdot q^{1-k}$ $(k = 0,1), 0 < p < 1, q = 1 - p$	p	pq
二项分布 $X \sim B(n,p)$	$P\{X = k\} = C_n^k p^k q^{n-k} (k = 0,1,2,\cdots n)$ $0 < p < 1, q = 1 - p$	np	npq
泊松分布 $X \sim P(\lambda)$	$P\{X = k\} = \dfrac{\lambda^k e^{-\lambda}}{k!} (k = 0,1,2,\cdots)$ $\lambda > 0$ 为常数	λ	λ

续上表

均匀分布 $X \sim U[a,b]$	$f(x)=\begin{cases}\frac{1}{b-a}, & a \leqslant x \leqslant b\\ 0, & \text{其他}\end{cases}$	$\frac{a+b}{2}$	$\frac{1}{12}(b-a)^2$
指数分布 $X \sim P(\lambda)$	$f(x)=\begin{cases}\lambda e^{-\lambda x}, & x \geqslant 0\\ 0, & x<0\end{cases}$	$\frac{1}{\lambda}$	$\frac{1}{\lambda^2}$
正态分布 $X \sim N(\mu,\sigma^2)$	$f(x)=\frac{1}{\sqrt{2\pi}\sigma}e^{-\frac{(X-\mu)^2}{2\sigma^2}}(-\infty<x<+\infty)$	μ	σ^2

测试题

一、填空题

(1)设 A、B 为两个随机事件,则 A、B 至少有一个发生可表示为________.

(2)当________时,称 A 与 B 是互逆的.

(3)当________时,称事件 A 与 B 是相互独立的.

(4)设 A、B 为两事件,则 $P(A \cup B)=$________.

(5)若 $A \subset B$,则 $P(A)$________ $P(B)$.

(6)5 个球中有 3 个红球,2 个白球,从中任取一球,取到白球的概率为________.

(7)10 件产品中有 2 件次品,从中任取 3 件,则至少有一件是次品的概率为________.

(8)设 $P(A)=0.4$,$P(B)=0.5$,$P(AB)=0.2$ 则 $P(A \cup B) \cap =$________.

(9) 设 A、B 相互独立,$P(A \cup B)=0.6$,$P(A)=0.4$,则 $P(B)=$________.

(10) 设 $X \sim N(\mu,\sigma^2)$,则 $E(X)=$________,$D(X)=$________.

二、选择题

(1)设 A、B、C 为三个随机事件,则 A、B、C 都不发生可表示为(　　).

A. $\overline{ABC}$　　B. $\overline{ABC}$　　C. $A\overline{BC}$　　D. $\overline{A}\overline{B}\,\overline{C}$

(2)设 A 与 B 相互独立,则有(　　).

A. $P(AB)=0$　　B. $P(AB)=P(A)$

C. $P(A \cup B)=P(A)+P(B)$　　D. $P(AB)=P(A)P(B)$

(3)一个口袋中装有 4 个球,其中两个红球,两个白球,从中任取两个球,两球都是红球的概率为(　　).

A. $\frac{1}{4}$　　B. $\frac{1}{6}$　　C. $\frac{1}{16}$　　D. $\frac{1}{8}$

(4)下列等式中不正确的是(　　).

A. $E(C)=C$　　B. $D(C)=C$

C. $E(CX)=CE(X)$　　D. $D(CX)=C^2D(X)$

(5) 将一枚硬币抛两次,观察正反面出现的情况,设 A 表示"恰有一次出现正面",则 $P(A)=$(　　).

A. $\frac{1}{2}$　　B. $\frac{1}{4}$　　C. 1　　D. $\frac{3}{4}$

(6)设 X 服从泊松分布 $P(\lambda)$,则下列等式中不成立的是(　　).

A. $E(X)=\lambda$　　B. $E(X^2)=\lambda^2$　　C. $E(X^2)=\lambda^2+\lambda$　　D. $D(X)=\lambda$

(7)设 $f(x)$是随机变量 X 的概率密度,则下列式中不正确的是(　　).

A. $f(x)\geqslant 0$　　B. $\int_{-\infty}^{+\infty} f(x)\mathrm{d}x = 1$

C. $\int_{-\infty}^{0} f(x)=\mathrm{d}x\ \frac{1}{2}$　　D. $P\{x_1\leqslant X<x_2\}=\int_{x_1}^{x_2} f(x)\mathrm{d}x$

(8)设 X 为连续型随机变量,$p_1=P\{x_1\leqslant X\leqslant x_2\}$,$p_2=P\{x_1\leqslant X\leqslant x_2\}$则有(　　).

A. $p_1>p_2$　　B. $p_1<p_2$　　C. $p_1=p_2$　　D. 以上均不对

(9)设 $X\sim N(1,4)$,则 $D(X)$为(　　).

A. 4　　B. 16　　C. 2　　D. 1

(10)若事件 A 与 B 相互对立,则下式中不成立的是(　　).

A. $P(A)=1-P(B6)$　　B. $P(AB)=P(A)\cdot P(B)$

C. $P(A\cup B)=1$　　D. $P(AB)=0$

三、一批产品 20 件,其中 3 件次品,任取 10 件,求其中至少有 1 件次品的概率.

四、设某种电阻的次品率为 0.01,作有效放回抽样 4 次,每次 1 个电阻,求恰好有两次取到次品的概率.

五、若函数 $F(x)=\begin{cases} a-be^{-2x}, & x\geqslant 0 \\ c, & x<0 \end{cases}$为随机变量的分布函数,试确定 a,b,c.

六、设 $X\sim N(3,16)$,求 $P\{-5<X<11\}$(已知 $\Phi=(2)=0.9772$).

七、设 X 的分布律如表 8-24 所示:

表 8-24

X	-2	0	1
P	$\frac{1}{3}$	$\frac{1}{2}$	$\frac{1}{6}$

求:(1)$P\{X>-2\}$;(2)$E(3X-2)$.

八、已知 $P(A)=0.4$,$P(AB)=0.3$,求 $P(B|A)$.

九、设 X 的概率密度为$f(x)=\begin{cases} 2(1-x), & 0<x<1 \\ 0, & 其他 \end{cases}$,求 $E(X)$,$D(X)$.

十、设 X 为随机变量$E(X)=1$,$D(X)=2$,求 $E(X^2)$.

习题参考答案

第一章

习题 1.1

1. (1) $-4 \leqslant x \leqslant 4$, 即 $[-4,4]$;　　(2) $x \neq 3$, 即 $(-\infty,3)\cup(3,+\infty)$;

   (3) $x > -\frac{1}{2}$, 即 $(-\frac{1}{2},+\infty)$;　　(4) $x > 0$, 即 $(0,+\infty)$;

   (5) $-1 < x \leqslant 2$, 即 $(-1,2]$;　　(6) $-2 \leqslant x < 1$, 即 $[-2,1)$.

2. $f(0) = -2$,　$f(\frac{1}{2}) = -1$,　$f(-2) = 4$,　$f(a) = \frac{a-2}{a+1}$,

   $f(x+1) = \frac{x-1}{x+2}$,　$f(\frac{1}{x}) = \frac{1-2x}{1+x}$.

3. $f(-1) = -1$,　$f(0) = -3$,　$f(3) = 0$.

4. (1) $y = 2x - 5$;　　(2) $y = \frac{1}{2}(3-x)$;

   (3) $y = x^3 - 1$;　　(4) $y = \frac{1}{2}\ln(1-x)$.

习题 1.2

1. (1)奇函数;　(2)偶函数;　(3)非奇非偶函数;　(4)奇函数;

   (5)偶函数;　(6)偶函数;　(7)非奇非偶函数;　(8)偶函数.

2. (1)单调增加;　(2)单调减少.

习题 1.3

1. (1) $y = \arcsin\sqrt{1-x}$;　　(2) $y = \ln^3(1-3x^2)$;

   (3) $y = (\log_5 x)^2$;　　(4) $y = \sqrt{3-\cos^2 x}$.

2. (1) $y = e^u, u = 1 - x^2$;　　(2) $y = u^3, u = \sin v, v = 8x + 5$;

   (3) $y = \arctan u, u = 1 + 2x$;　　(4) $y = \sqrt{u}, u = \ln v, v = 3 - x^2$.

3. x 年后的本利和是: $y = 2000(1+2.25\%)^x$;

   3 年后的本利和是: 2138.06 元.

4. 设付费金额为 y 元, 行驶路程为 x 公里, 则

$$y = \begin{cases} 7, & 0 < x \leqslant 3, \\ 7 + (x-3) \times 1.4, & x > 3. \end{cases}$$

5. $L = 7x - 200\ (x \geqslant 0)$, 月生产 100 件产品可获利 500 元.

习题 1.4

1. (1)3;　(2)5;　(3) $\frac{1}{5}$;　(4) $\frac{1}{2}$;　(5)1;　(6) $1\frac{1}{2}$;

   (7) -1;　(8) -4;　(9)0;　(10) $-\frac{1}{2}$;　(11) $\frac{1}{2}$.

2. $a=7$.

习题 1.5

1. (1)、(3)、(4)、(6)为无穷小; (2)、(5)、(7)、(8)为无穷大.

2. (1)0; (2)0; (3)∞; (4)0; (5)2;

(6)0; (7)$-\frac{2}{7}$; (8)∞; (9)∞.

习题 1.6

1. e^5; 2. 2; 3. 2; 4. e^3; 5. e^{-6}; 6. k; 7. $\frac{a}{b}$;

8. e^{-2}.

第一章测试题参考答案

一、(1)$[-3,2)\cup(2,+\infty)$; (2)$f(0)=-1, f(3)=6$;

(3)$f(x)=u^3, u=\cos v, v=2x-1$; (4)$\frac{3}{5}$;

(5)0; (6)$k=-4$.

二、(1)C; (2)B、D为奇函数,A、C为偶函数; (3)A; (4)B;

(5)D; (6)B为无穷小,C为无穷大.

三、(1)√; (2)×; (3)√; (4)√; (5)×; (6)×.

四、(1)$-\frac{1}{4}$; (2)e^2; (3)∞; (4)1; (5)$\frac{3}{2}$.

五、(1)$a=\ln 3$; (2)$k=4$.

六、(1)$y_1=25+0.25x$, $y_2=0.6x$. (2)71.4. (3)第一种.

第二章

习题 2.1

1. $-\frac{1}{2}$.

2. 略.

3. $x=0$ 或 $x=\frac{2}{3}$.

4. $y-\frac{\sqrt{2}}{2}=\frac{\sqrt{2}}{2}\left(x-\frac{\pi}{4}\right)$.

5. 12m/s.

习题 2.2

1. (1) $(1+x)e^x$; (2) $\frac{\sin x}{(1+\cos x)^2}$;

(3)$6x^5-15x^4+12x^3-9x^2+2x+3$; (4)$\frac{x^2}{(\cos x+x\sin x)^2}$;

(5)$2xe^{x^2}\arctan\sqrt{x}+\frac{e^{x^2}}{2\sqrt{x}(1+x)}$; (6)$-2xe^{-x^2}$;

(7) $\frac{\cos\sqrt{x}}{2\sqrt{x}}$ ；

(8) $\frac{1}{x\ln x\ln(\ln x)}$；

(9) $2t\cot(t^2)$；

(10) $\cos x e^{\sin x}$；

(11) $2x+2\sec^2(2x)$ ；

(12) $\frac{\sin 3x}{x}+3(\ln 2x)(\cos 3x)$；

(13) $\frac{1}{\sqrt{(1+x^2)^3}}$ ；

(14) $\frac{2}{(1-t)^2}$.

2．$2x-y+2=0$.

3．6元/件 .

4．27m/s.

习题 2.3

1．(1) $\frac{e^x-y}{e^y+x}$；　(2) $-\frac{y^2e^x}{ye^x+1}$；　(3) $\frac{ye^{xy}-1}{1-xe^{xy}}$；　(4) $\frac{x^2-y}{x-y^2}$.

2．(1) $2\sec t$ ；　(2) $-\frac{4}{5}\cot\theta$.

3．$5x+3y-17=0$.

4．$x+y-\frac{\sqrt{2}}{2}a=0$.

5．(1) $6x-\sin x$；　(2) $(x-2)e^{-x}$；　(3) $\frac{1}{(x^2-1)\sqrt{1-x^2}}$.

习题 2.4

1．(1) $2x+C$；　(2) $\frac{x^2}{2}+C$；　(3) $-\cos x+C$ ；

(4) $\ln x+C$；　(5) $\arcsin x+C$；　(6) $2x$；

(7) e^x+C；　(8) $2\sqrt{x}+C$.

2．(1) $\frac{\cos\sqrt{x}}{2\sqrt{x}}\mathrm{d}x$ ；　(2) $(6x^2+\frac{1}{x})\mathrm{d}x$；　(3) $(1+x)e^x\mathrm{d}x$；

(4) $\frac{1-2x^2}{\sqrt{1-x^2}}\mathrm{d}x$；　(5) $-(\sin x+\cos x)e^{-x}\mathrm{d}x$ ；　(6) $\frac{1}{2}(\frac{1}{\sqrt{x+1}}-\frac{1}{\sqrt{x}})\mathrm{d}x$.

习题 2.5

1．(1)单调减区间：$(-\infty,-2)$，$(0,2)$，单调增区间：$(-2,0)$，$(2,+\infty)$.

(2)单调减区间：$(-\infty,0)$，单调增区间：$(0,+\infty)$.

2．(1) $y_{极大}=f(0)=0$，$y_{极小}=f(1)=-1$ ；

(2) $y_{极大}=f(1)=1$.

3．(1) $y_{最大}=f(\pm 2)=13$，$y_{最小}=f(\pm 1)=4$ ；

(2) $y_{最大}=f(\frac{3}{4})=\frac{5}{4}$，$y_{最小}=f(-5)=-5+\sqrt{6}$.

4．(1)在区间$(-\infty,\frac{5}{3})$内凸，在区间$(\frac{5}{3},+\infty)$内凹，拐点$(\frac{5}{3},\frac{20}{27})$；

(2)在区间$(-\infty,-1)$，$(1,+\infty)$内凸，在区间$(-1,1)$内凹，拐点$(-1,\ln 2)$，$(1,\ln 2)$.

5. 长 18m，宽 12m.

6. $h=\frac{2}{\sqrt{3}}R$.

7. 当 $x=300$ 单位时，$L_{最大}=700$ 元.

第二章测试题参考答案

一、(1) 2；(2) 2；(3) $\frac{-\cos x}{(1+\sin x)^2}\mathrm{d}x$；(4) $-2xe^{-x^2}$；(5) $(1,-3)$；

(6) $3\ln 3+9$；(7) $\frac{2}{3}x^{\frac{3}{2}}-\ln x+C$；(8) $(2\ln x+1)x$；(9) 1；

(10) $\frac{1}{3}x^3+\sin x-e^x+C$；(11) $\frac{2}{x^3}$；(12) -1.

二、(1) B；(2) B；(3) D；(4) C；(5) B；(6) C.

三、(1) $-2\sin(4x-2)$；(2) $-e^{-x}\ln(2x)+\frac{e^{-x}}{x}$；(3) $\ln x+1$；(4) 2.

四、(1) $(2x+\frac{5}{2}x\sqrt{x})\mathrm{d}x$；(2) $(e^x+\frac{1}{1+x^2})\mathrm{d}x$.

五、$\frac{e^{x+y}-\cos x}{1-e^{x+y}}\mathrm{d}x$.

六、$\frac{\sin(x+y)}{1-\sin(x+y)}$.

七、(1) $\frac{\sin 2t}{6t}$；(2) $\frac{t}{2}$.

八、(1) $y_{极大}=f(1)=\frac{1}{e}$；

(2) $y_{极小}=f(3)=-26$，$y_{极大}=f(-1)=6$.

九、$x=\frac{a}{6}$.

第三章

习题 3.1

1. (1) $3x-3\arctan x+C$；(2) $\ln t-\ln(1+t)+C$；(3) $\frac{2}{5}x^{\frac{5}{2}}+\frac{2}{3}x^{\frac{3}{2}}+C$；

(4) $\frac{3}{4}x^4+C$；(5) $\sin x-\cos x+C$；(6) $\frac{1}{3}\sin x+\frac{5}{3}\cos x+C$.

2. $y=\frac{4}{3}x^3+x^2$；

3. $16t^2$ 米.

习题 3.2

1. $\ln x+\frac{1}{2}\ln^2 x+C$；2. $2\sqrt{1+e^x}+C$；3. $\sin x-\frac{1}{3}\sin^3 x+C$；

4. $\frac{1}{5}e^{5x}+C$；5. $-\frac{1}{3}\cos 3x+C$；6. $-e^{-\frac{x^2}{2}}+C$；

7. $\frac{1}{3}\ln(9+x^3)+C$；8. $-2\sqrt{1-x^2}-\arcsin x+C$；

9. $\sqrt{2x}-\ln(1+\sqrt{2x})+C$; 10. $2\sqrt{x-1}++2\ln(\sqrt{x-1}-1)+C$.

习题 3.3

1. $-x\cos x+\sin x+C$; 2. $x\ln x-x+C$; 3. $\frac{1}{2}x^2e^{2x}-\frac{1}{2}xe^{2x}+\frac{1}{4}e^{2x}+C$;

4. $2x\sin\frac{x}{2}+4\cos\frac{x}{2}+C$; 5. $x\arcsin x+\sqrt{1-x^2}+C$; 6. $2\sqrt{x}e^{\sqrt{x}}-2e^{\sqrt{x}}+C$.

习题 3.5

1. (1)20; (2)$\frac{3}{2}$; (3) $\frac{\pi}{12}$; (4) $\frac{\pi}{3}$;

(5) $1-\frac{1}{\sqrt{e}}$; (6)$2\sqrt{2}-\sqrt{5}+2\ln(\sqrt{2}-1)-2\ln(\frac{\sqrt{5}}{2}-1)$;

(7)$\frac{1}{6}$; (8)$1-\frac{2}{e}$; (9) $\frac{\sqrt{2}\pi}{8}+\frac{\sqrt{2}}{2}-1$; (10) $\frac{1}{2}$.

2. 所求面积为$\frac{8}{3}$平方单位. 3. 所求的路程为 84m.

习题 3.6

1. (1)$e+\frac{1}{e}-2$; (2)$\frac{1}{6}$; (3)$\frac{3}{2}-\ln 2$; (4)$\frac{5}{12}$.

2. $\frac{5}{6}\pi$.

3. $\frac{4}{3}\pi$.

第三章测试题参考答案

一、(1) $\frac{2}{3}\pi^3$; (2) 0 ; (3) $\frac{1}{2}$; (4) $\frac{1}{2}x^2+\ln x+C$;

(5) $\frac{1}{3}\sin x^3+C$; (6)$x\ln x-x+C$; (7)0.

二、(1) D ; (2) C; (3) B; (4) D.

三、(1) $\ln(1+x^2)+C$; (2) $\frac{1}{3}\sin(3x+2)+C$; (3) $2\arctan 2-\frac{\pi}{2}$;

(4) $\ln(2+e^x)+C$; (5)$\ln x-\frac{1}{2}\ln(1+x^2)+C$; (6) $\frac{1}{3}xe^{3x}-\frac{1}{9}e^{3x}+C$;

(7) $\frac{8}{3}$; (8) $\ln x+\frac{1}{3}\ln^3 x+C$; (9) $-\frac{1}{2}x\cos 2x+\frac{1}{4}\sin 2x+C$;

(10) $\frac{1}{4}$.

四、(1)$x\sin\frac{x^2}{3}$; (2)$\frac{4}{3}$; (3) $\ln 2-\frac{1}{2}$.

五、(1)$\frac{8}{3}$; (2)$4x-y-2=0$.

六、面积为$\frac{7}{3}$平方单位;体积为$\frac{31}{5}\pi$立方单位.

七、$-2t$.

第四章

习题 4.1

1. (1) 是,一阶;(2) 不是;(3) 是,二阶;(4) 是,一阶.

2. 略.

3. (1) $C=2$;(2) $C_1=0$, $C_2=1$.

4. $y=x^3+1$.

习题 4.2

1. (1) $\cos x+\sin y=C$;(2) $y=\frac{x^3}{5}+\frac{x^2}{2}+C$;(3) $y=Ce^{\frac{3}{5}x}$;(4) $y=Cx^2$;

(5) $\sin x\sin y=C$;(6) $e^y-e^x=C$;(7) $y=(x+C)e^{-x}$;(8) $y=2+Ce^{-x^2}$;

(9) $y=\frac{x^3}{2}+Cx$;(10) $y=(x+C)(1+x^2)$.

2. (1) $y=1-\sqrt{1-x^2}$;(2) $y=e^{\frac{1}{x}}$;(3) $y=-e^{2x}+e^{3x}$;(4) $y=xe^{-\sin x}$.

习题 4.3

1. (1) $y=C_1+C_2e^{5x}$;(2) $y=C_1e^{-x}+C_2e^{3x}$;(3) $y=(C_1+C_2x)e^{2x}$;

(4) $y=C_1\cos 3x+C_2\sin 3x$;(5) $y=e^{2x}(C_1\cos x+C_2\sin x)$;

(6) $y=C_1e^{\frac{x}{2}}+C_2e^{-x}+e^x$;(7) $y=C_1\cos x+C_2\sin x+2x^2-7$;

(8) $y=C_1e^{-x}+C_2e^x+\frac{1}{3}e^{2x}$;(9) $y=C_1e^{2x}+C_2e^{3x}+\frac{7}{6}$;

(10) $y=C_1+C_2e^{3x}+x^2$.

2. (1) $y=\left(1+\frac{5}{2}x\right)e^{\frac{x}{2}}$;(2) $y=-\frac{1}{16}\sin 2x+\frac{1}{8}x$.

习题 4.4

1. $R(x)=\frac{1}{2}e^{2x}-x-\frac{1}{2}$;　　2. $M=M_0e^{-\lambda t}$;

3. $T=Ce^{-kt}+T_0$(C 为任意常数,k 为正常数,T_0 为空气温度);

4. (1) $y=-x-1$;　(2) $y=2e^x-x-1$;

5. $s=6e^{-t}\sin 2t$.

第四章　测试题参考答案

一、(1)B　　(2)C　　(3)C　　(4) A

二、(1) $y=C_1e^{-x}+C_2e^{2x}$;　(2) $x(ax^2+bx+c)$;

三、(1) $e^y-2e^x=C$;(2) $y=-\frac{1}{3}e^{-2x}+Ce^x$;(3) $y=C_1e^{-x}+C_2e^{-2x}$;

(4) $y=e^x(C_1\cos x+C_2\sin x)+\frac{x}{2}+1$;(5) $y=1-e^{-\frac{1}{2}x^2}$.

四、$y=2e^x-2x-2$

五、$y=\frac{k}{2}x^2+bx+y_0$

第五章

习题 5.1

1. (1)略； (2)$2\sqrt{5}$； (3)$z=0$.
2. (1)b,w； (2)a,v； (3)c,u； (4)d,s.
3. $z=\pm\sqrt{x^2+y^2}$ 或 $z^2=x^2+y^2$.
4. $\left(0,0,\frac{1}{4}\right),\frac{1}{4}$.
5. $2x^2+2y^2+z=1$.
6. $z=x^2+y^2+1$.
7. $x^2+z^2=(y-1)^2$.

习题 5.3

1. $x\geqslant y$； 2. $1\leqslant x^2+y^2<9$； 3. $\left.\frac{\partial z}{\partial x}\right|_{(1,2)}=-22,\left.\frac{\partial z}{\partial y}\right|_{(1,2)}=-32$；

4. $z'_x=y\cos xy, z'_y=x\cos xy$； 5. 略； 6. 1； 7. $\frac{2}{5}$；

8. 略； 9. 略； 10. 2, −1；

11. $\frac{\partial^2 z}{\partial x^2}=ye^x$； $\frac{\partial^2 z}{\partial y^2}=xe^y$； $\frac{\partial^2 z}{\partial x\partial y}=\frac{\partial^2 z}{\partial y\partial x}=e^x+e^y$

12. $\frac{\partial^2 z}{\partial x^2}=e^{-x}cosy$, $\frac{\partial^2 z}{\partial y^2}=-e^{-x}cosy$, $\frac{\partial^2 z}{\partial x\partial y}=\frac{\partial^2 z}{\partial y\partial x}=c^{-x}\sin y$

习题 5.4

1. (1)$\frac{\sqrt{xy}}{2xy^2}(y\mathrm{d}x-x\mathrm{d}y)$； (2)$-24\mathrm{d}x+12\mathrm{d}y$； (3)0.42,0.4.
2. $\mathrm{d}z=\frac{2}{x^2+y^2}(x\mathrm{d}x+y\mathrm{d}y)$.
3. $\mathrm{d}z=e^x[\sin(x+y)+\cos(x+y)]\mathrm{d}x+e^x\cos(x+y)\mathrm{d}y$.
4. $\mathrm{d}z=22.4$, $\Delta z=22.75$.
5. $\mathrm{d}z=0.8e^2$.
6. $\Delta v\approx 1.2\pi(\mathrm{cm}^3)$.
7. $(1.04)^{2.02}\approx 1.08$.

习题 5.5

1. 有极小值 $f(1,1)=-1$；
2. 极小值 $f(2,1)=-28$,极大值 $f(-2,-1)=28$；
3. 略；
4. 极小值 $f(1,4)=0$；
5. 极大值 $f(3,2)=36$；

6. $x=200$ 台； $y=400$ 台； $L(2,4)=48$ 万元；

习题 5.6

1. $\frac{8}{3}$； 2. $\frac{20}{3}$； 3. $\frac{13}{12}$； 4. $\frac{16}{9}$； 5.（略）.

6. $\int_0^2 dy\int_0^y f(x,y)dx$ 7. $\frac{9}{8}$.

第五章 测试题参考答案

一、(1) 4； (2) $(x-6)^2+(y-2)^2+(z-3)^2=4$；

(3) $z=\pm\sqrt{x^2+y^2}$，或 $z^2=x^2+y^2$； (4) xOy 坐标平面上的一个区域；

(5)曲面； (6) $x-y>0$； (7) $\frac{1}{x}dx+\frac{1}{y}dy$；

(8) $2y+3x^2$； (9)1.

二、(1)C； (2)C； (3)B； (4)B.

三、(1) $C(-2,0,0,)$； (2) $4x^2-9(y^2+z^2)=36$； (3) (1)A;(2)B;(3)C;

(4)略； (5) $dz=\left(y+\frac{1}{y}\right)dx+\left(x-\frac{x}{y^2}\right)dy$.

(6) $\frac{\partial z}{\partial x}=y[\cos(xy)-\sin(2xy)]$；$\frac{\partial z}{\partial y}=x[\cos(xy)-\sin(2xy)]$.

(7) $\frac{\partial z}{\partial x}=\frac{1}{x+y^2}$； $\frac{\partial z}{\partial y}=\frac{2y}{x+y^2}$； $\frac{\partial^2 z}{\partial x^2}=\frac{1}{(x+y^2)^2}$；

$\frac{\partial^2 z}{\partial y^2}=\frac{2(x-y^2)}{(x+y^2)^2}$； $\frac{\partial^2 z}{\partial x\partial y}=\frac{\partial^2 z}{\partial y\partial x}=-\frac{2y}{(x+y^2)^2}$.

(8) $\frac{\partial x}{\partial x}=4x^3-8xy^2$； $\frac{\partial^2 z}{\partial y^2}=12x^2-8y^2$； $\frac{\partial^2 z}{\partial x\partial y}=-16xy$.

(9)极大值 $f(2,-2)=8$.

(10) $\frac{6}{55}$. (11) $-\frac{3}{2}\pi$. (12) $\frac{13}{3}$.

(13)两种型号的机床分别生产 5 台和 3 台时，总成本最小为 28(万).

第六章

习题 6.1

1. (1) $\frac{1}{n(n+1)}$， $\frac{n}{n+1}$， 1； (2)发散， 0.

2. (1)收敛于 $\frac{1}{5}$； (2)收敛于 $\frac{3}{2}$.

习题 6.2

1. (1)发散； (2)收敛； (3)收敛.

2. (1)发散； (2)收敛.

3. (1)收敛； (2)收敛； (3)发散； (4)收敛； (5)发散.

习题 6.3

1. (1) $R=2$;　　(2) $R=1$;　　(3) $R=1$;　　(4) $R=+\infty$.

2. (1) $[-1,2)$;　(2) $\left[-\frac{1}{3},\frac{1}{3}\right]$;　　(3) $[4,6)$.

习题 6.4

1. (1) $-\sum_{n=0}^{\infty}\frac{x^n}{2^{n+1}}$,　$-2<x<2$;

   (2) $\sum_{n=1}^{\infty}(-1)^{n-1}\frac{x^{2n-1}}{2^{2n-1}\cdot(2n-1)!}$, $-\infty<x<+\infty$;

   (3) $\sum_{n=0}^{\infty}(-1)^n\frac{x^{2(n+1)}}{n!}$, $-\infty<x<+\infty$.

2. (1) $f(x)=\sum_{n=0}^{\infty}\frac{2^nx^n}{n!}$;　　(2) $\sum_{n=0}^{\infty}\frac{2^n}{n!}=e^2$.

3. $\sum_{n=0}^{\infty}\frac{(x+1)^n}{4^{n+1}}$, $-5<x<3$.

第六章　测试题参考答案

一、(1) C;　　(2) B;　　(3) B;　　(4) A.

二、(1) $\sum_{n=0}^{\infty}\frac{2^n}{n!}x^{n+2}$;

　(2) $u_n=\frac{n+1}{n}$;

　(3) 3;　　$(-3,3)$.

三、(1)收敛;　(2)收敛;　(3)收敛;　(4)收敛.

四、(1) $R=1,(-1,1]$;　(2) $R=+\infty,(-\infty,+\infty)$;　(3) $R=1,[1,3]$.

五、(1) $\sum_{n=0}^{\infty}(-1)^n\frac{x^{n+3}}{n!},(-\infty,+\infty)$;　　(2) $1+\sum_{n=0}^{\infty}(-1)^n\frac{(2x)^{2n}}{2(2n)!},(-\infty,+\infty)$;

　(3) $\sum_{n=0}^{\infty}\frac{x^n}{3^{n+1}},(-3,3)$.

六、$\sum_{n=0}^{\infty}\frac{1}{2^{n+1}}(x-2)^n,(0,4)$.

第七章

习题 7.1

1. (1) -4;　　(2) -260;　　(3) 36;　　(4) $3abc-a^3-b^3-c^3$;

   (5) $(a-b)(b-c)(c-a)$;　　(6) $-2(x^3+x^3)$.

2. (1) 0;　(2) 4;　　(3) 5;　　(4) 3;　　(5) 7;　　(6) $\frac{n(n-1)}{2}$.

3. 略.

4. (1) $x_1=-15,x_2=2$;　　(2) $x_1=9,x_2=-1,x_3=0$.

习题 7.2

1. $A_{21}=-\begin{vmatrix}3 & 2\\4 & -4\end{vmatrix}$,　　$A_{23}=-\begin{vmatrix}-1 & 3\\11 & 9\end{vmatrix}$,　　$D=462$.

2. $A_{23}=-\begin{vmatrix}5&-3&1\\1&0&7\\0&3&2\end{vmatrix}$,　　$A_{33}=\begin{vmatrix}5&-3&1\\0&-2&0\\0&3&2\end{vmatrix}$,　　$D=-176$.

3. (1)0;　　(2)56;　　(3)$4abcdef$;　　(4)$abcd+ab+cd+ad+1$.

4. $x=\pm 1$ 和 $x=\pm 2$.

5. 略.

习题 7.3

1. (1)$x_1=0$,　$x_2=\frac{4}{5}$,　$x_3=\frac{3}{5}$,　$x_4=-\frac{7}{5}$.

(2)$x_1=-3$,　$x_2=3$,　$x_3=5$,　$x_4=0$.

2. $\lambda=1$ 或 $\mu=0$.

习题 7.4

1. $a=0$,　$b=3$,　$c=2$,　$d=-5$.

2. $3A+2B=\begin{pmatrix}17&12&30\\6&35&6\\24&30&41\end{pmatrix}$,　　$3A-2B=\begin{pmatrix}1&0&0\\0&1&0\\0&0&1\end{pmatrix}$.

3. $3AB-2A=\begin{pmatrix}-2&13&22\\-2&-17&20\\4&29&-2\end{pmatrix}$,　　$A^{\mathrm{T}}B=\begin{pmatrix}0&5&8\\0&-5&6\\2&9&0\end{pmatrix}$.

4. (1)$\begin{pmatrix}35\\6\\49\end{pmatrix}$;　　(2)10;　　(3)$\begin{pmatrix}-2&4\\-1&2\\-3&6\end{pmatrix}$;　　(4)$\begin{pmatrix}6&-7&8\\20&-5&-6\end{pmatrix}$;

(5)$\begin{pmatrix}-6&22&-2\\17&-18&-16\\-6&20&8\end{pmatrix}$.

5. $\begin{pmatrix}2&2&-2\\2&0&0\\4&-4&-2\end{pmatrix}$.

6. 略.

习题 7.5

1. (1)$\begin{pmatrix}0&-2\\-1&3\end{pmatrix}$;　　(2)$\begin{pmatrix}-2&0\\0&6\end{pmatrix}$;　　(3)$\begin{pmatrix}-4&17&-8\\26&-4&-19\\-3&-5&-6\end{pmatrix}$.

2. (1)$\begin{pmatrix}5&-2\\-2&1\end{pmatrix}0$;　　(2)$\begin{pmatrix}1&-2&7\\0&1&-2\\0&0&1\end{pmatrix}$;　　(3)无逆矩阵;

(4) $\frac{1}{16}\begin{pmatrix}8 & -4 & 2 & -1\\ 0 & 8 & -4 & 2\\ 0 & 0 & 8 & -4\\ 0 & 0 & 0 & 8\end{pmatrix}$.

3. (1) $x_1=\frac{3}{25}, x_2=\frac{2}{25}, x_3=\frac{1}{25}$;　(2) $x_1=1, x_2=2, x_3=-1$;

4. (1) $\begin{pmatrix}2 & -23\\ 0 & 8\end{pmatrix}$;　(2)不存在;　(3) $\begin{pmatrix}-3 & 2 & 0\\ -4 & 5 & -2\\ -5 & 3 & 0\end{pmatrix}$;　(4) $\begin{pmatrix}24 & 13\\ -34 & -18\end{pmatrix}$.

习题 7.6

1. (1) $x_1=\frac{3}{25}, x_2=\frac{2}{25}, x_3=\frac{1}{25}$.

   (2) $x_1=1,\quad x_2=2,\quad x_3=-1$.

   (3) $x_1=1,\quad x_2=0,\quad x_3=-1,\quad x_4=2$.

2. (1) $\begin{pmatrix}1 & 1 & 1 & -1\\ 0 & 0 & 3 & 2\\ 0 & 0 & 0 & 0\end{pmatrix}$;　(2) $\begin{pmatrix}-1 & 4 & 5 & -3\\ 0 & 8 & 13 & 2\\ 0 & 0 & -4 & -28\\ 0 & 0 & 0 & 0\end{pmatrix}$.

3. (1)3;　(2)2;　(3)3;　(4)2.

习题 7.7

1. (1) $\begin{pmatrix}1 & 0 & 0 & 5\\ 0 & 0 & 1 & -3\\ 0 & 0 & 0 & 0\end{pmatrix}$;　(2) $\begin{pmatrix}0 & 1 & 0 & 5\\ 0 & 0 & 1 & 3\\ 0 & 0 & 0 & 0\end{pmatrix}$;

   (3) $\begin{pmatrix}1 & -1 & 0 & 2 & -3\\ 0 & 0 & 1 & -2 & 2\\ 0 & 0 & 0 & 0 & 0\\ 0 & 0 & 0 & 0 & 0\end{pmatrix}$;　(4) $\begin{pmatrix}1 & 0 & 2 & 0 & -2\\ 0 & 1 & -1 & 0 & 3\\ 0 & 0 & 0 & 1 & 4\\ 0 & 0 & 0 & 0 & 0\end{pmatrix}$.

2. (1)无解;　(2) $\begin{pmatrix}x\\ y\\ z\end{pmatrix}=c\begin{pmatrix}-2\\ 1\\ 1\end{pmatrix}+\begin{pmatrix}-1\\ 2\\ 0\end{pmatrix}$;

   (3) $\begin{pmatrix}x_1\\ x_2\\ x_3\\ x_4\end{pmatrix}=c\begin{pmatrix}-1\\ 0\\ -1\\ 1\end{pmatrix}+\begin{pmatrix}\frac{1}{2}\\ \frac{1}{2}\\ 1\\ 0\end{pmatrix}$;　(4) $\begin{pmatrix}x\\ y\\ z\\ w\end{pmatrix}=a\begin{pmatrix}1\\ -2\\ 0\\ 0\end{pmatrix}+c_2\begin{pmatrix}0\\ 1\\ 1\\ 0\end{pmatrix}+\begin{pmatrix}0\\ 1\\ 0\\ 0\end{pmatrix}$.

3. (1) $\begin{pmatrix}x_1\\ x_2\\ x_3\\ x_4\end{pmatrix}=c\begin{pmatrix}\frac{4}{3}\\ -3\\ \frac{4}{3}\\ 1\end{pmatrix}$;　(2) $\begin{pmatrix}x_1\\ x_2\\ x_3\\ x_4\end{pmatrix}=c_1\begin{pmatrix}-2\\ 1\\ 0\\ 0\end{pmatrix}+c_2\begin{pmatrix}1\\ 0\\ 0\\ 1\end{pmatrix}$;

$$(3)\begin{pmatrix}x_1\\x_2\\x_3\\x_4\end{pmatrix}=c_1\begin{pmatrix}-\frac{1}{2}\\\frac{1}{2}\\1\\0\end{pmatrix}+c_2\begin{pmatrix}\frac{1}{2}\\\frac{1}{2}\\0\\1\end{pmatrix};\qquad (4)\begin{pmatrix}x_1\\x_2\\x_3\\x_4\end{pmatrix}=c_1\begin{pmatrix}\frac{3}{17}\\\frac{19}{17}\\1\\0\end{pmatrix}+c_2\begin{pmatrix}-\frac{13}{17}\\-\frac{20}{17}\\0\\1\end{pmatrix}$$

4. $\lambda\neq10$ 时无解；$\lambda=10$ 时有解.

5. $\lambda=1$ 或 $\lambda=3$ 时有非零解，解为：

$$\lambda=1\text{ 时},\begin{pmatrix}x_1\\x_2\\x_3\end{pmatrix}=c\begin{pmatrix}-2\\0\\1\end{pmatrix};\qquad \lambda=3\text{ 时},\begin{pmatrix}x_1\\x_2\\x_3\end{pmatrix}=c\begin{pmatrix}\frac{1}{2}\\-\frac{1}{2}\\1\end{pmatrix}.$$

习题 7.8

1. 最优解 $x_1=7,x_2=1,\max z=32$；
2. 有无限多个最优解，$\max z=6$；
3. 最优解 $x_1=2,x_2=2,\max z=72$；
4. 最优解 $x_1=1,x_2=3,\min z=68$.

第七章　测试题参考答案

一、填空题

(1) $\begin{vmatrix}2&3\\-4&1\end{vmatrix}$，$-\begin{vmatrix}2&3\\-4&1\end{vmatrix}$，$\begin{vmatrix}2&3\\5&2\end{vmatrix}$，$\begin{vmatrix}2&3\\5&2\end{vmatrix}$.　　(2) $\lambda\neq2$，　$\lambda=2$.

(3)行数与列数，行数与列数.　　(4)列数，行数，A 的行数，B 的列数.

(5) 6，$\begin{pmatrix}6&3\\12&9\end{pmatrix}$，2，$\begin{pmatrix}1&4\\0&-1\end{pmatrix}$.　　(6) $\begin{pmatrix}0&-2&1\\1&0&2\end{pmatrix}$.　　(7) $\begin{pmatrix}0&\frac{1}{3}\\-1&\frac{2}{3}\end{pmatrix}$.

(8)可逆.　　(9)3.　　(10)2.

(11) $\begin{pmatrix}4&2\\-3&-1\end{pmatrix}$.　　(12) $\begin{pmatrix}x_{11}&x_{12}\\0&x_{11}\end{pmatrix}$　（x_{11},x_{12}为任意数）.

二、单项选择题

(1)C；(2)C；(3)C；(4)B；(5)B；(6)C；(7)D；(8)A；(9)D.

三、计算行列式

(1) $8\sin^2\alpha$；　(2)0；　(3)120；　(4) $(a-a_1)(a-a_2)(a-a_3)$；　(5)310.

四、略.

五、(1) $\begin{pmatrix}6&-9&3&9\\6&13&-21&-12\\-15&23&9&-17\end{pmatrix}$；　(2) $\begin{pmatrix}-7&5&2&-5\\4&-6&19&36\\12&-14&-27&7\end{pmatrix}$；

(3) $\begin{pmatrix}-4&5&-1&-5\\-2&-7&13&12\\9&-13&-9&9\end{pmatrix}$；　(4) $\begin{pmatrix}-15&41&23\\3&-48&24\\36&-68&-78\end{pmatrix}$.

六、1. $\begin{pmatrix}1&0&-8\\0&1&0\\0&0&1\end{pmatrix}$；　2. $\begin{pmatrix}-8&29&-11\\-5&18&-7\\1&-3&1\end{pmatrix}$；　3. $\begin{pmatrix}1&-a&0&0\\0&1&-a&0\\0&0&1&-a\\0&0&0&0\end{pmatrix}$.

七、(1) $\begin{cases}x_1=9.5\\x_2=-1.5\\x_3=0.5\end{cases}$；　(2) $\begin{pmatrix}x_1\\x_2\\x_3\end{pmatrix}=c\begin{pmatrix}1\\-2\\1\end{pmatrix}+\begin{pmatrix}-2\\3\\0\end{pmatrix}$；

(3)无解；　(4) $\begin{pmatrix}x_1\\x_2\\x_3\\x_4\end{pmatrix}=c\begin{pmatrix}-1\\-1\\1\\1\end{pmatrix}+\begin{pmatrix}1\\0\\-1\\0\end{pmatrix}$；

(5) $\begin{cases}x_1=0\\x_2=0\\x_3=0\\x_4=0\end{cases}$；　(6) $\begin{pmatrix}x_1\\x_2\\x_3\\x_4\\x_5\end{pmatrix}=c_1\begin{pmatrix}-\frac{3}{2}\\\frac{1}{2}\\1\\0\\0\end{pmatrix}+c_2\begin{pmatrix}-3\\0\\0\\1\\0\end{pmatrix}+c_3\begin{pmatrix}-\frac{15}{4}\\\frac{1}{4}\\0\\0\\1\end{pmatrix}$.

八、$b\neq5$ 无解；

$b=5$ 且 $a\neq-2$，有唯一解 $\begin{cases}x_1=-20\\x_2=13\\x_3=0\end{cases}$；

$b=5$ 且 $a=-2$，有无穷多解 $\begin{pmatrix}x_1\\x_2\\x_3\end{pmatrix}=c\begin{pmatrix}7\\-5\\1\end{pmatrix}+\begin{pmatrix}-20\\13\\0\end{pmatrix}$.

第八章

习题 8.1

1. 略；　2. $\frac{1}{6}$；　3. (1)$\frac{7}{15}$，(2)$\frac{8}{15}$；　4. (1)$\frac{3}{10}$，(2)$\frac{3}{5}$；　5. $\frac{3}{5}$；

6. (1)0.6，(2)0.6；　7. $\frac{1}{3}$；　8. $\frac{2}{3}$；　9. 0.0729

习题 8.2

1.

X	1	2	3	4	5	6
P	$\frac{11}{36}$	$\frac{9}{36}$	$\frac{7}{36}$	$\frac{5}{36}$	$\frac{3}{36}$	$\frac{1}{36}$

2.

X	3	4	5
P	$\frac{1}{10}$	$\frac{3}{10}$	$\frac{6}{10}$

3.

X	0	1	2
P	$\frac{22}{35}$	$\frac{12}{35}$	$\frac{1}{35}$

4.

X	0	1	2	3
P	0.729	0.243	0.027	0.001

5. (1)0.0729　(2)0.00856　(3)0.99954　(4)0.40951

6. (1)$\frac{1}{5}$　(2)$\frac{1}{5}$　(3)$\frac{1}{5}$　(4)$\frac{3}{5}$

7. 0.0902

8. 0.9972

9. $F(x)=\begin{cases}0, & x<1\\ \frac{1}{4}, & -1\leqslant x<2\\ \frac{3}{4}, & 2\leqslant x<3\\ 1, & x\geqslant 3\end{cases}$;　$\frac{1}{4}$;　$\frac{1}{2}$;　$\frac{3}{4}$

10. $F(x)=\begin{cases}0, & x<0\\ \sin x, & 0\leqslant x<\frac{\pi}{2}\\ 1, & x\geqslant\frac{\pi}{2}\end{cases}$;　$1-\frac{\sqrt{2}}{2}$

11. $a=\frac{1}{2}$;　$b=\frac{1}{\pi}$

12. 0.9544

13. (1)$A=1$,　(2)$f(x)=\begin{cases}2x, & 0<x<1\\ 0, & 其他\end{cases}$,　(3)0.4

14. 0.1587

习题 8.3

1. $\frac{7}{8}$, $\frac{9}{8}$;　2. $\frac{1}{2}$;　3. 1;　4. −4;　5. 0, $\frac{1}{6}$;　6. 16,4;

7. $\frac{\pi}{24}(a+b)(b^2+a^2)$；　8. 略；　9. $0, \frac{1}{2}$；　10. $\frac{1}{3}, -\frac{7}{3}, \frac{1}{6}$.

习题 8.4

1. 提示:参考例 3;

2. (1)组距 = 5,样本容量 $n = 50$;

分　组	频 数 (k)	频　率	$\frac{频率}{组距}$	累 计 频 率
[10,15)	4	0.08	0.016	0.08
[15,20)	5	0.10	0.020	0.18
[20,25)	10	0.20	0.040	0.38
[25,30)	11	0.22	0.044	0.60
[30,35)	9	0.18	0.036	0.78
[35,40)	8	0.16	0.032	0.94
[40,45)	3	0.06	0.012	1.00
合计	50	1		

(2)

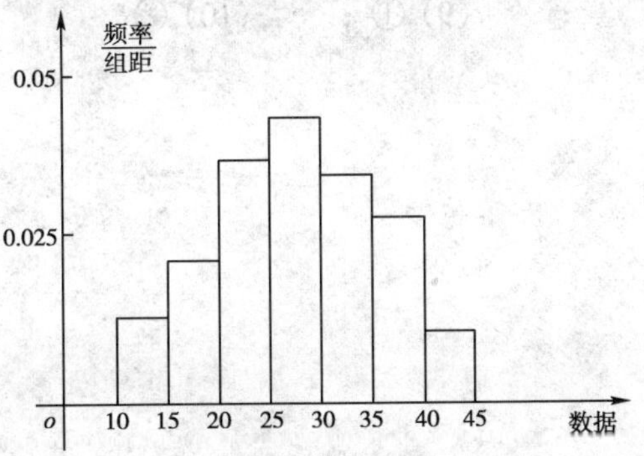

3.

回 归 分 析 表

i	x_i	y_i	x_iy_i	x_i^2	y_i^2
1	2	15	30	4	225
2	3	20	60	9	400
3	4	25	100	16	625
4	5	30	150	25	900
5	6	35	210	36	1225
6	8	45	360	64	2025
7	10	60	600	100	3600
8	12	80	960	144	6400
9	14	80	1120	196	6400
10	16	110	1760	256	12100
$\sum$	80	500	5350	850	33900

$\bar{x}=8,\bar{y}=50$;

$S_{xy}=\sum_{i=1}^{n}x_iy_i-n\bar{x}\bar{y}=5350-10\times8\times5=1350$;

$\hat{b}=\frac{S_{xy}}{S_{xx}}=\frac{1350}{210}\approx6.43$;

$S_{xx}=\sum_{i=1}^{n}x_i^2-n\bar{x}^2=850-10\times64=210$;

$\hat{a}=\bar{y}-\hat{b}\bar{x}=50-6.43\times8\approx-1.44$.

所以回归直线方程为:

$\hat{y}=-1.44+6.43x$.

第八章　测试题参考答案

一、(1)$A\cup B$;　(2)$A\cup B=\Omega,AB=\phi$;　(3)$P(AB)=P(A)P(B)$;

(4)$P(A)+P(B)-P(AB)$;　(5)$\leqslant$;　(6)$\frac{2}{5}$;　(7)$\frac{8}{15}$;

(8)0.7;　(9)$\frac{1}{3}$;　(10)μ,σ^2.

二、(1) ①;　(2) ④;　(3) ②;　(4) ②;　(5) ①;　(6) ②;

(7) ③;　(8) ③;　(9) ①;　(10) ②.

三、$1-\frac{C_{17}^{10}}{C_{20}^{10}}$

四、0.0006

五、$a=b=1,c=0$

六、$\frac{2}{5}$

七、$\frac{2}{3},-\frac{7}{2}$

八、0.9544

九、$\frac{1}{3},\frac{1}{18}$.

十、3

附录Ⅰ　初等数学常用公式

一、代数公式

1. 常用多项式

$a^2-b^2=(a+b)(a-b)$.

$(a\pm b)^2=a^2\pm 2ab+b^2$.

$a^3\pm b^3=(a\mp b)(a^2\pm ab+b^2)$.

$(a-b)^3=a^3-3a^2b+3ab^2-b^3$.

$(a+b)^3=a^3+3a^2b+3ab^2+b^3$.

2. 幂运算　$a^m\cdot a^n=a^{m+n},(ab)^n=a^nb^n,(a^m)^n=a^{mn},\left(\dfrac{a}{b}\right)^n=\dfrac{a_n}{b^n}$.

3. 对数运算　$\log_a a=1,\log_a 1=0,\log_a(MN)=\log_a M+\log_a N,\log_a\dfrac{M}{N}=\log_a M-\log_a N,\log_a M^n=n\log_a M,a^{\log_a N}=N$.

4. 数列公式

等差数列通项公式：$a_n=a_1+(n-1)d$；前 n 项和公式：$s_n=\dfrac{n}{2}(a_1+a_n)$；

等比数列通项公式：$a_n=a_1q^{n-1}$；前 n 项和公式：$s_n=\dfrac{a_1(1-q^n)}{1-q}$.

二、常用三角公式

1. 同角公式

$\sin\alpha\csc\alpha=1,\cos\alpha\sec\alpha=1,\tan\alpha\cot\alpha=1,\tan\alpha=\dfrac{\sin\alpha}{\cos\alpha},\cot\alpha=\dfrac{\cos\alpha}{\sin\alpha}$,

$\sin^2\alpha+\cos^2\alpha=1,1+\tan^2\alpha=\sec^2\alpha,1+\cot^2\alpha=\csc^2\alpha$.

2. 倍角公式

$\sin2\alpha=2\sin\alpha\cos\alpha,\cos2\alpha=\cos^2\alpha-\sin^2\alpha=2\cos^2\alpha-1=1-2\sin^2\alpha$.

3. 加法定理

$\sin(\alpha\pm\beta)=\sin\alpha\cos\beta\pm\cos\alpha\sin\beta,\cos(\alpha\pm\beta)=\cos\alpha\cos\beta\mp\sin\alpha\sin\beta$.

4. 和差化积与积化和差公式

$\sin\alpha+\sin\beta=2\sin\dfrac{\alpha+\beta}{2}\cos\dfrac{\alpha-\beta}{2}$,　$\sin\alpha-\sin\beta=2\cos\dfrac{\alpha+\beta}{2}\sin\dfrac{\alpha-\beta}{2}$,

$\cos\alpha+\cos\beta=2\cos\dfrac{\alpha+\beta}{2}\cos\dfrac{\alpha-\beta}{2}$,　$\cos\alpha-\cos\beta=2\sin\dfrac{\alpha+\beta}{2}\sin\dfrac{\alpha-\beta}{2}$,

$\sin\alpha\cos\beta=\dfrac{1}{2}[\sin(\alpha+\beta)+\sin(\alpha-\beta)]$,　$\cos\alpha\sin\beta=\dfrac{1}{2}[\sin(\alpha+\beta)-\sin(\alpha-\beta)]$,

$\cos\alpha\cos\beta=\dfrac{1}{2}[\cos(\alpha+\beta)+\cos(\alpha-\beta)]$,　$\sin\alpha\sin\beta=\dfrac{1}{2}[\cos(\alpha+\beta)-\cos(\alpha-\beta)]$.

三、常用平面曲线方程

1. 直线方程　$y=kx+b$ 或 $Ax+By+c=0$.

2. 曲线方程：

椭圆标准方程 $\frac{x^2}{a^2}+\frac{y^2}{b^2}=1$，或 $\frac{x^2}{b^2}+\frac{y^2}{a^2}=1(a>b>0)$.

双曲线标准方程 $\frac{x^2}{a^2}-\frac{y^2}{b^2}=1$，或 $\frac{y^2}{a^2}-\frac{x^2}{b^2}=1(a>0,b>0)$.

抛物线标准方程 $y^2=2px$； $y^2=-2px$； $x^2=2px$； $x^2=-2px$.

附录 II　微积分基本公式

1. 导数四则运算法则：$(u \pm v)' = u' \pm v'$，$(uv)' = u'v + uv'$，$\left(\dfrac{u}{v}\right)' = \dfrac{u'v - uv'}{v^2}(v \neq 0)$.

2. 复合函数求导法则：

$y = f(u)$与 $u = \varphi(x)$的复合函数 $y = f[\varphi(x)]$的导数：$y'_x = y'_u \cdot u'_x$.

3. 参数方程所确定的函数求导法则：

$$\text{参数方程}\begin{cases} y = y(t) \\ x = x(t) \end{cases}\text{确定的函数 } y = f(x)\text{的导数：}y'_x = \frac{y'_t}{x'_t}.$$

4. 高阶导数：$y^{(n)} = (y^{(n-1)})'$.

5. 基本求导公式：

$C' = 0$，(C 为常数)，　　$(x^\alpha)' = \alpha x^{\alpha - 1}$($\alpha$ 为常数)，

$(a^x)' = a^x \ln a (a > 0, a \neq 1)$，　$(e^x)' = e^x$，

$(\log_a x)' = \dfrac{1}{x \ln a}$，　　$(\ln x)' = \dfrac{1}{x}$　　$(a > 0, a \neq 1)$，

$(\sin x)' = \cos x$，　$(\cos x)' = -\sin x$，　$(\tan x)' = \sec^2 x$，　$(\cot x)' = -\csc^2 x$，

$(\sec x)' = \sec x \tan x$，　$(\csc x)' = -\csc x \cot x$，

$(\arcsin x)' = \dfrac{1}{\sqrt{1 - x^2}}$，$(\arccos x)' = -\dfrac{1}{\sqrt{1 - x^2}}$，$(\arctan x)' = \dfrac{1}{1 + x^2}$，$(\operatorname{arccot} x)' = -\dfrac{1}{1 + x^2}$.

6. 基本积分公式

$$\int 1 \mathrm{d}x = x + C$$

$$\int x^\alpha \mathrm{d}x = \frac{1}{\alpha + 1} x^{\alpha + 1} + C$$

$$\int \frac{1}{x} \mathrm{d}x = \ln|x| + C$$

$$\int e^x \mathrm{d}x = e^x + C$$

$$\int a^x \mathrm{d}x = \frac{a^x}{\ln a} + C$$

$$\int \cos x \mathrm{d}x = \sin x + C$$

$$\int \sin x \mathrm{d}x = -\cos x + C$$

$$\int \sec^2 x \mathrm{d}x = \tan x + C$$

$$\int \csc^2 x \mathrm{d}x = -\cot x + C$$

$$\int \frac{1}{1 + x^2} \mathrm{d}x = \arctan x + C = -\operatorname{arccot} x + C$$

$$\int \frac{1}{\sqrt{1 - x^2}} \mathrm{d}x = \arcsin x + C = -\arccos x + C$$

附录 III 基本初等函数

名称	表达式	定义域	图形	函数特性
幂函数	$y=x^{\alpha}$ (α 是实常数)	在$(0,+\infty)$内总有定义，当 α 为不同实数时，定义域可不同.	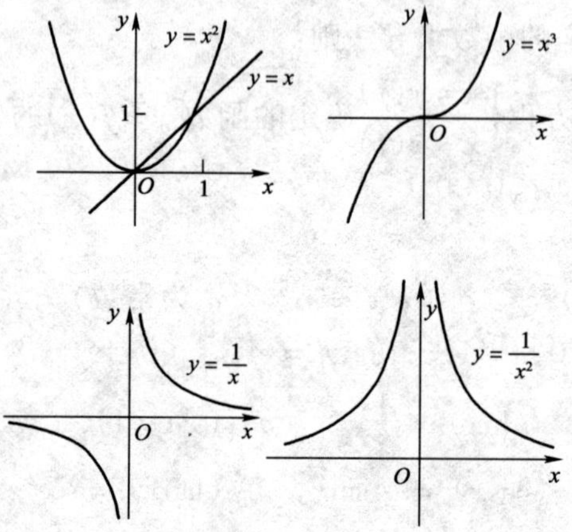	1. 无界函数 2. 图形均经过点(1,1) 3. $\vert\alpha\vert$为偶数时，函数为偶函数；$\vert\alpha\vert$为奇数时，函数为奇函数
指数函数	$y=a^x$ $a>0$ $a\neq1$	定义域为 $(-\infty,+\infty)$	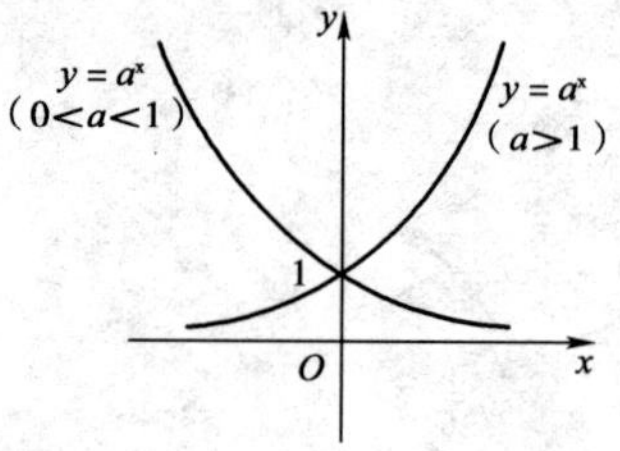	1. 图形均在 x 轴上方且经过点(0,1) 2. 当 $a>1$ 时，函数单调增加；当 $0<a<1$ 时，函数单调减少
对数函数	$y=\log_a x$ $a>0$ $a\neq1$	定义域为 $(0,+\infty)$	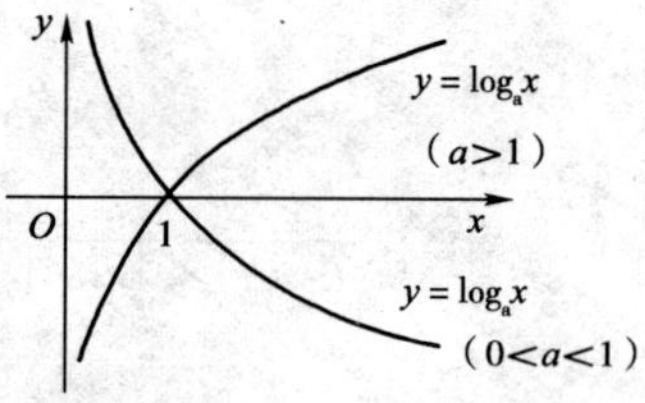	1. 图形均在 y 轴右方且经过点(1,0) 2. 当 $a>1$ 时，函数单调增加；当 $0<a<1$ 时，函数单调减少
三角函数	$y=\sin x$	定义域为 $(-\infty,+\infty)$	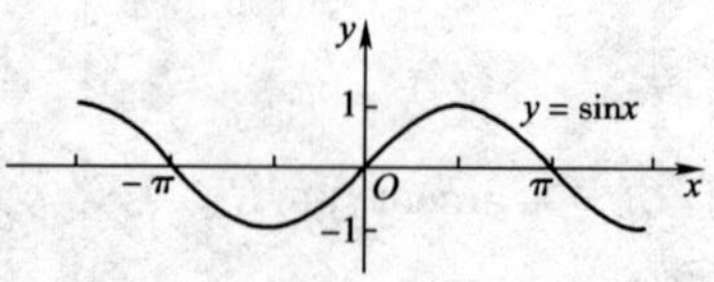	正弦函数是有界函数，图形介于 $y=\pm1$ 两条平行线之间；正弦函数是以 2π 为周期的奇函数